Informatik-Fachberichte 298

Herausgeber: W. Brauer
im Auftrag der Gesellschaft für Informatik (GI)

Alfons Kemper

Zuverlässigkeit und Leistungsfähigkeit objekt-orientierter Datenbanksysteme

Springer-Verlag

Berlin Heidelberg New York London Paris
Tokyo Hong Kong Barcelona Budapest

Autor

Alfons Kemper
RWTH Aachen, Lehrstuhl für Informatik III
Ahornstraße 55, W-5100 Aachen

CR Subject Classification (1991): H.1-2, D.1.5, D.3.1, D.3.2

ISBN-13: 978-3-540-55120-1   e-ISBN-13: 978-3-642-77266-5
DOI: 10.1007/ 978-3-642-77266-5

Satz: Reproduktionsfertige Vorlage vom Autor
33/3140-543210 – Gedruckt auf säurefreiem Papier

Vorwort

Objekt-orientierte Datenbanksysteme werden von vielen Forschern als die "nächste Generation" der Datenbanktechnologie insbesondere in den ingenieurwissenschaftlichen Anwendungsgebieten gesehen. Obwohl sie in ihrer Funktionalität den relationalen Systemen überlegen sind, werden sich Objektbanksysteme aber nur dann durchsetzen können, wenn sie in bezug auf *Zuverlässigkeit* und *Leistungsfähigkeit* den marktgängigen relationalen Systemen zumindest ebenbürtig werden.

Die vorliegende Arbeit leistet einen Beitrag hinsichtlich beider Aspekte:

- *Zuverlässigkeit*
  Es wird ein Typisierungskonzept für die strenge Typisierung der Sprache eines (persistenten) Objektmodells entwickelt, das die vollständige statische Typverifikation ermöglicht, ohne die Flexibilität und Expressivität des Modells einzuschränken.

- *Leistungsfähigkeit*
  Es werden zugriffsunterstützende Maßnahmen vorgestellt, die in streng typisierte Objektmodelle integriert werden können, um die assoziative Suche nach persistenten Objekten (auf dem Hintergrundspeicher) zu optimieren.

In dieser Arbeit wird zunächst das persistente Objektmodell GOM (Generic Object Model) in einer tutoriellen Darstellung eingeführt. Dieses Objektmodell dient uns sowohl als "Forschungsvehikel" für die Diskussion der konzeptuellen Arbeiten als auch als "Implementierungsplattform" für die prototypische Umsetzung der Typisierungs- und Optimierungsmaßnahmen. GOM wurde in Ermangelung eines weithin anerkannten (Standard-)Objektmodells konzipiert. Beim Entwurf wurden die allgemein als essentiell angesehenen objekt-orientierten Basiskonstrukte in einem orthogonalen Modell vereint. Durch die Beschränkung auf diese wenigen Basisstrukturen ist sichergestellt, daß die in dieser Arbeit beschriebenen Ergebnisse auf eine Vielzahl von anderen Objektmodellen anwendbar sind—solange diese auf den Basiskonstrukten aufbauen.

In GOM wird konsequent das Prinzip der *strengen Typisierung* verfolgt, wodurch Anwendungsprogramme zur Übersetzungszeit (also statisch) auf Typkonsistenz überprüft werden können. Wir entwickeln schrittweise ein Typinferenzsystem, das die statische Typkonsistenzverifikation ermöglicht—ohne die Expressivität der Sprache zu beeinträchtigen. Um die Flexibiltät der Sprache insbesondere für die Mengenverarbeitung zu erhöhen, werden polymorphe Operationen eingeführt, deren typkonsistente Anwendbarkeit auch zur Übersetzungszeit verifizierbar ist. Die polymorphen Operationen sind insbesondere für die aus Datenbanksicht wichtigen Selektionsoperatoren (und andere Mengenverarbeitungs-Operationen) von zentraler Bedeutung.

Der zweite Teil der Arbeit befaßt sich mit den zugriffsunterstützenden Maßnahmen, die in einem streng typisierten Objektmodell möglich sind, um den assoziativen Zugriff auf persistente Objekte zu optimieren. Es werden zwei Indexierungsmechanismen ausgearbeitet:

1. *Zugriffsrelationen*
   In Zugriffsrelationen werden häufig traversierte Referenzketten, also über eine beliebige Anzahl von komplexwertigen Attributen gehende Verweisketten zwischen Objekten, vorab materialisiert.

2. *Funktionenmaterialisierung*
   Typspezifische Operationen, die häufig in Suchprädikaten Verwendung finden, werden vorberechnet und in Strukturen abgespeichert, die den effizienten Zugriff ermöglichen.

Beide Optimierungsmaßnahmen basieren darauf, daß die Datenbankkomponenten—Attribute, Mengenelemente und persistente Variablen—streng typisiert sind. Nur in diesem Fall können die Indexstrukturen mit vertretbarem Aufwand aktuell gehalten werden.

Um die Indexstrukturen bei der Anfragebearbeitung ausnutzen zu können, wird ein regelbasierter Anfrageoptimierer vorgestellt. Durch die Regelbasierung ist der von uns konzipierte Anfrageoptimierer äußerst modular aufgebaut, wodurch er sehr leicht erweiterbar bzw. modifizierbar ist.

Dadurch können wir mit vertretbarem Aufwand Modifikationen der im Optimierer eingebauten Suchheuristiken durchführen und auch in modularer Form weitere (neu zu entwickelnde) Indexierungsmechanismen in die Anfragebearbeitung einbringen.

Für die quantitative Analyse der Zugriffsrelationen wird ein analytisches Kostenmodell entwickelt, das im wesentlichen zwei Aufgaben erfüllen kann: erstens dient es als Grundlage für den physikalischen Objektbankentwurf, um die günstigste Zugriffsrelationen-Konfiguration zu ermitteln. Zum zweiten kann der Anfrageoptimierer auf der Basis des Kostenmodells die Bearbeitungskosten alternativer Anfragebearbeitungspläne ermitteln. Zur quantitativen Bewertung der Funktionenmaterialisierung werden Auswertungen verschiedener repräsentativer Benchmark-Anwendungen vorgenommen.

Eine wissenschaftliche Arbeit entsteht nicht im luftleeren Raum, sondern ist vielmehr eine Leistung, an der viele Menschen Anteil haben. Nachfolgend möchte ich diejenigen hervorheben, die direkt an der Entstehung dieser Arbeit beteiligt waren.

Dieses Buch ist meine Habilitation, die ich an der Universität Kalrsruhe, am Institut für Programmstrukturen und Datenorganisation angefertigt habe. Herrn Prof. Dr. P. Lockemann gebührt mein ganz besonderer Dank für die langjährige Unterstützung meiner Arbeiten an seinem Lehrstuhl. Herrn Prof. Dr. P. Dadam möchte ich an dieser Stelle für die Übernahme des Korreferats dieser Habilitationsschrift danken.

Die hier vorgestellten Arbeiten sind im Rahmen des GOM-Projekts entstanden, an dem viele andere Wissenschaftler und Studenten beteiligt waren. Insbesondere möchte ich hier meinen Kollegen und Freund Dr. Guido Moerkotte hervorheben, der fast von der "Stunde Null" an alle Höhen und Tiefen des GOM-Projekts miterlebt hat. Er hat an der Entwicklung aller in diesem Buch beschriebenen Konzepte maßgeblichen Anteil. Weiterhin haben meine Kollegen Christoph Kilger, Hans-Dirk Walter und Andreas Zachmann, die an der Entwicklung von GOM beteiligt sind, zu dieser Ausarbeitung beigetragen.

Ein Projekt dieser Größenordnung kann in einer Universität natürlich nicht ohne die tatkräftige Mitarbeit zahlreicher Studenten durchgeführt werden, denen ich hier für ihren enthusiastischen Einsatz danken möchte. Nachfolgend sind die in den letzten zwei Jahren im Rahmen des Projekts von uns betreuten Studenten und deren Arbeitsgebiet aufgeführt: Monika Altmann (Einsatz des GOM-Systems im Maschinenbau), Eckard Appel (autonome Objekte), Axel Armbruster (GOM-Einsatz im CAD-Bereich), Uwe Degel (Lineares Hashverfahren mit Separatoren), Thomas Demmler (Schema-Browser), Wolfgang Häfelinger (Type-Checker), Andreas Horder (Leistungsanalyse), Donald Kossmann (Objekt-Manager), Kai Leberer (Update-Funktionen des Zugriffsrelationen-Managers), Angela Lopes de Lima (Erweiterbares Hashverfahren), Helmuth Ott (Realisierung des Kostenmodells), Uwe Oetken (Realisierung des ASR-Managers), Apostolos Papapostolou (Join-Algorithmen für den ASR-Manager), Klaus Peithner (Anfrageübersetzer), Dorothée Rühl (Synchronisation autonomer Objekte), Alexandre Saad (GOM Schema-Verwaltung), Bertil Sobottke (Objekt-Manager), Heiner Spies (Anfrage-Optimierer), Michael Steinbrunn (Funktionenmaterialisierung), Axel Tetzner (Dokumentation), Edmund Wanner (Synchronisationsverfahren) und Rüdiger Waurig (Anfrage-Optimierer).

Seit Juli 1990 werden die Arbeiten im GOM-Projekt von der DFG im Rahmen des Sonderforschungsbereichs 346 "Rechnerintegrierte Konstruktion und Fertigung von Bauteilen" innerhalb des Einzelprojekts A1 "Kooperation in verteilten Objektbanken" (Leitung: Prof. Dr. P. Lockemann und A. Kemper) gefördert.

Alfons Kemper
Aachen, November 1991

Inhalt

1. Einleitung

Seit einigen Jahren versuchen Datenbankforscher und -Entwickler die Datenbanktechnologie in neue Anwendungsbereiche einzubringen, wie z.B. VLSI-Entwurf, Architektur und Maschinenbau CAD/CAM. Dabei stellte sich heraus, daß die relationalen Systeme, die derzeit eine dominante Rolle im traditionellen betriebswirtschaftlichen, administrativen Anwendungsbereich innehaben, nur sehr bedingt geeignet sind, die informationstechnische Basis für ingenieurwissenschaftliche Anwendungen zu bilden—Gründe dafür finden sich z.B. in [KW87,L+85].

Seit einiger Zeit werden objekt-orientierte Datenbanksysteme (DBMS) von vielen Forschern als die "nächste Generation" der Datenbanktechnologie insbesondere für diese oben angesprochenen ingenieurtechnischen Anwendungsgebiete gesehen. Obwohl sie in ihrer Funktionalität—wegen der Integration der *strukturellen* und der *verhaltensmäßigen Repräsentation* der Anwendungsobjekte— den relationalen Systemen überlegen sind, werden sich Objektbanksysteme aber nur dann auf breiter Basis durchsetzen können, wenn sie in Bezug auf *Zuverlässigkeit* und *Leistungsfähigkeit* den marktgängigen relationalen Systemen zumindest ebenbürtig werden. Kaum ein Datenbankanwender ist willens, Leistungsfähigkeit für gesteigerte Funktionalität einzutauschen—dies gilt insbesondere für Anwender aus dem ingenieurtechnischen Bereich, wo die Anforderungen an das Antwortzeitverhalten der Anwendungsprogramme besonders "hart" sind. Das gleiche gilt für die Zuverlässigkeit: Die in den letzten Jahren vielgepriesene *Flexibilität* und *Expressivität* objektorientierter Sprachen wurde bewußt durch eine Einbuße der Typsicherheit dieser Systeme erkauft. Dies mag für den Bereich des "rapid prototyping" hinreichend sein; in "realen" Anwendungen insbesondere auch im ingenieurwissenschaftlichen Bereich, wo große Anwendungssysteme (man denke etwa an ein Fertigungskontrollsystem) von der Zuverlässigkeit der Datenbankprogramme abhängen, ist dieser Verlust an Zuverlässigkeit gegenüber herkömmlichen Modellen aber nicht tolerierbar.

Die vorliegende Arbeit leistet einen Beitrag hinsichtlich der Verbesserung beider Aspekte in objekt-orientierten Datenbanksystemen:

- *Zuverlässigkeit*
  Es wird ein Typisierungskonzept für die strenge Typisierung (persistenter) Objektmodelle entwickelt, das die vollständige statische Typkonsistenzverifikation ermöglicht, ohne die Flexibilität und Expressivität des Modell einzuschränken.

- *Leistungsfähigkeit*
  Es werden zugriffsunterstützende Maßnahmen vorgestellt, die in streng typisierte Objektmodelle integriert werden können, um die assoziative Suche nach persistenten Objekten (auf dem Hintergrundspeicher) zu optimieren.

In der Arbeit wird zunächst das persistente Objektmodell GOM (Generic Object Model) in einer "tutorialmäßigen" Darstellung—unter Einbezug vieler Beispiele—eingeführt. Dieses Objektmodell dient uns sowohl als "Forschungsvehikel" für die Diskussion der konzeptuellen Arbeiten als auch als "Implementierungsplattform" für die prototypische Umsetzung der Typisierungs- und Optimierungsmaßnahmen. GOM wurde in Ermangelung eines weithin anerkannten (Standard-)Objektmodells konzipiert. Beim Entwurf wurden die allgemein als essentiell angesehenen objektorientierten Basiskonstrukte in einem orthogonalen Modell vereint. Durch die Beschränkung auf diese wenigen Basisstrukturen ist sichergestellt, daß die hier entwickelten Ergebnisse auf eine Vielzahl von anderen Objektmodellen anwendbar sind—solange diese auf den Basiskonstrukten aufbauen.

In GOM wird konsequent das Prinzip der *strengen Typisierung* verfolgt, wodurch Anwendungsprogramme zur Übersetzungszeit (also statisch) auf Typkonsistenz überprüft werden können. Wir entwickeln schrittweise ein Typinferenzsystem, das die vollständige Typkonsistenzverifikation zur Übersetzungszeit ermöglicht. Wir beginnen dabei mit einem statischen Tyisierungskonzept, wie es aus "herkömmlichen" Programmiersprachen—z.B. Pascal und Algol—bekannt ist. Die statische Typisierung erlaubt zwar die Typkonsistenzverifikation zur Übersetzungszeit; sie schränkt aber gleichzeitig die Flexibilität drastisch ein. Deshalb werden die Typinferenzregeln sukzessive gelockert, um die Expressivität des Objektmodells zu erhöhen, ohne jedoch die statische Typkonsistenzverifikation zu verletzen. Insbesondere werden die Grenzen statischer Typkonsistenzverifikation anhand des Konzepts der *Substituierbarkeit* aufgezeigt. Um die Flexibilität der Sprache insbesondere für die Mengenverarbeitung weiter zu erhöhen, werden polymorphe Operationen eingeführt, deren typkonsistente Anwendbarkeit auch zur Übersetzungszeit verifizierbar ist. Die polymorphen Operationen sind insbesondere für die aus Datenbanksicht wichtigen Selektionsoperatoren von zentraler Bedeutung.

Der zweite Teil der Arbeit befaßt sich mit den zugriffsunterstützenden Maßnahmen, die in einem streng typisierten Objektmodell möglich sind, um den assoziativen Zugriff auf persistente Objekte zu optimieren. Neuere Leistungsanalysen, z.B. [SRH90,RKC87,ABM+90,DD88], zeigen, daß gerade beim assoziativen Zugriff auf Datenobjekte die relationalen Systeme den heutzutage verfügbaren objekt-orientierten Systemen noch weit überlegen sind. Dies ist sicherlich u.a. darin begründet, daß die Entwickler relationaler Systeme auf einem Wissensfundus von über zehnjähriger Optimierungsanstrengungen aufbauen können. Andererseits befinden sich die Optimierungsbemühungen im objekt-orientierten Datenbankbereich derzeit noch in den Anfängen.

Natürlich kann man sehr viele Optimierungstechniken, die im Kontext des relationalen Modells entwickelt wurden, auf die objekt-orientierten Systeme übertragen. Allerdings muß man davon ausgehen, daß durch diese "Assimilation" der relationalen Techniken das Optimierungspotential der objekt-orientierten Modelle nicht voll ausgeschöpft werden kann.

In dieser Arbeit werden zwei Indexierungsmechanismen ausgearbeitet, die speziell auf die Charakteristika streng typisierter Objektmodelle ausgerichtet sind:

1. *Zugriffsrelationen*
   In Zugriffsrelationen werden häufig traversierte Referenzketten, also über eine beliebige Anzahl von komplex-wertigen Attributen gehende Verweisketten zwischen Objekten, vorab materialisiert.

2. *Funktionenmaterialisierung*
   Typspezifische Operationen, die häufig in Suchprädikaten Verwendung finden, werden vorberechnet und in Strukturen abgespeichert, die den effizienten Zugriff ermöglichen.

Beide Optimierungsmaßnahmen basieren darauf, daß die Datenbankkomponenten—d.h. Attribute, Mengenelemente und persistente Variablen—streng typisiert sind. Nur so läßt sich der Fortschreibungsaufwand, den diese beiden Indexierungstechniken bei Änderungen des Objektbank-Zustands erfordern, in beherrschbarem Rahmen halten.

Um die Indexstrukturen bei der Anfragebearbeitung ausnutzen zu können, wird ein regelbasierter Anfrageoptimierer vorgestellt. Das Bestreben der Anfrageoptimierung besteht darin, die existierenden Indexstrukturen so gut wie möglich bei der Auswertung (von Teilen) der Anfrage auszunutzen. Durch die Regelbasierung ist der von uns konzipierte Anfrageoptimierer sehr leicht erweiter- bzw. modifizierbar. Dadurch können wir mit vertretbarem Aufwand Modifikationen der Suchheuristiken durchführen und auch in modularer Form weitere Indexierungsmechanismen in die Anfragebearbeitung einbringen.

Für beide Indexierungsverfahren werden quantitative Bewertungen ausgeführt. Für die quantitative Analyse der Zugriffsrelationen wird ein analytisches Kostenmodell entwickelt, das im wesentlichen zwei Aufgaben erfüllen kann: Erstens dient es als Grundlage für den physikalischen Objektbankentwurf, um für ein vorgegebenes Lastprofil die günstigste Zugriffsrelationen-Konfiguration zu ermitteln. Zum zweiten kann der Anfrageoptimierer auf der Basis des Kostenmodells die Bearbeitungskosten alternativer Anfragebearbeitungspläne ermitteln, um die günstigste Alternative auszuwählen. Zur quantitativen Bewertung der Funktionenmaterialisierung werden Auswertungen verschiedener Benchmark-Anwendungen vorgenommen.

Diese Arbeit ist wie folgt gegliedert: Im ersten Teil wird das streng typisierte persistente Objektmodell GOM eingeführt. In Kapitel 2 werden die Grundlagen des Objektmodells GOM illustriert. Das nachfolgende Kapitel 3 befaßt sich mit den Typisierungskonzepten, die die Typsicherheit der GOM-Anwendungen garantieren. Das Kapitel 4 stellt die in GOM verfügbaren Sprachkonstrukte zum assoziativen Zugriff auf persistente Objekte dar.

Der zweite Teil der Arbeit ist den zugriffsunterstützenden Maßnahmen gewidmet. In Kapitel 5 werden die Zugriffsrelationen formal entwickelt. Die Bewertung dieses Indexierungsschemas anhand eines analytischen Kostenmodells ist in Kapitel 6 enthalten. In Kapitel 7 wird der in GOM entwickelte regelbasierte Optimierer vorgestellt, von dem in dieser Darstellung im wesentlichen nur die für die Ausnutzung der Zugriffsrelationen verwendeten Regeln beschrieben werden können. Die Materialisierung häufig in Suchprädikaten verwendeter Funktionen wird in Kapitel 8 erörtert. Auch für die materialisierten Funktionen haben wir eine quantitative Bewertung durchgeführt. Diese basiert auf der Analyse einiger repräsentativer Benchmark-Anwendungen, die in Kapitel 9 beschrieben sind. Die Arbeit wird—in Kapitel 10—mit einer Zusammenfassung und einem Ausblick in zukünftige Arbeitsschwerpunkte abgeschlossen.

Teil I

Das objekt-orientierte Datenmodell GOM

2. Die Grundlagen des Objektmodells GOM

In diesem Kapitel werden die grundlegenden Konzepte von GOM überblicksmäßig vorgestellt. Wir verzichten bewußt auf eine sehr detaillierte Erläuterung der einzelnen Modellierungsstrukturen weil sie für den erfahrenen Leser entweder selbsterklärend sind oder für die weitere Diskussion der Typisierungs- und Optimierungskonzepte nicht von zentraler Bedeutung sind.

2.1 Sorten und Werte

Sorten repräsentieren Mengen von elementaren Werten, die nicht *änderbar (mutierbar)* sind, d.h. die Elemente einer Sorte können ihren internen Zustand nicht verändern. Wegen ihrer Unveränderlichkeit bezeichnen wir Sorten auch oft als *atomare Typen*. Aus diesem Grund besitzen Sorten in GOM auch keine Objektidentität; der Wert selbst repräsentiert sozusagen die Identität eines Elements einer Sorte. Wegen der fehlenden Objektidentität können Sorten konsequenterweise nicht autonom in der Objektbank existieren. Sie können nur als Bestandteil komplexer Objekte (mit Objektidentität) existieren. Beispielsweise kann die Zahl 37 als Wert des Attributs *Alter* der *Person*-Instanz namens "Heinrich Maier" in der Objektbank vorkommen.

Einige der in GOM eingebauten Sorten sind nachfolgend aufgeführt:

- *bool:* die Boole'schen Werte *true* und *false*

- *int:* die im Rechner darstellbaren ganzen Zahlen, z.B. $37, -5$

- *float:* Fließkommazahlen unterschiedlicher Präzision, z.B. $3.14, 2.5E5$

- *decimal(m, n):* Dezimalzahlen mit m Ziffern Präzision, wovon n Nachkommastellen sind

- *char:* beliebige Zeichen, z.B. "a", "7", aber auch nicht darstellbare Zeichen

Daneben kann ein Benutzer selbst Sorten als Aufzählungen der oben genannten Sorten definieren, wie z.B.:

```
sort AmpelFarbe is enum (rot, gelb, grün);
```

2.2 Objekttypen

Eines der wichtigsten Hilfsmittel zur Strukturierung einer zu modellierenden "Miniwelt" ist die Zusammenfassung von gleichartigen Objekten durch *Typen*. Gleichartig bedeutet in diesem Zusammenhang, daß die Objekte die gleiche *Struktur* und das gleiche *Verhaltensschema* aufweisen.

Während in relationalen Modellen durch die Definition von Relationenschemata lediglich die Struktur von Objekten festgelegt wird, die Verarbeitung dieser Objekte jedoch über typunabhängige generische Operationen (z.B. der *select*-Operation) erfolgt, können in GOM typspezifische Operationen definiert werden. Damit ist eine weitaus genauere Erfassung der Semantik des zu modellierenden Umweltausschnitts möglich.

```
[persistent] [virtual] type ⟨Typ-Name⟩ [supertype ⟨Obertyp-Name⟩] is
    [public ⟨Operationen-Liste⟩]
    [body ⟨Typ-Struktur⟩]
    [operations
        ⟨Operations-Signatur⟩;
        ...
        ⟨Operations-Signatur⟩;
     implementation
        ⟨Operations-Implementierung⟩;
        ...
        ⟨Operations-Implementierung⟩;]
 end type ⟨Typ-Name⟩;
```

Abb. 2.1. Die syntaktische Struktur des Typdefinitionsrahmens

2.2.1 Der Typdefinitionsrahmen

Zur Definition neuer Objekttypen gibt es in GOM den sogenannten *Typdefinitionsrahmen*, dessen syntaktische Struktur in Abb. 2.1 skizziert ist. Mit [ ] gekennzeichnete Klauseln des Typdefinitionsrahmens sind optional, d.h. sie werden für eine vollständige Typspezifikation nicht notwendigerweise benötigt.

Ohne jetzt auf die Semantik der verschiedenen Teile dieses Typdefinitionsrahmens im Detail eingehen zu wollen—dies wird in den nachfolgenden Abschnitten schrittweise erfolgen—wollen wir hier kurz deren Bedeutung anreißen.

Der Name ⟨Typ-Name⟩ des neu definierten Typs muß eindeutig sein, d.h. er darf vorher noch nicht zur Benennung eines Typs verwendet worden sein. Ein GOM-Typ hat in jedem Fall genau einen Obertyp. Entweder wird der Obertyp als ⟨Obertyp-Name⟩ in der **supertype**-Klausel explizit spezifiziert, oder aber der Typ *ANY* wird als impliziter Obertyp angenommen, falls diese optionale Klausel fehlt. Der Untertyp, also der neu definierte Typ namens ⟨Typ-Name⟩, erbt alle Eigenschaften, d.h. Attribute und Operationen des Obertyps. GOM unterstützt also das Konzept der *singulären (einfachen) Vererbung*.

In der **public**-Klausel werden die Operationen aufgeführt, die den sogenannten Klienten des Typs zum Zugriff auf Objekte bzw. zur Modifikation des Zustands der Objekte des jeweiligen Typs zur Verfügung gestellt werden. Insofern stellt die **public**-Klausel die Spezifikation der Schnittstelle des Typs nach außen dar.

In der **body**-Klausel wird die interne Struktur des Objekttyps genauer spezifiziert. Wir unterscheiden zwischen tupelstrukturierten Typen, deren **body** aus einer Anzahl von benannten Attributen besteht, und Kollektionstypen. Die Unterschiede werden in nachfolgenden Abschnitten weiter ausgeführt.

In der **operations**-Klausel werden die abstrakten Signaturen der dem Typ zugeordneten Operationen aufgeführt. Eine ⟨Operations-Signatur⟩ spezifiziert den Namen der Operation, der innerhalb des Typs eindeutig sein muß,[1] die Typen der Argumente, den Ergebnistyp und—optional—den Namen, unter dem die Implementierung der Operation in dem **implementation**-Teil erfolgt.

Im **implementation**-Teil des Typdefinitionsrahmens werden die im **operations**-Teil aufgeführten Operationen codiert. Die Implementierung erfolgt in der GOM-Sprache—manchmal GOMpl genannt—, deren grundlegende Kontrollstrukturen der Programmiersprache C angelehnt sind. Darüberhinaus bietet die GOM-Programmiersprache aber viele objekt-orientierte Sprachkonstrukte, die die Expressivität der Sprache ausmachen.

---

[1]Diese Bedingung wird durch *Overloading* noch entschärft.

2.2.2 Struktur und Verhalten eines Objekttyps

Ein Objekttyp dient der allgemeinen Beschreibung einer Menge von ähnlichen Objekten. In GOM werden die individuellen Objekte durch Instantiierung eines Typs erzeugt. Somit kann man den Typ als sogenannte Schablone auffassen, mit der man beliebig viele, gleich strukturierte Objekte (*Instanzen* genannt) generieren kann. Allerdings legt ein GOM-Typ nicht nur die Struktur, sondern auch das Verhalten seiner Instanzen fest. Somit kann man die Typbeschreibung als Spezifikation zweier dualer, sich gegenseitig ergänzender Dimensionen betrachten:

1. *Strukturelle Repräsentation*
   In der Typdefinition wird festgelegt, welche (interne) Struktur die Instanzen des betreffenden Typs haben. Die interne Struktur wird benötigt, um den jeweiligen Zustand der individuellen Objekte zu speichern.

2. *Verhaltensbeschreibung*
   Die Verhaltensbeschreibung besteht in GOM aus einer Kollektion von Operationen, die auf Objekten dieses Typs anwendbar sind. Grundsätzlich unterscheidet man semantisch drei Klassen von Operationen:

   - *Konstruktoren*, die dazu dienen neue Instanzen zu generieren,

   - *Leseoperationen* oder *Observierer*, mit denen der aktuelle Zustand einer Objektinstanz abgefragt werden kann und

   - *Mutatoren*, mit denen der interne Zustand einer Objektinstanz verändert werden kann.

Syntaktisch werden diese Operationen in GOM gleich behandelt.

Die strukturelle Repräsentation eines Typs[2] wird in der **body**-Klausel festgelegt. Das Verhalten eines Typs wird durch die drei Klauseln **public**, **operations** und **implementation** bestimmt, die die folgende Bedeutung haben:

public: In der **public**-Klausel werden die Namen der Operationen aufgeführt, die man "von außen" auf dem Typ anwenden kann. Insofern verfolgt GOM das Konzept der *Objektkapselung*, das darin besteht, die interne Struktur eines Objekts hinter einer Kollektion wohldefinierter Operationen zu verbergen (*information hiding*). Für ein Beispielobjekt vom Typ *Cuboid* ist dies anschaulich in Abb. 2.2 dargestellt. Die interne Repräsentation eines *Cuboid*-Objekts bestehe beispielsweise aus den Koordinaten der acht Begrenzungspunkte. Die Objektkapselung verbietet aber den direkten Zugriff auf diese Koordinaten—was ja auch leicht zu einem inkonsistenten Zustand der *Cuboid*-Repräsentation führen könnte. Vielmehr muß jeder Zugriff und jede Objektmanipulation über die Schnittstellenoperationen durchgeführt werden. In diesem Fall stehen als Mutatoren die wohlbekannten geometrischen Transformationsoperationen *rotate*, *scale* und *translate* zur Verfügung; als Observierer gibt es weitere Zustandsabfrage-Operationen wie *volume*.

operations: In der **operations**-Klausel werden die Signaturen der Operationen aufgeführt. Allerdings können einige der hier aufgeführten Operationen auch *private* Operationen sein, die nicht in der **public**-Klausel aufgeführt werden. Die privaten Operationen werden dann lediglich verwendet, um die Implementierung der öffentlichen Operationen modular durchführen zu können. Die Signaturen legen die Anwendbarkeit der Operationen fest, d.h. sie spezifizieren die Argumenttypen, mit denen die Operation (legal) aufgerufen werden kann, und den Ergebnistyp, den die Operation bei einer Invokation zurückliefert.

implementation: Zu den in der **operations**-Klausel aufgeführten Operationen wird die Realisierung (Programmierung) im **implementation**-Teil der Typdefinition vorgenommen.

---

[2]Genauer müßte es heißen: die strukturelle Repräsentation *der Objekte eines Typs* ... Wir werden uns die etwas unpräzise Formulierung aber auch weiterhin leisten, solange keine Mißverständnisse zu befürchten sind.

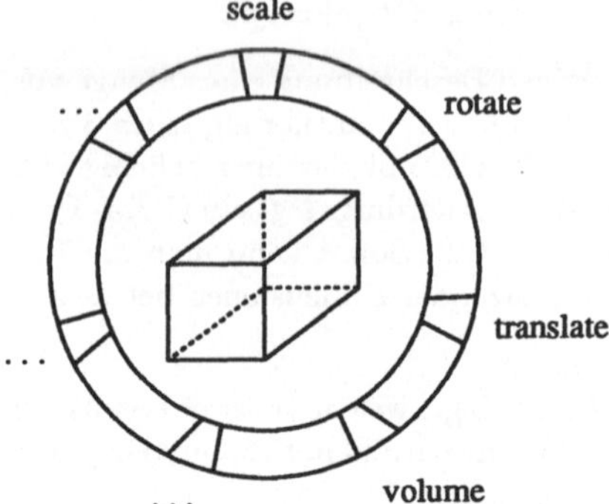

Abb. 2.2. Schematische Darstellung der Objektkapselung

Diese Unterteilung zwischen **operations-** und **implementation**-Sektion wurde der größeren Modularität der Typdefinitionen wegen vorgenommen.

2.3 Tupelstrukturierte Typen

Tupelstrukturierte Typen sind solche, deren **body**-Klausel ein Tupel bestehend aus beliebig vielen benannten Attributen definiert. In diesem Fall ist der **body** wie folgt spezifiziert:[3]

$$\textbf{body } [\, A_1 : T_1;$$
$$\dots;$$
$$A_n : T_n;]$$

Hierbei müssen für $(1 \leq i \leq n)$ die A_i paarweise verschiedene Attributnamen sein, die T_i sind nicht notwendigerweise verschiedene Typnamen; es können entweder Sorten oder komplexe Objekttypen sein. Es gibt keinerlei Restriktionen hinsichtlich rekursiver Objektstrukturen. Ein anschauliches Beispiel für eine rekursive Typdefinition wäre der Typ *Person*, der selbst wiederum ein Attribut *Ehepartner* vom Typ *Person* hätte.

Der nachfolgend definierte Typ stellt ein einfaches Beispiel für einen tupelstrukturierten Typ dar, nämlich einen *Vertex*, dessen Struktur einfach aus den drei Koordinaten X, Y und Z jeweils vom Typ *float* besteht (Kommentare werden durch "!!" angeführt und durch das Zeilenende abgeschlossen):

```
persistent type Vertex supertype ANY is
    public ...
    body [X: float;
          Y: float;     !! oder kürzer: [X, Y, Z: float;]
          Z: float;]
    operations
        ...
    implementation
        ...
    end type Vertex;
```

Attribute gleichen Typs könnten also—wie es im Kommentar oben dargestellt ist—zusammengefaßt werden. Ebenso ist auch die Angabe von ANY als Obertyp nicht unbedingt erforderlich. Der vordefinierte Typ ANY ist standardmäßig Obertyp aller Typen. Falls die **supertype**-Klausel

---

[3]Die hier verwendeten Tupelklammern [ ] sind nicht mit den Syntax-Klammern des Typdefinitionsrahmens zu verwechseln, die die Optionalität eines syntaktischen Konstrukts kennzeichnen.

weggelassen wird, wird implizit *ANY* als direkter Obertyp angenommen. Das Schlüsselwort **persistent** wird detaillierter in Abschnitt 2.7 erläutert; es initiiert die Übergabe der Typdefinition an die Schema-Verwaltung.

2.4 Operationen

Den GOM-Objekttypen sind Operationen zugeordnet, die das *Verhaltensmuster* der Instanzen des Typs festlegen. Wir unterscheiden zwischen *vordefinierten Operationen*, die implizit vom System zur Verfügung gestellt werden, und *benutzerdefinierten Operationen*, die vom Datentyp-Designer zu spezifizieren sind.

2.4.1 Vordefinierte Operationen

Operationen zum Attributzugriff und zur Attributzuweisung

Für tupelstrukturierte Typen gibt es in GOM vordefinierte Operationen, die den Zugriff auf und die Zuweisung zu den Attributen bewerkstelligen. Wenn A_i ein Attribut vom Typ T_i innerhalb des tupelstrukturierten Typs T ist, dann werden die beiden nachfolgend deklarierten Operationen implizit für den Typ T zur Verfügung gestellt:

> **declare** A_i: T|| $\rightarrow$ T$_i$;
> **declare** A_i: T|| $\leftarrow$ T$_i$;

Bei dieser Deklaration grenzt das Sonderzeichen "||" den Typ des Empfängerobjekts—also den Typ, dem die Operation zugeordnet ist—von eventuell existierenden weiteren Argumenttypen ab. Die erste Operation ist eine sogenannte *Value reTurning Operation* (*VTO*), die den aktuellen Wert (genauer: die aktuelle Belegung) von A_i zurückliefert. Die zweite Operation ist eine *Value reCeiving Operation* (*VCO*), mittels derer man dem Attribut A_i eine neue Belegung zuordnen kann.

Sowohl die Deklaration der Signaturen als auch die Implementierung dieser beiden Operationen ist implizit. Obwohl diese Operationen für jeden tupelstrukturierten Typ und jedes Attribut implizit vordefiniert sind, bleibt es dennoch dem Typ-Implementator überlassen, ob er diese Operationen durch Eintrag in die **public**-Klausel nach außen *sichtbar*, d.h. anwendbar machen will. Dies erfolgt durch Angabe von $A_i \rightarrow$ bzw. $A_i \leftarrow$ wenn der direkte Lese- bzw. Schreibzugriff auf das Attribut A_i erlaubt sein soll. Sollen beide Arten von Operationen von außen möglich sein, kann anstelle der expliziten Angabe sowohl der VTO $A_i \rightarrow$ als auch der VCO $A_i \leftarrow$ verkürzend der Attributname, hier also A_i, in der **public**-Klausel angegeben werden. Das in Abschnitt 2.4.2 angeführte Beispiel verdeutlicht dies noch einmal.

Wir wollen den Aufruf und die Benutzung dieser Operationen an unserem Beispieltyp *Vertex* illustrieren:

```
var einPunkt: Vertex;
    f: float;
    ...
f := einPunkt.X;
einPunkt.Y := f;
einPunkt.Z := einPunkt.Y;
```

An diesem Programmfragment fallen verschiedene Besonderheiten auf:

- *Empfängerobjekt*
  Eine typassoziierte Operation[4] hat immer ein *Empfängerobjekt*, auf dem sie angewendet wird. Empfängerobjekte müssen—natürlich—immer dem Typ angehören, innerhalb dessen die Operation definiert wurde. In unserem Beispiel ist das Objekt, auf das die Variable *einPunkt* verweist, das Empfängerobjekt der Invokationen X, Y und Z.

---

[4]Es gibt in GOM auch sogenannte *freie* Operationen, die keinem Typ zugeordnet sind. Beispiele für freie Operationen sind die Arithmetik-Operationen auf der Sorte *int*.

- **"Dot"-Notation**
  In GOM werden alle typassoziierten Operationen durch die sogenannte *"Dot"*-Notation aufgerufen, wobei die Aufrufe durchaus auch aneinandergereiht werden können. Zum Beispiel ist folgende Sequenz—unter der Annahme, daß entsprechende Typen und Operationen definiert sind—möglich:

      var einePerson: Person;
          BiblischesAlter: int;
          . . .
      BiblischesAlter := einePerson.EhePartner.Vater.Mutter.Alter;

  In diesem Programmfragment werden nacheinander die VTOs *Ehepartner*→, *Vater*→, *Mutter*→ und *Alter*→ aufgerufen. Dabei wird das *Empfängerobjekt* der Invokation jeweils durch das Resultat der vorhergehenden VTO-Invokation bestimmt.

- **VCO-Invokation**
  Die Invokation einer VCO-Operation sieht syntaktisch genauso aus wie eine Zuweisung in Programmiersprachen wie Pascal oder Algol. Zum Beispiel enthält der Aufruf

      einPunkt.Z := einPunkt.Y;

  die Invokation einer VCO, nämlich Z← und einer VTO, nämlich Y→. Da beide Operationen gleich benannt sind, muß der Compiler aus der Stellung des Aufrufs relativ zum ":="-Zeichen ableiten, ob es sich um die VTO oder die VCO-Operation gleichen Namens handelt.

  Es ist auch möglich VTO- und VCO-Operationen zu kombinieren, wie folgendes Beispiel zeigt:

      einePerson.EhePartner.Vater.Mutter.Alter := 107;

  Allerdings kann immer nur die letzte Operation in einer solchen Aufrufkette (hier *Alter*←) eine VCO-Operation sein.

Der Konstruktor *create*

Auf jedem Typ[5] ist implizit eine Operation zur Erzeugung (*Instantiierung* genannt) von Objekten diesen Typs definiert. Diese sogenannten Konstruktoren können, wie die folgenden Beispiele zeigen, auf verschiedene Weise aufgerufen werden.

      var v: Vertex;
          w: Vertex;
          . . .
  (1)   v := Vertex$create;
  (2)   w.create;

Während bei dem ersten Aufruf der Typ des zu erzeugenden Objekts noch einmal explizit angegeben wird, erfolgt seine Bestimmung im zweiten Fall implizit über die Typeinschränkung der Variablen. Beim Aufruf (2) erfolgt auch die Zuweisung der neu erzeugten Instanz an die Variable *w* implizit.

   Variablen kann man mit Hilfe des Konstruktors auch schon bei ihrer Deklaration eine neue Instanz des betreffenden Typs zuordnen.

      var v: Vertex := Vertex$create;

---

[5]Dies ist nur die halbe Wahrheit: Auf virtuellen Typen gibt es keine Konstruktoren (siehe Abschnitt 3.9).

Bei dieser Verwendungsart des Konstruktors wird der Variablen v bei ihrer Deklaration ein neu erzeugtes Objekt vom Typ *Vertex* zugeordnet. Natürlich kann der Konstruktor auch im Rumpf von Operationen aufgerufen werden.

Wie im nächsten Abschnitt erläutert wird, können Konstruktoren parametrisiert sein, um das zu erzeugende Objekt auf benutzerdefinierte Art initialisieren zu können.

Der eingebaute Konstruktor *create* ist immer sichtbar und muß deshalb nicht in der **public**-Klausel angegeben werden.

2.4.2 Benutzerdefinierte Operationen

Neben diesen vordefinierten Operationen kann man den GOM-Objekttypen semantisch reichere, anwendungsspezifische Operationen zuordnen. Wir wollen dies an unserem Beispieltyp *Vertex* demonstrieren, dessen Vervollständigung in Abb. 2.3 gezeigt ist.

Bei allen hier gezeigten Operationsdeklarationen handelt es sich um sogenannte *innere* Deklarationen, d.h. die Deklarationen stehen innerhalb des Typdefinitionsrahmens des Typs, dem sie zugeordnet sind. Man kann deshalb das "||" Zeichen und den Typ des Empfängerobjekts weglassen, da dies implizit aus dem Kontext hervorgeht. Die (komplettierte) Typdefinition *Vertex* ist größtenteils selbsterklärend. Die Operationen von *Vertex* lassen sich—wie oben beschrieben—in die drei oben bereits eingeführten Klassen einteilen:

- *Konstruktoren* und *Initialisierer*: In *Vertex* ist eine Initialisierungsoperation namens *Vertex* deklariert. Solche Initialisierungsoperationen müssen immer den Namen des Typs, dessen Objekte damit initialisiert werden sollen, besitzen. Durch die hier angegebene Initialisierungsoperation können *Vertex*-Objekte in einem beliebigen Punkt des Koordinatensystems erzeugt werden. Auf einem Typ können mehrere Initialisierungsoperationen mit unterschiedlichen Parametern—siehe *Overloading* in Abschnitt 2.4.3—definiert werden. Um zu erläutern, wie solche Operationen verwendet werden können, betrachten wir wieder unsere *Vertex*-Variable v von oben:

  (1)   v.create(0.5, 9.0, 7.5);
  (2)   v.Vertex(3.5, 4.0, 9.9);

  Die erste Anweisung erzeugt ein *Vertex*-Objekt an den angegebenen Koordinaten, während die zweite eine Reinitialisierung eines existierenden Objekts vornimmt. Hierbei wird kein neues Objekt erzeugt. Um jedoch eine explizite Reinitialisierung vornehmen zu können, muß der entsprechende Initialisierer—hier *Vertex*—nach außen sichtbar gemacht werden, was in unserem Beispiel nicht der Fall ist. Der Aufruf (2) wäre also illegal, weil die Operation *Vertex* nicht in der **public**-Klausel der Typdefinition enthalten ist.

- *Observierer*: In *Vertex* werden vier Leseoperationen, die keinerlei Zustandsänderungen verursachen, angeboten:

  - Die VTO-Operationen $X{\rightarrow}$, $Y{\rightarrow}$ bzw. $Z{\rightarrow}$ lesen den aktuellen Wert des jeweiligen Attributs X, Y bzw. Z.

  - *distance* hat—neben dem Empfängerobjekt—noch einen weiteren Parameter vom Typ *Vertex* und ermittelt den Abstand zwischen dem Empfänger-*Vertex* und dem Argument-*Vertex*—in der Implementierung *OtherVertex* genannt.

- *Mutatoren*: In *Vertex* gibt es die Standardoperationen *translate*, *rotate* und *scale* zur geometrischen Transformation. Diese Operationen bezeichnet man als *Mutatoren*, weil sie den internen Zustand des Objekts, auf das sie angewendet werden, verändern.

Man kann sich Objekte vom Typ *Vertex* nun so vorstellen, wie wir dies in Abb. 2.4 skizziert haben. Instanzen des Typs *Vertex* sind verkapselt gegen "direkte" Zugriffe von außen. Für Klienten des Typs steht eine wohldefinierte Schnittstelle bestehend aus den in der **public**-Klausel spezifizierten

```
persistent type Vertex supertype ANY is
    public X→, Y→, Z→, translate, scale, rotate, distance
    body [X: float;
          Y: float;
          Z: float;]
    operations  !! der Empfängertyp der Operationen ist immer implizit
                !! somit kann auf das Sonderzeichen "||" verzichtet werden
        declare Vertex: float, float, float → void;
        overload translate: float, float, float → void
          code translateFloatCode;
        overload translate: Vertex → void
          code translateVertexCode;
        declare scale: Vertex → void;
        declare rotate: float, char → void;      !! Rotations-Winkel und -Achse
        declare distance: Vertex → float;
    implementation
        define Vertex(x, y, z) is
          begin
            self.X:= x;
            self.Y:= y;
            self.Z:= z;
          end define Vertex;
        define scale(s) is
            ...
        define translateFloatCode(t_X, t_Y, t_Z) is
          begin
            self.X := self.X + t_X;
            self.Y := self.Y + t_Y;
            self.Z := self.Z + t_Z;
          end define translateFloatCode;
        define translateVertexCode(t) is
          begin
            self.X := self.X + t.X;
            self.Y := self.Y + t.Y;
            self.Z := self.Z + t.Z;
          end define translateVertexCode;
        define rotate(Angle, Axis)
            ...
        define distance(OtherVertex) is
          var dx, dy, dz: float;
          begin
            dx := self.X−OtherVertex.X;
            dy := self.Y−OtherVertex.Y;
            dz := self.Z−OtherVertex.Z;
            return sqrt(dx * dx + dy * dy + dz * dz);
          end define distance;
    end type Vertex;
```

Abb. 2.3. Definition des Objekttyps *Vertex*

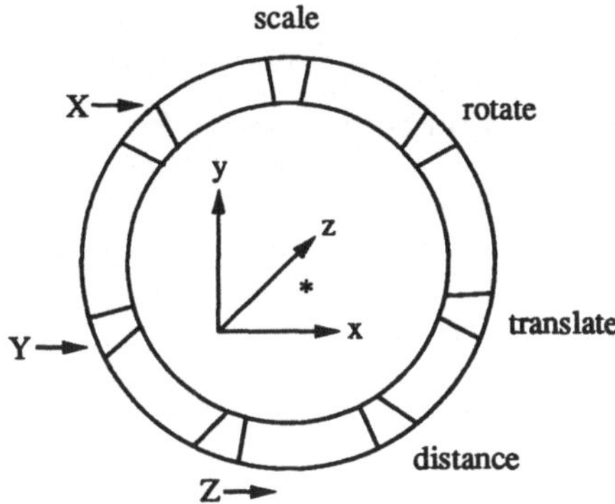

Abb. 2.4. Graphische Darstellung der Verkapselung der *Vertex*-Objekte

Operationen zur Verfügung. Zum Beispiel ist das direkte Setzen von Koordinaten nicht möglich, da die—implizit vordefinierten—VCO-Operationen $X\leftarrow$, $Y\leftarrow$ und $Z\leftarrow$ nicht sichtbar gemacht wurden. Eine Zustandsänderung einer *Vertex*-Instanz ist also nur über die Operationen *rotate*, *scale* und *translate* möglich.

Will man alle Operationen, die implizit oder explizit innerhalb des Typs definiert wurden, sichtbar machen, kann dies durch vollständiges Weglassen der **public**-Klausel oder durch Angabe von "**public** *" geschehen. Alle Operationen sind dann default-mäßig sichtbar.

Bei tupelstrukturierten Typen könnte man auch nur die strukturelle Beschreibung angeben, zum Beispiel:

```
type Material is
   [Name: string;
    SpecWeight: float;]
```

Dadurch kann man auf Objekten des Typs *Material* gerade die vordefinierten Operationen zum Lesen (VTO) und Schreiben (VCO) der Attribute anwenden. Unter der Annahme, daß eine Variable m auf eine *Material*-Instanz verweist, könnte man also folgende Operationen ausführen:

```
m.SpecWeight := 7.55;      !! VCO SpecWeight←
m.Name := "Iron";          !! VCO Name←
...
...:= m.SpecWeight;        !! VTO SpecWeight→
...:= m.Name;             !! VTO Name→
```

In dieser Hinsicht bietet ein solcher "nackter" Objekttyp gerade die aus herkömmlichen Programmiersprachen bekannte Funktionalität von *record*-Typen. Die auf *Material* anwendbaren Operationen sind somit auch analog zu den Zugriffsmöglichkeiten auf Attribute *eines* Tupels im relationalen Datenmodell.

2.4.3 Überladene Operationen: Overloading

In der obigen Typdefinition *Vertex* fallen noch zwei durch **overload** gekennzeichnete Operationen auf. Grundsätzlich gilt in GOM, daß jeder Objekttyp—zusammen mit allen seinen Obertypen (siehe Abschnitt 2.8)—einen eigenen Namensraum für die Definition von Operationen zur Verfügung stellt. Innerhalb dieses Namensraums müssen dann aber in der Regel die Operationen eindeutig benannt sein. Eine Ausnahme bilden die Operationen, die bei ihrer Deklaration durch Voranstellung des Schlüsselworts **overload** als überladen gekennzeichnet werden, wie in unserem Beispiel die Operation *translate*, für die es zwei Varianten gibt:

1. **overload** translate: float, float, float $\rightarrow$ **void code** translateFloatCode;
   In dieser Variante verlangt *translate* drei Fließkommazahlen als Parameter.

2. **overload** translate: Vertex $\rightarrow$ **void code** translateVertexCode;
   In dieser Variante erwartet die Operation *translate* eine *Vertex*-Instanz als Argument.

Welche dieser beiden Varianten "gemeint" ist, entscheidet der Compiler anhand des Kontextes, in dem die Invokation stattfindet. In unserem Beispiel läßt sich dies leicht aus der Anzahl der Parameter im Operationsaufruf ableiten.

Grundsätzlich müssen sich in GOM je zwei überladene Operationen mindestens in einem der beiden nachfolgend aufgeführten Kriterien unterscheiden:

- in der Anzahl der Parameter

- im Typ der Parameter, wobei bei Unter-/Ober-Typen besondere restriktive Bedingungen gelten, auf die wir hier jedoch nicht eingehen können.

Wie der aufmerksame Leser bei Betrachtung der bisher angeführten Beispiele bemerkt haben wird, haben Deklaration und Definition von typassoziierten Operationen üblicherweise den gleichen Namen, beispielsweise "**declare** scale" und "**define** scale". Der Implementierer kann jedoch für die Implementierung einer Funktion einen von der Deklaration abweichenden Namen spezifizieren. Im Falle von überladenen Operationen wird aus dieser Option ein Zwang. Die Zuordnung von Deklaration zu Definition einer Operation erfolgt dann über die **code**-Klausel, im Beispieltyp *Vertex* an den beiden *translate*-Varianten illustriert. Ist keine **code**-Klausel angegeben, erfolgt die Zuordnung über die Namensgleichheit von Deklaration und Definition der Operation.

2.4.4 Äußere Operationen

Es ist oftmals nützlich, einem existierenden Typ nachträglich noch Operationen zuzuordnen. Dabei wäre es umständlich, den Typdefinitionsrahmen zu verwenden, den man dazu erst aus dem Schema holen müßte, um ihn dann zu erweitern. Deshalb ist es in GOM möglich, Operationen außerhalb des Typdefinitionsrahmens zu spezifizieren. Die so definierten Operationen werden *äußere Operationen* genannt.

Wir wollen jetzt äußere Operationen an unserem oben eingeführten Beispieltyp *Vertex* illustrieren:

```
declare inOrigin: Vertex || → bool
    code VertexInOriginCode;

define VertexInOriginCode is
    return ( self.X = 0.0 ± ε and    !! Kurzform für 0.0 − ε ≤ self.X and self.X ≤ 0.0 + ε
             self.Y = 0.0 ± ε and
             self.Z = 0.0 ± ε );
```

Hierbei mußten wir wieder den Typ des Empfängerobjekts explizit angeben, gefolgt von dem Sonderzeichen "||", das den Empfängertyp von den übrigen Argumenttypen (falls es noch weitere gibt) abgrenzt.

Im allgemeinen darf bei der Implementierung der äußeren Operationen nur auf die in der **public**-Klausel des Typs aufgeführten Operationen zurückgegriffen werden. Dadurch wird sichergestellt, daß nicht durch nachträglich hinzugefügte Operationen der Objekttyp ein inkonsistentes Verhaltensmuster bekommt. Man kann dies aber durch eine gleichzeitige **import**-Klausel umgehen. Zum Beispiel:

```
import inOrigin into Vertex;
```

Hierdurch könnte man in der Implementierung von *inOrigin* auch auf alle *privaten* Operationen zurückgreifen. Man kann aber durch entsprechende Authorisierungsmaßnahmen verhindern, daß ein unkundiger Datenbankbenutzer die **import**-Klausel anwendet und dadurch potentiell Inkonsistenzen hervorruft.

2.5 Kollektions-Typen

GOM unterstützt derzeit zwei Arten von Kollektionen:

1. *Mengen*, deren strukturelle Repräsentation in der **body**-Klausel als $\{T\}$ spezifiziert wird und

2. *Listen*, die als $\langle T \rangle$ in der **body**-Klausel des Typdefinitionsrahmens definiert werden.

In beiden Fällen muß T ein Typname sein. Es ist zwar in GOM prinzipiell erlaubt, Mengen- und Listentypen rekursiv zu schachteln; jedoch erscheint es aus der Sicht der Datenmodellierung keinen Sinn zu machen.

Mengenwertige Typen sind in GOM so definiert, daß die Elemente der Menge dem spezifizierten Elementtyp T—oder einem Untertyp von T—angehören müssen. Falls T eine Sorte ist, enthält die Menge die Werte der atomaren Sorte T; für einen komplexen Objekttyp T enthält die Menge Referenzen auf Objekte des Typs T. In jedem Fall handelt es sich um eine "echte" Menge (im mathematischen Sinn), so daß keine Mehrfachelemente vorkommen.

Listen hingegen erlauben dieses mehrfache Vorkommen desselben Elements an unterschiedlichen Positionen. Elemente einer Liste können—anders als in Mengen—über ihre Position referenziert werden, wobei die bei Reihungen übliche [ ]-Notation verwendet werden kann.

Ein Beispiel für einen mengenwertigen Objekttyp ist nachfolgend definiert. Dieser Typ *VertexSet* kann benutzt werden, um Mengen von *Vertex*-Instanzen zu unterhalten.

```
persistent type VertexSet is
   public *
   body { Vertex }
   operations
      declare cardinality: → int;
      ...
   implementation
      define cardinality is
         var v: Vertex;
             number: int := 0;
         begin
            foreach (v in self)
               number := number + 1;
            return number;
         end; !! cardinality !!
      ...
   end type VertexSet;
```

Objekte des Typs *VertexSet* enthalten (Referenzen auf) Instanzen des Typs *Vertex* oder Instanzen eines Untertyps von *Vertex*—sofern ein solcher definiert ist. Als Beispiel einer einem Mengentyp zugeordneten Operation ist hier *cardinality* angegeben; eigentlich ist diese Operation in GOM für jeden Mengentyp vordefiniert.

2.6 Objekte, Variablen und Werte

2.6.1 Unterscheidung zwischen Werten und Objekten

Es ist wichtig, daß man eine klare Unterscheidung zwischen *Werten* und *Objekten* trifft. Ein Wert, wie z.B. der *int*-Wert 59, ist ein *nicht-mutierbares*, d.h. nicht-änderbares Datum. In diesem Sinne sind die Elemente der Sorten, wie *int*, *bool*, *float*, *char*, etc. fest vorgegebene Einheiten in unserem System, die nicht verändert oder vernichtet werden können.

Im Gegensatz dazu sind Objekte zwar *persistent*, aber potentiell *veränderbar (mutierbar)*. Betrachten wir dazu als Beispiel das Objekt vom Typ *Person*, das die *Person* namens "Mickey Mouse" repräsentiert. Dieses Objekt hat neben anderen Attributen auch ein Attribut *Alter*, das auf *int*-Werte eingeschränkt ist und den aktuellen Wert 59 hat. An Mickey Mouse's Geburtstag wird dieses Attribut auf 60 gesetzt. Man beachte aber, daß der *int*-Wert 59 sich nicht geändert hat; vielmehr wurde dieser feste Wert 59 durch einen anderen festen Wert 60 ersetzt. Andererseits hat sich das Objekt, das die *Person* namens "Mickey Mouse" repräsentiert, tatsächlich geändert. Es ist eines der wesentlichen Grundkonzepte des objekt-orientierten Paradigmas, daß sich durch diese "Mutation" zwar der Objektzustand geändert hat; die Identität des Objekts aber erhalten geblieben ist.

Aus der obigen Diskussion folgt, daß Elemente atomarer Typen (Sorten) eindeutig durch ihren Wert identifiziert werden. Dies gilt nicht für komplexe Objekte, da es durchaus sein kann, daß zwei Objekte rein zufällig die gleiche interne Repräsentation haben. Konsequenterweise reicht für die Identifikation eines Objekts nicht der interne Zustand aus. In GOM werden Objekte deshalb als Tripel (*OID*, *rep*, *type*) repräsentiert. Hierbei bezeichnet *OID* die systemweit eindeutige Identität des Objekts, die sich während seiner Lebenszeit nicht ändert. Der interne Zustand des Objekts wird durch *rep* gekennzeichnet, und *type* spezifiziert den Typ, von dem ein Objekt instantiiert wurde. In GOM gehört jedes Objekt zu einem eindeutigen *direkten* Typ, nämlich dem, von dem es durch Anwendung der *create*-Operation erzeugt wurde. Wir werden in Abschnitt 2.9 sehen, daß jedes GOM-Objekt seinen (direkten) Typ kennen muß, um das dynamische Binden verfeinerter Operationen zu ermöglichen.

2.6.2 Instantiierung von Objekten

Es wurde bereits angedeutet, daß man Objekte durch Instantiierung von Typen erzeugt. Für die Instantiierung verwendet man die implizit jedem Typ zugeordnete Operation *create*. Wir werden jetzt an einem Beispiel die Erzeugung einer sehr kleinen (und wenig sinnvollen) Datenbank illustrieren:

```
        persistent var meinePunkte: VertexSet;
                       einPunkt: Vertex;
                       . . .
(1)     meinePunkte.create;     !! dieses Objekt wird zur leeren Menge initialisiert
(2)     einPunkt.create(0.0, 0.0, 0.0);
(3)     meinePunkte.insert(einPunkt);
(4)     einPunkt.create(9.0, 5.0, 13.0);
(5)     meinePunkte.insert(einPunkt);
(6)     einPunkt.create(9.0, 0.0, 0.0);
(7)     meinePunkte.insert(einPunkt);
```

In diesem Programmfragment wurden zwei Variablen deklariert: *meinePunkte* vom Typ *VertexSet* und *einPunkt* vom Typ *Vertex*.

Insgesamt wurden in dem kurzen Programm vier Objekte durch Instantiierung erzeugt: ein Objekt vom Typ *VertexSet*, auf das *meinePunkte* verweist, und drei Objekte vom Typ *Vertex*. Die aus diesem Programm resultierende Objektbank-Ausprägung ist in Abb. 2.5 gezeigt.

2.6.3 Objektidentität und Objektreferenzierung

Wie bereits beschrieben erhält jedes Objekt bei seiner Instantiierung eine zugeordnete *Objektidentität*, genannt OID, die sich während seiner Lebenszeit nicht ändert. Die Objektidentität ist vom Speicherort des Objekts und vom internen Zustand der Instanz unabhängig. Die Objektidentität der Objekte wird in dieser Darstellung (abstrakt) mit id_1, id_2, id_3, usw. bezeichnet. Der OID eines

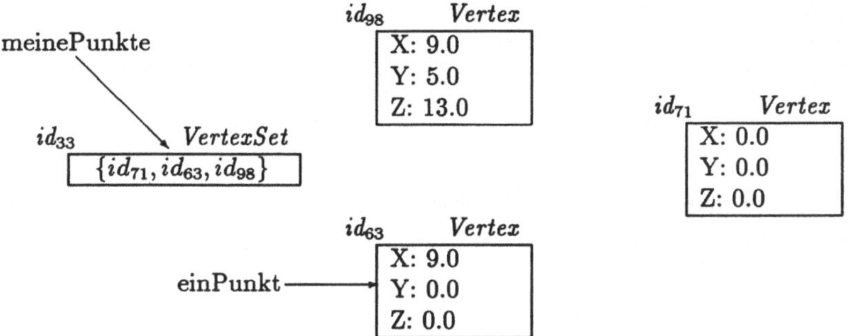

Abb. 2.5. Beispielausprägung einer *VertexSet*-Instanz

Objekts wird systemintern benutzt, um das Objekt eindeutig zu referenzieren. Zum Beispiel werden in der in Abb. 2.5 gezeigten Objektbank die *Vertex*-Objekte mit den OIDs id_{98}, id_{71} und id_{63} über diese Objektidentitäten von dem *VertexSet*-Objekt id_{33} referenziert.

So erstaunlich das für den unerfahrenen GOM-Programmierer auch klingen mag: Die Objektidentität ist dem Benutzer nicht sichtbar. Als Benutzer kann man also nur über entsprechend deklarierte Variablen auf die Objekte zugreifen. In unserer Beispiel-Objektbank in Abb. 2.5 kann man über die Variable *meinePunkte* auf das Objekt (mit dem OID) id_{33} zugreifen, und mit der Variablen *einPunkt* kann man auf das zuletzt erzeugte *Vertex*-Objekt id_{63} zugreifen. Andererseits sind die *Vertex*-Instanzen id_{98} und id_{71} nur über die Anwendung entsprechender Leseoperationen auf das Mengen-Objekt id_{33} zugreifbar.

Wir stimmen mit Beeri [Bee89] überein, daß die *Referenzierung* und *Dereferenzierung* objektwertiger Variablen (und Attribute) implizit geschehen sollte. Dadurch ist sichergestellt, daß es aus Benutzersicht keinen Unterschied gibt, ob man auf ein Objekt oder einen Wert zugreift. Das folgende Beispiel möge dies verdeutlichen:

$$\text{SomeInteger} := \text{meinePunkte.removeOne.X};$$

In diesem Ausdruck wird zunächst die Variable meinePunkte *dereferenziert*, dann der Verweis auf das von der—selbsterklärenden—Mengenoperation *removeOne* zurückgegebene Objekt vom Typ *Vertex* und letztendlich das X-Attribut dieses Objekts gelesen und der Variablen *SomeInteger*[6] zugewiesen.

2.6.4 Variablen

Die Bedingungen für die Benutzung einer Variablen in einer GOM-Anwendung sind wie folgt:

1. Die neu zu benutzende Variable muß entsprechend deklariert worden sein.

2. Die Variable muß bei der Deklaration auf einen Typ eingeschränkt werden. Im Laufe ihrer Lebenszeit darf die Variable nur Werte oder Objekte des Typs oder eines Untertyps annehmen, auf den sie eingeschränkt wurde.

3. Es darf keine Namenskonflikte (Namensgleichheit) mit anderen, schon existierenden Variablen geben.

Variablen können bei ihrer Deklaration initialisiert werden. Bei Variablen, die auf Sorten eingeschränkt sind, geschieht dies durch Zuweisung eines Werts; Variablen eines Objekttyps können durch Erzeugung oder Zuweisung eines Objekts initialisiert werden. Beispiel:

---

[6]Wir nehmen an, daß diese Variable global deklariert sei

```
var f: float := 0.0;
    v: Vertex := Vertex$create(9.0, 3.5, 0.5);
    v1: Vertex := v;
```

2.7 Persistenz

Unter Persistenz versteht man das Überleben von Programmkomponenten über die Ausführungszeit des Programms hinweg. Dazu müssen diese Komponenten natürlich dauerhaft auf dem Hintergrundspeicher abgespeichert werden.

In GOM unterscheidet man drei unterschiedliche Komponenten, die potentiell persistent sein können:

- Typen,

- Objekte und

- Variablen.

Wir wollen nacheinander die Initiierung und Konsequenzen der Persistenz dieser drei Komponenten untersuchen.

2.7.1 Persistenz von Typen

Objekttypen werden durch Voranstellen des Schlüsselwortes **persistent** als persistent gekennzeichnet. Beispiele dafür hatten wir schon in den bislang eingeführten Typen:

```
persistent type Vertex is
    ...
end type Vertex;
```

Hierdurch wird der Objekttyp *Vertex* an die GOM-Schemaverwaltung übergeben. Andere Anwendungsprogramme können danach auf diese Typdefinition zurückgreifen. Allerdings darf man jetzt keinen weiteren Typ namens *Vertex* mehr einführen—weder persistent noch transient.

Es gibt verschiedene Abhängigkeiten, die beachtet werden müssen:

- Bei tupelstrukturierten persistenten Typen müssen alle Typen, auf die die Attribute eingeschränkt sind, ebenfalls persistent sein. Ebenso muß der Elementtyp von Listen- bzw. Mengentypen persistent sein.

- Innerhalb der Typhierarchie (siehe Abschnitt 2.8) müssen sowohl alle Obertypen eines persistenten Typs als auch alle seine Untertypen persistent sein.

2.7.2 Persistenz von Objekten

Jedes GOM-Objekt, das durch Instantiierung eines persistenten Typs erzeugt wurde, "versteht" den Operationsaufruf *persistent*, d.h. es können nur Objekte persistent gemacht werden, deren Typ ebenfalls persistent ist. Erst nach Aufruf der *persistent*-Operation wird ein Objekt eines persistenten Typs dauerhaft in der Objektbank gespeichert. Beispiele sind:

```
einPunkt.persistent;
meinePunkte.persistent;
```

Um die Persistenz aller Instanzen eines Typs zu garantieren, sollte man diese Invokation der Operation *persistent* schon in der Initialisierung durchführen.

Es wird zwar durch den Übersetzer garantiert, daß alle persistenten Typen wiederum persistente Typen als Attribut- bzw. Elementtypen haben, sofern es sich um Tupel- bzw. Kollektionstypen handelt. Dies bedeutet jedoch nicht, daß auch die jeweiligen Instanzen, die von einem persistenten Objekt aus referenziert werden, persistent sein müssen. Beispielsweise können in die oben angeführte persistente Punktmenge *meinePunkte* auch transiente *Vertex*-Instanzen eingefügt werden. Die Referenzierung transienter Objekte von persistenten Objekten aus führt bei Beendigung des Programms, in dessen Verlauf die Referenz etabliert wurde, zu sogenannten *dangling references*. Das bedeutet, daß in der Datenbasis Objekte referenziert werden, die gar nicht mehr existieren, da die Lebensdauer transienter Objekte auf einen Programmlauf begrenzt ist. "Gute" GOM-Programmierer zeichnen sich unter anderem dadurch aus, daß sie Verweise von persistenten Objekten auf transiente Objekte vermeiden.

2.7.3 Persistenz von Variablen

Man kann in einem GOM-Programm Variablen "persistent machen", indem man bei der Deklaration das Schlüsselwort **persistent** voranstellt. Die Voraussetzungen hierfür ist, daß die Variable auf einen persistenten Typ eingeschränkt ist.

Wird ein Programm, in dem persistente Variablen definiert sind, beendet und zu einem späteren Zeitpunkt neu gestartet, so besitzt die Variable den letzten, im vorherigen Programmlauf zugewiesenen Wert. Persistente Variablen können dann von unterschiedlichen Programmen aus benutzt werden.

Beispiele für persistente Variablen sind:

```
persistent var meinePunkte: Vertex;
             einPunkt: Vertex;
```

Die Deklaration einer Variablen als persistent erzwingt nicht, daß das jeweilige referenzierte Objekt ebenfalls persistent sein muß. Verweist eine persistente Variable am Ende eines Programmlaufs auf ein transientes Objekt, so ist der Wert der Variablen bis zur nächsten Zuweisung innerhalb eines weiteren Programmlaufs, bei dem sie benutzt wird, undefiniert (NULL).

2.8 Vererbung und Subtypisierung

Derzeit unterstützt GOM *singuläre (einfache) Vererbung* entlang der Ober-/Untertyp-Hierarchie. Das heißt, daß der Untertyp alle Eigenschaften—Attribute und Operationen—des Obertyps erbt.

Wir wollen Vererbung anhand der in Abb. 2.6 dargestellten Typhierarchie erläutern. Der Typ *GeometricPrimitive* ist dabei als direkter Untertyp der gemeinsamen Wurzel *ANY* definiert. *ANY* ist ein vordefinierter Typ, der automatisch Obertyp aller Typen ist. Wird bei der Definition eines Typs kein Obertyp explizit in der optionalen **supertype**-Klausel angegeben, so wird implizit *ANY* als direkter Obertyp dieses Typs angenommen. *GeometricPrimitive* ist weiter verfeinert zu den Typen *Cuboid* und *Cylinder*, wobei *Cylinder* selbst wieder einen Untertyp *Pipe* besitzt. Der Typdefinitionsrahmen für *GeometricPrimitive* ist wie folgt spezifiziert:

```
persistent type GeometricPrimitive supertype ANY is
   public paint, SpecWeight, GeoID, Color→
   body [GeoID: string;
         Color: string;
         Mat: Material;]
   operations
      declare SpecWeight: → float;
      declare paint: string → void;
   implementation
      define paint(c)
         self.Color := c;
      define SpecWeight
         return Mat.SpecWeight;
   end type GeometricPrimitive;
```

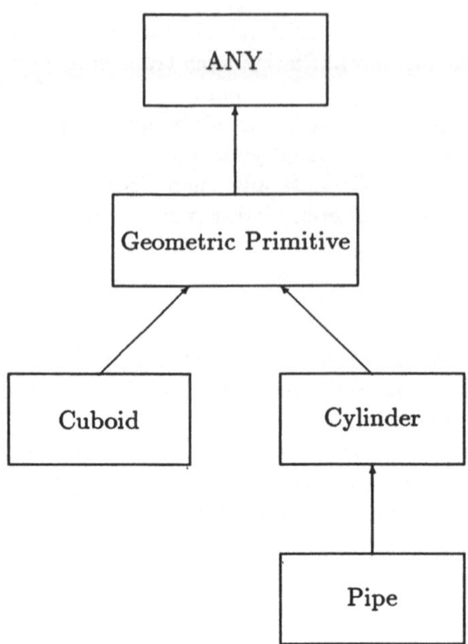

Abb. 2.6. Eine exemplarische Typhierarchie geometrischer Objektklassen

Der Objekttyp *GeometricPrimitive* ist—als direkter Untertyp des vordefinierten Typs *ANY*—als tupelstrukturierter Typ definiert. Er besitzt drei Attribute

- *GeoID* vom Typ *string*, ein vom Benutzer gewählter Identifikator des geometrischen Objekts. Dieses Attribut ist nicht mit dem Objektidentifikator (siehe Abschnitt 2.6.3), der jedem komplexen GOM-Objekt zugeordnet ist, zu verwechseln.

- *Color* ist ebenfalls vom Typ *string*.

- *Mat* ist ein objektwertiges Attribut, dem ein Objekt vom Typ *Material* zugeordnet werden kann.

Auf der Basis dieser Typdefinition können wir jetzt den Untertyp *Cylinder* definieren, dessen Typdefinitionsrahmen in Abb. 2.7 gezeigt ist. Der Objekttyp *Cylinder* ist als direkter Untertyp von *GeometricPrimitive* definiert. Somit erbt der Typ *Cylinder* alle Attribute und Operationen, die dem Typ *GeometricPrimitive* zugeordnet sind. Zusätzlich zu den im Typ *GeometricPrimi-tive* "öffentlich" gemachten Operationen bietet der *Cylinder*-Typ noch die Operationen *Radius→*, *length, weigth, volume*, sowie die geometrischen Transformationen *rotate, translate* und *shrink*. Die letztgenannte Operation dient dazu, den *Radius* einer *Cylinder*-Instanz zu verändern, d.h. zu schrumpfen bzw. auszudehnen. Eine Beispiel-Ausprägung einer kleinen Objektbank mit nur einer *Cylinder*-Instanz ist in Abb. 2.8 gezeigt.

Die Diskussion zur Vererbung und Subtypisierung bewegt sich hier noch auf einer wenig formalen, eher intuitiven Ebene. Wir verweisen auf das sich anschließende Kapitel 3 "Strenge Typisierung", in dem die Regeln spezifiziert werden, die insbesondere bei der Subtypisierung einzuhalten sind, um die Typkonsistenz zu sichern.

Aber schon an dieser Stelle möchten wir auf das zentrale Konzept der *Substituierbarkeit* eingehen, das die Flexibilität der objekt-orientierten Sprachen (Modelle) im Vergleich zu herkömmlichen Sprachen wie Pascal ausmacht:

"Eine Untertyp-Instanz ist überall dort einsetzbar (substituierbar), wo—nach den Typeinschränkungen—eine Instanz eines Obertyps gefordert wird."

```
persistent type Cylinder supertype GeometricPrimitive is
   public Radius→, weight, volume, translate, rotate, shrink
   body [Radius: float;
         Center1: Vertex;
         Center2: Vertex;]
   operations
      declare volume: → float code CylinderVolumeCode;
      declare weight: → float;
      declare translate: Vertex → void;
      declare Cylinder: string, string, Material, float, Vertex, Vertex → void;
      declare length: → float;

      ...
   implementation
      define Cylinder(g, c, m, r, c1, c2)
         begin     !! Generiere den durch die Parameter spezifizierten Zylinder
            self.GeoID := g;
            self.Color := c;
            self.Material := m;
            self.Radius := r;
            self.Center1 := c1;
            self.Center2 := c2;
            return self;
         end define Cylinder;
      define length is
         return self.Center1.distance(self.Center2);
      define CylinderVolumeCode is
         return (self.Radius * self.Radius * 3.14 * self.length);
      define weight is
         return self.volume * self.SpecWeight;
      define translate(t)
         begin
            Center1.translate(t);   !! translate wird an die Vertex-Instanz Center1 delegiert
            Center2.translate(t);
         end define translate;
   end type Cylinder;
```

Abb. 2.7. Die Definition des Objekttyps *Cylinder*

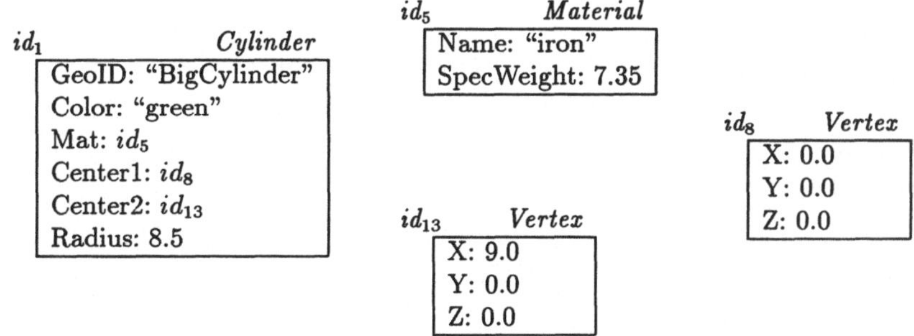

Abb. 2.8. Beispielausprägung einer *Cylinder*-Instanz

Wir wollen das Prinzip der Substituierbarkeit an einigen Beispielen illustrieren. Es sei zusätzlich der Typ

> **persistent type** GeometricPrimitiveSet **is** { GeometricPrimitive }

definiert. Dann betrachten wir folgendes Programmfragment:

> **var** GeoSet: GeometricPrimitiveSet;
>   GeoObj: GeometricPrimitive;
>   CylObj: Cylinder;
>   ...

(1)	GeoSet.insert(GeoObj);	
(2)	GeoSet.insert(CylObj);	!! okay, wegen Substituierbarkeit
(3)	GeoObj := CylObj;	!! auch okay
(4)	CylObj := GeoObj;	!! ILLEGAL, Typkonsistenz nicht statisch verifizierbar
(5)	GeoObj := GeoSet.removeOne;	!! okay
(6)	CylObj := GeoSet.removeOne;	!! ILLEGAL

Der Ausdruck (1) ist sicherlich typsicher, da die Elemente des Mengentyps *GeometricPrimitive-Set* ja gerade auf *GeometricPrimitive* eingeschränkt sind. Der Ausdruck (2) ist legal wegen der Substituierbarkeitsregel; das gleiche gilt für den Ausdruck (3). Aber die Typ-Konsist nz des Ausdrucks (4) kann vom Compiler nicht statisch verifiziert werden, da die Variable *GeoObj* zwar möglicherweise aber nicht notwendigerweise auf eine *Cylinder*-Instanz verweist. Deshalb würde der GOM-Compiler diesen Ausdruck zurückweisen; das gleiche gilt für den Ausdruck (6).

2.9 Verfeinerung von Operationen und dynamisches Binden

2.9.1 Operationsverfeinerung

In unserer Typhierarchie in Abb. 2.6 ist *Pipe*—zur Modellierung von Röhren—als weiterer Objekttyp enthalten. Dieser Objekttyp unterscheidet sich von *Cylinder* dadurch, daß er über ein weiteres Attribut *InnerRadius* vom Typ *float* verfügt. Die Struktur einer *Pipe*-Instanz ist also beschrieben durch die acht Attribute

- *GeoID* und *Color* vom Typ *string*,

- das Attribut *Mat* vom Typ *Material*,

- *Center1* und *Center2*, beide vom Typ *Vertex*,

- *Radius*, das auf die Sorte *float* eingeschränkt ist, und

- *InnerRadius*, auch vom Typ *float*.

Die ersten drei Attribute wurden vom indirekten Obertyp *GeometricPrimitive* geerbt, die nächsten drei vom direkten Obertyp *Cylinder*, und nur das letzte Attribut *InnerRadius* ist direkt in *Pipe* definiert worden. Die Typdefinition sieht dann folgendermaßen aus:

> **persistent type** Pipe **supertype** Cylinder **is**
>   **public** InnerRadius
>   **body**
>   [InnerRadius: float;]
>   **operations**
>   **declare** connect: Pipe → **void**;
>   **refine** volume: → float **code** PipeVolumeCode;
>   **refine** weight: → float **code** PipeWeightCode;
>   **implementation**
>   **define** PipeVolumeCode **is**

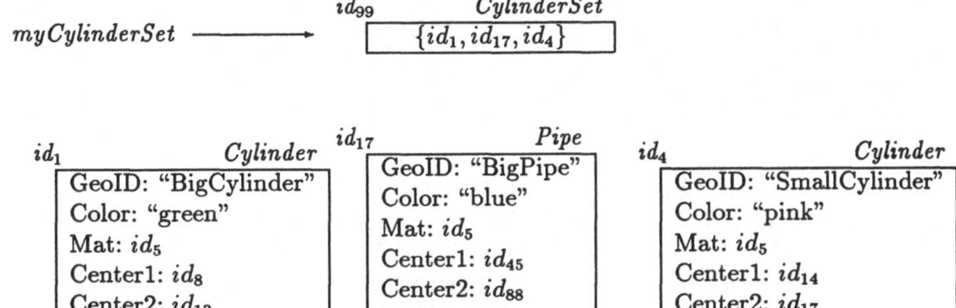

Abb. 2.9. Beispielausprägung eines Mengentyps

```
    return (super.volume −
            self.InnerRadius * self.InnerRadius * 3.14 * self.length);
define PipeWeightCode is
    return self.volume * self.SpecWeight;
define connect(otherPipe) is
    . . .
end type Pipe;
```

Das bemerkenswerteste an der obigen Typdefinition *Pipe* sind die Verfeinerungen der Operationen *volume* und *weight*. Die Operation *volume* ist jetzt so implementiert, daß das Hohlraumvolumen einer Röhre von dem Gesamtvolumen subtrahiert wird. Interessanterweise wurde bei der Neu-Implementierung die von *Cylinder* geerbte Operation *volume* verwendet, die in dem Ausdruck **super**.*volume* aufgerufen wird. Das Schlüsselwort **super** spezifiziert, daß die im Obertyp existierende Operation gebunden wird. Somit ist die obige Implementierung äquivalent zu

```
define PipeVolumeCode is
    return (self.Radius * self.Radius * 3.14 * self.length−
            self.InnerRadius * self.InnerRadius * 3.14 * self.length);
```

In diesem Beispiel hatte sich durch die Verfeinerung der Operation *volume* die funktionale Operationssignatur nicht geändert; dies ist aber i.a. nicht der Fall. In beschränktem Maße darf man bei der Spezialisierung des Verhaltensschemas eines Typs auch die geerbten Signaturen der Operationen abändern. Die Regeln, die trotz dieser hohen Flexibilität die Typsicherheit der Sprache garantieren, werden im sich anschließenden Kapitel 3 ausgearbeitet.

2.9.2 Dynamisches Binden

Alle verfeinerten Operationen werden in GOM dynamisch—also zur Laufzeit—gebunden. Die Notwendigkeit, verfeinerte Operationen dynamisch zu binden, soll an der Beispielausprägung einer Objektbank in Abb. 2.9 erläutert werden. In diesem Beispiel gibt es eine Variable *myCylinderSet*, die auf die *CylinderSet*-Instanz id_{99} verweist. Diese Menge enthält (Verweise auf) drei Objekte:

- 2 direkte *Cylinder*-Instanzen mit den OIDs id_1 und id_4 sowie

- eine direkte *Pipe*-Instanz mit dem OID id_{17}.

Da *Pipe* ein Untertyp von *Cylinder* ist, ist es—wegen der Substituierbarkeitsregel—völlig legitim, daß ein *CylinderSet* auch *Pipe*-Instanzen enthält. Es handelt sich also um (kontrolliert) heterogene Mengen.

Jetzt betrachten wir folgendes Programmfragment, in dem das Gesamtvolumen der in der Menge *myCylinderSet* enthaltenen geometrischen Objekte ermittelt wird:

```
var c: Cylinder;
    TotalVolume: float := 0.0;
    ...
foreach (c in myCylinderSet)
    TotalVolume := TotalVolume + c.volume;
```

Würde man in diesem Programmfragment die Operation *volume* statisch (zur Übersetzungszeit) binden, so würde bei jedem Schleifendurchlauf die gleiche "Version" von *volume* ausgeführt, und zwar die *CylinderVolumeCode*-Version. In dem Durchlauf der **foreach**-Schleife, in dem c an die *Pipe*-Instanz id_{17} gebunden wird, muß aber die *PipeVolumeCode*-Version gebunden werden. Dies wird in GOM durch *dynamisches Binden* sichergestellt, da der Compiler nicht in der Lage ist, statisch die "richtige" Version zu bestimmen. Verfeinerte Operationen werden zur Laufzeit entsprechend dem *direkten* Typ des Empfängerobjekts gebunden. Genau hierfür benötigt man die Typzugehörigkeitsinformation, die in der Tripel-Repräsentation der Objekte enthalten ist (vgl. Abschnitt 2.6.1).

Einmal verfeinerte Operationen können durchaus nochmals verfeinert werden, so daß man im allgemeinen eine Verfeinerungshierarchie erhält. Durch dynamisches Binden wird garantiert, daß ausgehend vom direkten Typ des Empfängerobjekts immer die "spezifischste" Version einer verfeinerten Operation zur Ausführung kommt. Dies geschieht logisch gesehen dadurch, daß zur Laufzeit der direkte Typ des Empfängerobjekts bestimmt wird und dann innerhalb der Typhierarchie—beginnend beim Typ des Empfängerobjekts—in Richtung der Wurzel ANY nach einer Operation des gegebenen Namens gesucht wird. Dies könnte entweder eine Verfeinerung der Operation sein oder aber auch die Originalversion.

2.10 Realisierung von GOM

Das GOM-System ist als Cross-Compiler realisiert, wobei die GOM-Strukturen—d.h. Typdefinitionen, Operationen und Anwendungsprogramme—in semantisch äquivalente C-Strukturen übersetzt werden. Falls die als Eingabe vorliegenden Strukturen nicht korrekt im Sinne der GOM-Sprachdefinition sind, wird dies vom GOM-Compiler erkannt und der Übersetzungsvorgang—nach Ausgabe von entsprechenden Fehlermeldungen—abgebrochen. Der Übersetzungsvorgang selbst läßt sich grob wie folgt unterteilen:

- *Analyse*: Der Analyse-Teil, bestehend aus syntaktischer und semantischer Analyse, zerlegt das Quellprogramm in seine Bestandteile und erzeugt eine Zwischendarstellung des Quellprogramms: den Strukturbaum.

- *Synthese*: Der Synthese-Teil, bestehend aus dem Code-Generator, konstruiert das gewünschte Zielprogramm aus dem Strukturbaum.

Neben den Compiler-internen Schnittstellen existieren Schnittstellen zu weiteren Modulen, auf deren Aufgaben im folgenden kurz eingegangen werden soll. Zusammenfassend ist die Architektur des Systems in Abb. 2.10 dargestellt.

Type-Checker Der Type-Checker für polymorphe Operationen stellt die Implementierung des im nachfolgenden Kapitel beschriebenen Typfolgerungssystems für GOM dar.

Seine Aufgabe besteht in der Herleitung und Überprüfung der Parametertypen beim Aufruf einer polymorphen GOM-Operation innerhalb der semantischen Analyse eines GOM-Programms.

Schema-Manager Aufgabe des Schema-Managers ist die Bereitstellung der Metainformation über die in einem GOM-System enthaltenen Objekte. Hierunter fällt die Spezifikation sämtlicher, als *persistent* deklarierter Typen, Operationen und Variablen, die in einem zu übersetzenden GOM-Programm enthalten sind. Eine Teilaufgabe der Code-Erzeugung besteht deshalb in der Übergabe dieser Information an den Schema-Manager.

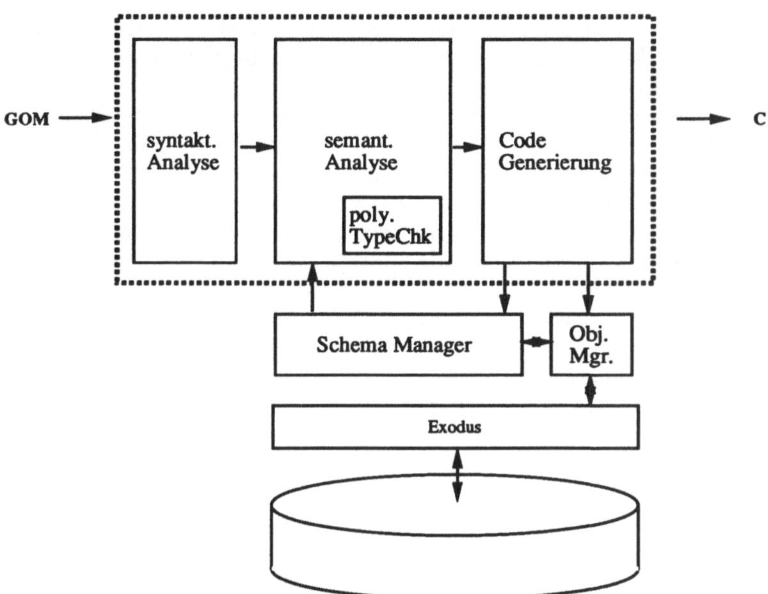

Abb. 2.10. Der GOM-Compiler und seine Schnittstellen

Auf die im Schema enthaltene Information bereits übersetzter GOM-Programme kann somit
während der semantischen Analyse eines Programms zurückgegriffen werden. Es ist dadurch
möglich, innerhalb eines GOM-Programms Programmkomponenten zu referenzieren, die bereits im Schema enthalten sind. Das Schema kann man deshalb als die persistente Erweiterung
der Definitionstabellen des Compilers betrachten.

Mittels eines Bootstrap-Verfahrens konnte der Schema-Manager schon in der Sprache GOM
realisiert werden.

Objekt-Manager Aufgabe des Objekt-Managers ist die Verwaltung persistenter Objekte. Er bedient sich hierzu des EXODUS-Systems [C⁺89], das die Speicherverwaltung für den GOM-Objekt-Manager übernimmt.

Der Objekt-Manager wird zum einen vom generierten Code, zum anderen aber auch vom
Compiler selbst benutzt. Dies ist erforderlich, um den veränderbaren, aber persistenten Teil
der statisch generierten Laufzeitinformation der generierten Programme zu erzeugen und zu
initialisieren. Hierzu zählt zum Beispiel die Erzeugung persistenter Variablen.

Neben dem Compiler benutzt auch der Schema-Manager den Objekt-Manager, um die Persistenz der von ihm verwalteten Objekte—der Schema-Information der übersetzten Programme—zu erreichen.

2.11 Bibliographie

Natürlich haben wir beim Entwurf der Sprachkonzepte von GOM ganz wesentliche Anleihen
aus dem Bereich der objekt-orientierten Programmiersprachen genommen. Das Unter-/Obertyp-
Konzept hat seinen Ursprung in dem Vorläufer aller objekt-orientierten Programmiersprachen:
Simula-67 [DMN70,ND81]. Simula-67 war die erste Programmiersprache, die eine Typhierarchie
mit einhergehender Substituierbarkeit der Untertyp-Instanzen für Obertyp-Instanzen einführte.
Direkte Nachfolger von Simula-67 sind die Sprachen Smalltalk-80 [GR83], Eiffel [Mey88], ObjectiveC [Cox86] und C⁺⁺ [Str86]—um nur einige wenige zu nennen. Von diesen Sprachen hat GOM

die größte Ähnlichkeit zu Eiffel. Es gibt mittlerweile auch etliche Lisp-basierte objekt-orientierte Programmiersprachen. Zwei wichtige Vertreter aus diesem Bereich sind Loops [BS82,SB86] und Flavors [Moo86].

Beim Entwurf des persistenten Objektmodells GOM wurden viele Konzepte aus anderen Datenmodellen entliehen. Das Konzept der Objektidentität wurde in ähnlich strikter Form in FAD [BBKV87] eingeführt. Eine detaillierte Diskussion der verschiedenen Objektidentifikationsmechanismen findet sich in [KC86]. Anders als in FAD unterscheiden wir jedoch zwischen (atomaren) Werten, die keine Identität besitzen, und komplexen Objekten, die eine während ihrer Lebensdauer invariant bleibende Identität haben. In diesem Ansatz stimmen wir mit dem Vorgehen in FOOPS überein [GW90]. Die in GOM eingebauten Typkonstruktoren, also *Tupel-*, *Listen-* und *Mengen-*Konstruktor stimmen mit denen im erweiterten NF^2-Modell überein [D$^+$86]. Einen ähnlichen Satz eingebauter Konstruktoren bieten die Objektmodelle EXTRA [CDV88] und Orion [KCB88].

Das Objektreferenzierungskonzept, das wir in GOM verwenden, ist ähnlich dem in den Datenmodellen MAD [HMWMS87] und Extra [CDV88] eingebauten Referenzierungsmechanismus. Wir unterscheiden uns allerdings grundlegend von diesen beiden Objektmodellen was die Dereferenzierung von Objekten anbelangt: Während in MAD und EXTRA die explizite Dereferenzierung verlangt wird, werden GOM-Verweise implizit dereferenziert. Insofern gibt es keinen Unterschied zwischen dem Zugriff auf ein atomares Datum oder ein komplexes Objekt—wie dies auch von Beeri [Bee89] gefordert wird.

In dieser Beziehung ist das Objektmodell GOM den aus der Künstlichen Intelligenz stammenden Wissensrepräsentations-Sprachen nicht unähnlich. Die *Frame*-Konstrukte aus diesen Sprachen, wie z.B. KRL [BW77,BW79], ähneln den grundlegenden Konzepten der Objektreferenzierung und den damit einhergehenden "gemeinsamen Unterobjekten" in GOM. Ein *slot* in einem *Frame* enthält entweder einen atomaren Wert oder eine Referenz auf ein anderes *Frame*-Objekt.

Obwohl GOM sehr viel früher entworfen wurde, entsprechen die wesentlichsten Konzepte unseres Objektmodells doch denen, die in dem sogenannten "Manifesto über Objektbanken" [ABD$^+$89] als Minimalfunktionalität für ein objekt-orientiertes Datenmodell gefordert werden. Eine gewisse Ähnlichkeit weist GOM—obwohl es auch vor dieser Veröffentlichung entstand—mit dem von Zdonik und Maier definierten Referenzmodell auf [ZM89].

Weitere objekt-orientierte Datenmodelle, die in den letzten Jahren entwickelt wurden, sind:

- O_2 [LR89,D$^+$90], das im Forschungszentrum GIP Altair entwickelt wurde.

- GemStone [MS87], das von der Firma Servio Logic mittlerweile schon kommerziell vertrieben wird. Dieses Modell basiert auf der Sprache Smalltalk-80.

- Iris [WLH90], das auf dem funktionalen Datenmodell beruht.

Die folgenden Bücher über objekt-orientierte Datenbanksysteme sind Sammlungen der wichtigsten Veröffentlichungen in diesem Bereich: [KL89,ZM89,CM90].

Die Implementierung von GOM basiert auf dem EXODUS [C$^+$89] "Datenbanksystem-Generator", von dem wir im wesentlichen den zugrundeliegenden Storage-Manager verwendet haben [CDRS86]. Die Realisierung des GOM-Übersetzers ist detaillierter in der Diplomarbeit von A. Zachmann [Zac90] beschrieben. Die Schemaverwaltung ist in [Saa91] dargestellt.

Die Sprache und das Objektmodell GOM wurden vom Autor in Zusammenarbeit mit dem "GOM-Team"[7] entworfen. [KMWZ91] stellt eine kurze Zusammenfassung der wichtigsten Aspekte des Modells GOM dar. Eine detailliertere und umfassendere Abhandlung über die Programmierung und Datenmodellierung in GOM ist im GOM-Handbuch [KKM$^+$90b] zu finden.

---

[7]Mitglieder des GOM-Teams sind (außer dem Autor): Christoph Kilger, Guido Moerkotte, Klaus Peithner, Michael Steinbrunn, Hans-Dirk Walter und Andreas Zachmann.

3. Strenge Typisierung

Im Entwurf des objekt-orientierten Modells GOM wurden schwerpunktmäßig zwei Zielsetzungen verfolgt:

- *Erzielung hoher Expressivität und Flexibilität:*
  Flexibilität muß ein primäres Anliegen beim Entwurf eines neuen Objektmodells sein, um dadurch eine hohe Expressivität sowie ein hohes Maß an Wiederverwendbarkeit der erstellten Objekttypen zu gewährleisten. Gerade in den in letzter Zeit immer stärker aufkommenden objekt-orientierten Sprachen (und Datenmodellen) wird durch Konzepte wie Subtypisierung, Polymorphismus und Generizität ein hohes Maß an Flexibilität erreicht.

- *Typsicherheit:*
  Im Entwurf des Objektmodells GOM wurde sehr großer Wert auf die Erzielung eines größtmöglichen Maßes an *Typsicherheit* gelegt. Es sollte verhindert werden, daß Anwendungen während der Laufzeit aufgrund von Typinkonsistenzen Fehler verursachen.

Um dieses zweitgenannte Entwurfsziel zu erreichen, wird in GOM das Konzept der *strengen Typisierung* konsequent angewandt. Unter einem *Typfehler* verstehen wir eine zur Laufzeit des Programms sich manifestierende Inkonsistenz, die darauf beruht, daß versucht wird, eine Operation auf einem Objekt auszuführen, für das die betreffende Operation nicht anwendbar (also nicht definiert) ist. Strenge Typisierung garantiert, daß keinerlei Typfehler auftreten können. Das setzt voraus, daß alle Ausdrücke, und damit alle Operatordefinitionen und Programme, schon zur Übersetzungszeit auf Typkonsistenz überprüft werden können. Zur Laufzeit der Anwendungsprogramme können also keine durch Typinkonsistenzen verursachte Fehler mehr auftreten. Dies ist um so wichtiger, als daß verschiedene Untersuchungen gezeigt haben, daß Typfehler einen sehr hohen Anteil (ca. 70%) an allen Fehlern insgesamt ausmachen. Es ist also von großem Vorteil, wenn diese schon vom Übersetzer detektiert werden können.

Wir argumentieren, daß Typsicherheit in objekt-orientierten persistenten Umgebungen noch sehr viel wichtiger ist als in Programmiersprachen, da eine Datenbank von vielen mehr oder weniger versierten Anwendern gemeinsam genutzt wird. Es ist daher nicht tolerierbar, wenn ein weniger erfahrener Benutzer die Datenbank in einen typ-inkonsistenten Zustand überführt, der dann Anwendungsprogramme anderer Datenbanknutzer in Mitleidenschaft zieht.

In diesem Kapitel werden wir schrittweise das *Typfolgerungssystem (Typinferenzsystem)* entwickeln, das die strenge Typisierung bei gleichzeitiger Erhaltung der hohen Expressivität gewährleistet. Im ersten Schritt (Abschnitt 3.2) wird ein relativ rigides Typisierungskonzept entwickelt, das die statische Bestimmung des Typs aller Ausdrücke—und damit natürlich auch die Überprüfung der Typkonsistenz—ermöglicht. Leider schränkt diese statische Typisierung die Flexibilität der Sprache stark ein, genau wie dies bei herkömmlichen Programmiersprachen—z.B. Pascal und Algol—der Fall ist. Deshalb werden in nachfolgenden Abschnitten die Typinferenzregeln "gelockert", ohne jedoch die Typsicherheit zu verletzen. In Abschnitt 3.3 wird die Substituierbarkeitsregel in das Typfolgerungssystem eingebaut. Die Regeln zur legalen Verfeinerung von geerbten Operationen werden in Abschnitt 3.4 eingeführt. In Abschnitt 3.5 werden einige vielfach übersehene "Fallen" für die strenge Typisierbarkeit einer Sprache analysiert. Polymorphe Operationen und deren Einbezug in das Typisierungskonzept sind Gegenstand von Abschnitt 3.6. Um die Komplexität zu begrenzen, wird die Diskussion der Typisierungskonzepte auf einem "abgespeckten" Objektmodell namens GOM^{--} ausgeführt. In Abschnitt 3.8 werden die Erweiterungen der Typisierungsregeln

> **type** t **supertype** s **is**
>   **body** *Structural-Representation*
>   **operations**
>   **declare** $op_1\colon t\|x_1^1\colon t_1^1,\ldots,x_{n_1}^1\colon t_{n_1}^1 \to t_{n_1+1}^1$ **is** $impl_1$;
> $\ldots$
>   **declare** $op_m\colon t\|x_1^m\colon t_1^m,\ldots,x_{n_m}^1\colon t_{n_m}^m \to t_{n_m+1}^m$ **is** $impl_m$;
> **end type** t;

Abb. 3.1. Abstrakte Typdefinition in GOM^{--}

skizziert, die notwendig sind, um das sprachlich mächtigere Objektmodell GOM komplett abzudecken. Zum Schluß werden noch kurz die in GOM eingebauten *virtuellen* und *generischen* Typen angesprochen.

3.1 GOM^{--}: ein "abgespecktes" Objektmodell

Um die Komplexität der nachfolgenden Diskussion zu mindern, wollen wir in diesem Abschnitt das in Kapitel 2 ausgearbeitete Objektmodell GOM drastisch vereinfachen ("abspecken"). GOM^{--} stellt—genau wie GOM—eine Menge von Basistypen zur Verfügung: *int*, *bool*, *char*, *float* und *string*. Wie bereits früher ausgeführt, unterscheiden wir zwischen diesen atomaren Basistypen und komplex-strukturierten Typen. Basistypen besitzen eine Wertemenge von atomaren Werten, wie z.B. 1, 2, "Henry", etc. Diese atomaren Werte sind vorgegeben und nicht modifizierbar.

Für die Spezifikation komplex-strukturierter Typen gibt es in GOM bekanntlich die folgenden Typkonstruktoren: [ ] für die Tupelbildung, { } für die Mengenstrukturierung und $\langle\ \rangle$ für die Listenspezifikation. Wir werden uns im weiteren auf tupel- und mengenstrukturierte Typen beschränken—aus dem Blickwinkel der Typisierung können Listen analog zu Mengen behandelt werden. Wir erinnern nochmals daran, daß Objekte—anders als Werte—als Tripel (OID, v, t) dargestellt werden, wobei OID die Objektidentität repräsentiert, v den komplexen Wert (Zustand) des Objekts und t den Typ, von dem das Objekt instantiiert wurde. Mit $\mathcal{T}$ wollen wir die Menge der definierten—einschließlich der eingebauten—Typen bezeichnen. Es seien dann $s,t,t_i^j \in \mathcal{T}$ Typen und x_i^j paarweise verschiedene formale Parameternamen.[1] Dann zeigt Abb. 3.1 eine (abstrakte) Typdefinition in GOM^{--}.

In GOM^{--} verzichten wir der einfacheren Darstellung halber darauf, die Implementierung der Operationen in einer separaten **implementation**-Sektion anzugeben, wie es wegen der größeren Modularität in GOM durchgeführt wird. Die Operationsdeklarationen bestehen also aus der formalen Signatur und der Implementierung, die hier für die Operation op_i ($1 \le i \le m$) mit $impl_i$ bezeichnet wurde. In dem nachfolgend auszuarbeitenden Typisierungskonzept ist u.a. zu verifizieren, daß die Implementierung einer Operation mit der formalen Signatur übereinstimmt, daß also die Abarbeitung der Operationsinvokation—mit gemäß der Signatur typisierten Argumenten—keine Typkonflikte zur Laufzeit verursachen kann.

3.1.1 Behandlung der strukturellen Repräsentation

Ein tupelstrukturierter Typ hat als strukturelle Repräsentation eine Menge von benannten Attributen, die auf einen bestimmten Typ eingeschränkt sind. Es seien $A_1,\ldots,A_n$ paarweise verschiedene Attribute und $t_1,\ldots,t_n \in \mathcal{T}$ nicht notwendigerweise verschiedene Typen. Dann ist

$$[A_1 : t_1; \ldots; A_n : t_n]$$

---

[1] In dieser Diskussion machen wir bei Parameter- und Variablennamen immer die vereinfachende Annahme, daß keine Namenskonflikte auftreten. Mit etwas technischem Aufwand—Separierung der Namensräume—kann man diese Einschränkung leicht umgehen, was natürlich in der Realisierung von GOM auch geschehen ist.

die strukturelle Repräsentation eines Tupeltyps.

Aus Typisierungssicht wollen wir uns jedoch nicht mit der strukturellen Repräsentation beschäftigen, sondern ausschließlich die damit verbundene funktionale Spezifikation eines Tupeltyps untersuchen. Bekanntlich bietet GOM vordefinierte Operationen zum Lesen und Setzen der Attribute eines Tupeltyps. In GOM gibt es hierzu die VCO- (value receiving) und VTO- (value returning) Operationen. Aus Gründen der Vereinfachung der Darstellung wollen wir diese beiden Operationsklassen in GOM^{--} jedoch vereinheitlichen. Demnach sind die für die Handhabung des Attributs A_i im Tupeltyp vordefinierten Operationen wie folgt spezifiziert:

> **declare** *read_A$_i$* : $t\| \rightarrow t_i$;
> **declare** *set_A$_i$* : $t\|t_i \rightarrow$ **void**;

Die Operation *read_A$_i$* dient dazu, die derzeitige Belegung des Attributs A_i zu lesen; die Operation *set_A$_i$* wird mit einem Parameter aufgerufen, der als neue Belegung dem Attribut A_i zugewiesen wird.

Für mengenstrukturierte Typen legt der Datenbankanwender den "legalen" Elementtyp fest. Die strukturelle Repräsentation eines Mengentyps ist $\{t_1\}$ für einen Typ $t_1 \in \mathcal{T}$.

In diesem Zusammenhang beschränken wir uns auf die absolut notwendige Minimalfunktionalität der Mengentypen, die durch die folgenden drei vordefinierten Operationen gegeben ist:

> **declare** *insert* : $t\|t_1 \rightarrow$ **void**;
> **declare** *removeOne* : $t\| \rightarrow t_1$;
> **declare** *isNotEmpty* : $t\| \rightarrow$ *bool*;

Diese Operationen sind fast selbsterklärend: mit *insert* wird ein neues Element in die Empfänger-Menge eingefügt; mit *removeOne* wird ein willkürlich gewähltes Objekt aus der Empfänger-Menge ausgefügt und als Resultat des Operationsaufrufs übergeben. Die Operation *isNotEmpty* überprüft, ob noch Elemente in der Empfänger-Menge enthalten sind.

Für vordefinierte Operationen braucht der Benutzer natürlich keine Implementierung anzugeben—diese wird vom System automatisch generiert und ist demnach auch immer typkonsistent.

3.1.2 Einschränkungen bei der Typdefinition

Zu diesem Zeitpunkt wollen wir die bei der Definition eines neuen Typs zu beachtenden Einschränkungen, die notwendig sind, um die strenge Typisierung gewährleisten zu können, aufzeigen:

(1) Attribute und Mengenelemente sind auf einen bestimmten Typ eingeschränkt, so daß dem Attribut nur Objekte dieses Typs zugewiesen werden können bzw. nur Objekte des spezifizierten Typs in die Menge eingefügt werden können.

   Wir werden später sehen, daß diese Bedingung durch das Prinzip der Substituierbarkeit gelockert werden kann, ohne die strenge Typisierung aufgeben zu müssen.

(2) Die transitive, reflexive Hülle der Untertyp-Relation, die wir mit $\leq_T$ bezeichnen, darf keine nicht-trivialen Zyklen aufweisen, d.h. die Untertyp-Beziehung muß eine echte Typhierarchie darstellen.

(3) Falls ein Operationsname *op* schon in einem Typ *s* eingeführt wurde, so darf er in keinem Typ *t* mehr verwendet werden, für den $t \leq_T s$ gilt. Geerbte Operationen dürfen also—vorerst— nicht modifiziert oder re-deklariert werden.

(4) Falls ein Attribut A schon in einem Typ *s* eingeführt wurde, so darf dieser Attributname A nicht nochmals in einem (Unter-)Typ *t* eingeführt werden, für den $t \leq_T s$ gilt.

   Dies ist eigentlich eine Konsequenz der Bedingung (3), wenn man die implizit generierten Operationen *read_A* und *set_A* betrachtet. Wenn *s* ein Tupeltyp ist, so darf man in einem Untertyp *t* (also $t \leq_T s$) nur zusätzliche Attribute einführen—es dürfen aber keine Namenskonflikte mit geerbten Attributen eingeführt werden.

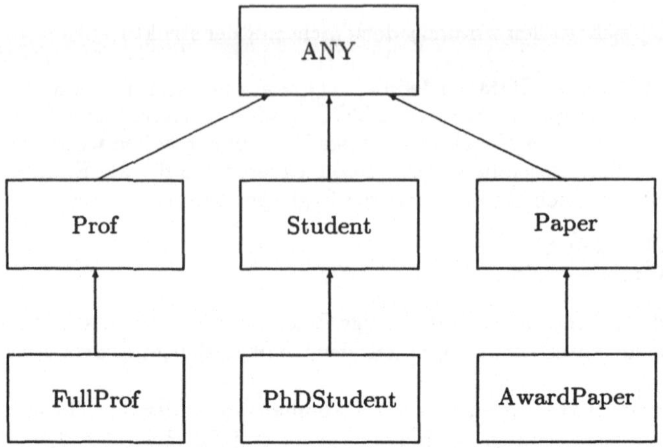

Abb. 3.2. Typhierarchie unseres Universitätsmodells

(5) Ein Mengentyp darf in seiner strukturellen Repräsentation innerhalb der Typhierarchie nicht mehr abgeändert werden. Wenn also ein Typ s die **body**-Klausel $\{r\}$ beinhaltet, so dürfen Typen t, für die $t \leq_T s$ gilt, ihrerseits keine **body**-Klausel mehr enthalten.

Auch dies ist—streng genommen—eine Konsequenz aus Bedingung (3), da ja dann die Signaturen der geerbten Operationen *insert* und *removeOne* abzuändern wären.

Diese Restriktionen schließen jegliche Namenskonflikte innerhalb der Typhierarchie entlang eines "Vererbungspfads" aus. In Abschnitt 3.4 werden wir sehen, daß Bedingung (3) in eingeschränktem Maße gelockert werden darf, ohne die Verifikation der Typkonsistenz zur Übersetzungszeit zu gefährden. Die anderen 4 Restriktionen müssen aber erhalten bleiben (wie wir in Abschnitt 3.5 zeigen werden).

3.1.3 Die (Mini-)Sprache

Wir werden in dieser Diskussion auch die in GOM zur Verfügung stehenden Programmiersprachen-Konstrukte drastisch beschneiden, um die Komplexität der Darstellung in Grenzen zu halten. Wir gehen von folgender sehr einfachen Sprache aus:

$$
\begin{array}{ll}
Stmt ::= & \textbf{begin } StmtList \textbf{ end}; \mid \\
         & \textbf{while } (Exp)\ Stmt \mid \\
         & \textbf{if } (Exp)\ Stmt \textbf{ else } Stmt \mid \\
         & \textbf{return } Exp; \mid \\
         & Exp; \mid \\
         & Variable := Exp;
\end{array}
\qquad
\begin{array}{ll}
StmtList ::= & Stmt \mid \\
             & StmtList\ Stmt \\
\\
Exp\ ::= & \textbf{self} \mid \\
         & Variable \mid \\
         & Exp.OpName(Exp,\ldots,Exp) \mid \\
         & TypeName\$\textbf{create}
\end{array}
$$

Die Konstrukte dieser Sprache sollten im wesentlichen selbsterklärend sein bzw. stimmen mit der bereits eingeführten (vollständigen) Sprache GOM überein.

Die nachfolgenden—oftmals etwas abstrakten Darstellungen—wollen wir an einem Beispiel aus dem Universitätsbereich illustrieren. Die Typhierarchie ist in Abb. 3.2 gezeigt. Es gibt in diesem Schema 6 Objekttypen: *Prof* mit Untertyp *FullProf*, *Student* und ein Untertyp *PhDStudent* und *Paper* mit dem Untertyp *AwardPaper*. Die Semantik dieser Typen ist größtenteils selbsterklärend. Wir skizzieren nachfolgend die Definition der beiden Typen *Prof* und *FullProf*:

```
type Prof supertype ANY is                      type FullProf supertype Prof is
  body [Name: string;                             body [Asst: Prof]
        Sal: float;                               operations
        Boss: Prof]                                   declare read_Asst: FullProf|| → Prof;
  operations                                          declare set_Asst: FullProf||Prof→void;
      declare incSal: Prof||x: float →void is   end type FullProf;
        self.set_Sal(self.read_Sal * (1 + x));
      declare writePaper: Prof||p: PhDStudent→Paper is
        return (Paper$create);
        ...   !! vordefinierte Operation zum Lesen und Setzen von Attributen
end type Prof;
```

Außer den vordefinierten Operationen zum Lesen und Setzen der Attribute *Name*, *Sal* und *Boss* verfügen Instanzen des Typs *Prof* also auch noch über die Operationen *incSal*—zur Erhöhung des Gehalts (*Sal*)—und *writePaper*. Der Operation *writePaper* werden wir später noch besonderes Interesse widmen, wenn wir die Verfeinerung von Operationen illustrieren (siehe Abschnitt 3.4). Der Einfachheit halber haben wir hier eine Trivialimplementierung für diese Operation gewählt, in der das Argument *p* vom Typ *PhDStudent* nicht einmal Verwendung findet—was aus Modellierungssicht wenig sinnvoll, aber durchaus legal ist.

3.1.4 Typsignaturen

Wir haben in den vorangegangenen Ausführungen schon angedeutet, daß die Typisierungskonzepte ausschließlich die abstrakte funktionale Spezifikation der Objekttypen berücksichtigen. Unter der funktionalen Spezifikation eines Typs verstehen wir die Menge der Signaturen der Operationen, die auf Objekten des jeweiligen Typs anwendbar sind. Konsequenterweise bezeichnen wir die funktionale Spezifikation eines Typs als *Typsignatur*, die in der nachfolgenden Definition formal eingeführt wird:

Definition 3.1 (Typsignatur).
Wir definieren die Typsignatur Σ_t für den oben in Abb. 3.1 eingeführten Typ t wie folgt:

$$\Sigma_t := \{(op_1 : t_1^1, \ldots, t_{n_1}^1 \to t_{n_1+1}^1), \ldots, (op_m : t_1^m, \ldots, t_{n_m}^m \to t_{n_m+1}^m)\} \cup \Sigma_s \qquad \Box$$

Die Signatur eines Typs umfaßt also

- alle Operationen, die vom Benutzer explizit diesem Typ zugeordnet wurden,

- alle implizit generierten Operationen zum Setzen und Lesen der Attribute (im Falle eines Tupeltyps) bzw. zum Einfügen und Ausfügen von Elementen (im Falle eines Mengentyps) und

- alle Operationen, die auf den Instanzen des direkten Obertyps anwendbar sind—und somit auch alle den indirekten Obertypen zugeordneten Operationen.

Die rekursive Definition der Typsignatur ist begrenzt durch die Signatur Σ_{ANY} der gemeinsamen Wurzel der Typhierarchie. Σ_{ANY} beinhaltet nur die eine Operationssignatur (EQ: ANY → *bool*), also die Signatur der Operation *EQ*, die zwei beliebige Objekte auf Gleichheit überprüft.

Unsere Beispieltypen *Prof* und *FullProf* haben die Typsignaturen:

$$
\begin{aligned}
\Sigma_{Prof} \;=\; \{ \;&(\text{incSal: } float \to \textbf{void}), (\text{writePaper: PhDStudent} \to \text{Paper}), \\
&(\text{read\_Name: } \to string), (\text{set\_Name: } string \to \textbf{void}), \\
&(\text{read\_Sal: } \to float), (\text{set\_Sal: } float \to \textbf{void}), \\
&(\text{read\_Boss: } \to \text{Prof}), (\text{set\_Boss: Prof} \to \textbf{void}) \; \} \; \cup \Sigma_{ANY}
\end{aligned}
$$

$$\Sigma_{FullProf} \;=\; \{ \;(\text{read\_Asst: } \to \text{Prof}), (\text{set\_Asst: Prof} \to \textbf{void}) \; \} \; \cup \Sigma_{Prof}$$

3.2 Statische Typisierung

In diesem Abschnitt wollen wir ein Typinferenzsystem konzipieren, das die statische Bestimmung des Typs eines jeden Ausdrucks der Sprache erlaubt. Wir wollen aber schon an dieser Stelle darauf hinweisen, daß das in diesem Abschnitt konzipierte Typisierungskonzept die Flexibilität der Sprache GOM^{--} im Vergleich zu der in Kapitel 2 behandelten Sprache GOM sehr stark einschränkt: zum Beispiel erlaubt diese statische Typisierung keine Zuweisung von Untertyp-Instanzen an Variablen, die auf einen Obertyp eingeschränkt wurden. Der Leser sollte also die in diesem Abschnitt vorgestellten Typisierungsregeln nur als "Übergangslösung" ansehen, die in späteren Abschnitten erweitert (d.h. gelockert) werden.

Die zentrale Eigenschaft von Objekten aus der Sicht der Gewährleistung der Typkonsistenz ist die *Substituierbarkeit*, die wie folgt—etwas informell—definiert ist:

Definition 3.2 (Substituierbarkeit).
Ein Objekt o' ist substituierbar für ein Objekt o **genau dann wenn** *für jede Operation op und alle Objekte $o_1, \ldots, o_n$ für die $o.op(o_1, \ldots, o_n)$ eine gültige Invokation von op ist—d.h. o "versteht" die Operationsinvokationen—die beiden folgenden Bedingungen gelten:*

- $o'.op(o_1, \ldots, o_n)$ *ist auch eine gültige Invokation von op und*

- $o'.op(o_1, \ldots, o_n)$ *ist substituierbar für $o.op(o_1, \ldots, o_n)$.*   □

Ein Objekt o' ist also für ein anderes Objekt o *substituierbar*, wenn o' mindestens "genau soviel kann" in Bezug auf die Operationen, die "verstanden" werden. Zusätzlich müssen die Ergebnisse, die die Operationen von o' liefern, mindestens "genauso gut" (also substituierbar) sein wie die Ergebnisse, die o bei gleichem Aufruf liefern würde.

Man muß natürlich für diese rekursive Definition eine geeignete Rekursionsbasis spezifizieren: Hierzu dienen in GOM^{--} die Primitivoperationen—zum Setzen und Lesen der Attribute bzw. zur Behandlung der Mengen—, die jedem Objekt gemäß seiner strukturellen Repräsentation implizit zugeordnet sind. Diese Basisoperationen werden dann von jedem entsprechend strukturierten Objekt verstanden—zusätzlich verstehen die Objekte dann noch die anwendungsspezifischen Operationen, die dem Typ zugeordnet wurden.

Diese Definition läßt die Semantik der Operationen gänzlich außer Acht—es wird auf einer rein syntaktischen Ebene geprüft, ob es geeignete Operationen *op* in den jeweils betrachteten Objekten gibt.

An dieser Stelle möchten wir dem Leser eingestehen, daß diese—auf der syntaktischen Ebene angesiedelte—Definition nicht den Zustand der Objekte mit einbeziehen kann. So kann z.B. ein fehlender Attributwert—also ein NULL-Wert—eines Attributs A in einem Objekt o zu einem Laufzeitfehler führen, wenn über die Operation *read_A* auf das von A (vermeintlich) referenzierte Objekt zugegriffen wird. Unser Typisierungskonzept kann Laufzeitfehler dieser Art nicht ausschließen; es können nur solche Laufzeitfehler ausgeschlossen werden, die auf eine Zuordnung von Objekten falschen Typs zu Variablen, Attributen, Mengenelementen und Parameter einer Operationsinvokation beruhen.

Proposition 3.3 (Substituierbarkeit an allen Stellen).
Es seien o_j für $(0 \leq j \leq n)$ Objekte und o'_i ein weiteres Objekt, so daß o'_i für o_i substituierbar ist. Dann ist unter der Bedingung, daß die Invokation $o_0.op(o_1, \ldots, o_i, \ldots, o_n)$ gültig ist, auch die Invokation $o_0.op(o_1, \ldots, o'_i, \ldots, o_n)$ gültig und das Ergebnis des Operationsaufrufs $o_0.op(o_1, \ldots, o'_i, \ldots, o_n)$ ist substituierbar für das Ergebnis der Invokation $o_0.op(o_1, \ldots, o_i, \ldots, o_n)$.

Der Beweis dieser Proposition ist relativ einfach und wird hier—wie alle anderen—nur skizziert: Solange o_i und o'_i nicht ihrerseits als Empfänger einer Operationeninvokation benutzt werden, spielt es gar keine Rolle, welches funktionale Verhalten sie haben. Sobald sie aber als Empfänger einer

Operationsinvokation im Zuge der Ausführung von op vorkommen, ist wegen der Prämisse der Proposition—o'_i ist für o_i substituierbar—sichergestellt, daß o'_i dem Objekt o_i "ebenbürtig" ist.

In unserem Objektmodell behandeln wir Typisierung jedoch nicht auf der Ebene der individuellen Objekte, sondern bewegen uns auf der Stufe der Typextensionen. Die folgende Proposition schafft die formale Basis dafür:

Proposition 3.4 (Substituierbarkeit von Objekten eines Typs).
Für jeden Typ t und je zwei Instanzen (Objekte) o_1 und o_2 vom Typ t gilt, daß o_1 für o_2 substituierbar ist—und damit auch o_2 für o_1 substituierbar ist.

Die Gültigkeit dieser Proposition basiert gerade auf dem Typextensionskonzept unseres Objektmodells. Jedes Objekt wird durch Instantiierung eines Typs erzeugt. Instanzen eines Typs t haben dieselbe funktionale Spezifikation, nämlich die, die in der Typdefinition festgelegt wurde. Anders als in einigen anderen Objektmodellen erlauben wir nämlich nicht das Hinzufügen von Operationen (oder Attributen) auf der Instanzenebene, da dies in jedem Fall zu Typinkonsistenzen führen kann.

Die Proposition 3.4 bildet die Basis für die Typeinschränkungen, die wir in GOM für alle Datenkomponenten vornehmen. Datenkomponenten sind Attribute, Mengenelemente und formale Parameter von Operationen. Die obige Definition sagt aus, daß hinsichtlich der Typisierung alle Objekte desselben Typs gleichwertig sind; deshalb werden Datenkomponenten auf Typen eingeschränkt. Der Compiler verifiziert dann statisch, daß diese Typeinschränkungen nicht verletzt werden können.

Um die Typkonsistenz zur Übersetzungszeit zu verifizieren, müssen wir die Informationen über globale Variablen, existierende Typen und Operationen sammeln. Hierzu gibt es im Datenbankbereich allgemein den Begriff des *Schemas*, der für unseren Kontext wie folgt formalisiert wird:

Definition 3.5 (Typenschema).
Wenn wir einen neuen Typ r mit der Typsignatur Σ_r und direktem Obertyp s definieren, muß folgende Information in das Typenschema S eingefügt werden:

$$S := S \;\cup\; \{(r \leq_T s)\} \;\cup\; \Big(\bigcup_{(op:t_1,\ldots,t_n \to t_{n+1}) \in \Sigma_r} \{(op : r\|t_1,\ldots,t_n \to t_{n+1})\}\Big) \qquad \square$$

Definition 3.6 ((globale) Variable).
*Die Menge $\mathcal{X}$ enthält Informationen über alle in der Objektbank deklarierten globalen Variablen und deren Typeinschränkungen. Für eine Variablendeklaration (**var** $x : t;$) wird die Menge $\mathcal{X}$ wie folgt fortgeschrieben:*

$$\mathcal{X} := \mathcal{X} \cup \{(x : t)\} \qquad \square$$

Der Einfachheit halber behandeln wir in dieser Diskussion nur globale Variablen, deren Benennung keine Konflikte verursachen darf, d.h. alle Variablen müssen paarweise unterschiedlich benannt sein. Die einzigen nur lokal sichtbaren Variablen, die wir hier behandeln wollen, sind die in der Operationssignatur angegebenen formalen Parameter, die aber nicht—zumindest nicht dauerhaft— in die Variablenmenge $\mathcal{X}$ eingefügt werden.

Bevor wir mit der Verifikation der Typkonsistenz einzelner Operationen beginnen können, müssen sämtliche Informationen für das Schema S und die Variablenmenge $\mathcal{X}$ zusammengestellt werden. Dies ist wegen der möglichen rekursiven Abhängigkeiten von Operationen notwendig, da z.B. in der Implementierung einer Operation op sogar op selbst wieder rekursiv aufgerufen werden könnte. Deshalb muß z.B. für die Verifikation der Typkonsistenz der Implementierung von op die Operationssignatur von op schon im Schema S enthalten sein.

Sobald die Schemainformation komplettiert ist, muß jede benutzer-definierte Operation verifiziert werden. Die Verifikation kann für die implizit generierten Operationen—zum Lesen und Setzen von Attributen und zur Handhabung von Mengen—entfallen.

Das "vorläufige" Typinferenzsystem ist in Abb. 3.3 dargestellt. Wir wollen die Typinferenzregeln kurz erläutern. Die Regeln I1, I2 und I3 sind rein technischer Art; sie garantieren nur, daß man die im Schema S und in der Variablenmenge X enthaltene Information auch wieder extrahieren kann. Die Regel I4 typisiert die *create*-Operation, mit der man Instanzen eines existierenden Typs generieren kann. Die Klausel ($t \leq_T s$) für irgendeinen Typ s (einschließlich ANY) im Schema S garantiert, daß der Typname t existiert.

Die weiteren Inferenzregeln werden in der Form von Implikationsregeln dargestellt: Wenn die Prämisse (oberhalb der Trennlinie) herleitbar ist, dann ist die Konklusion (unterhalb der Trennlinie) erfüllt. Die Regel I5 stellt die Typkonsistenz einer Operationsinvokation sicher. Regel I6 ist technischer Art und erlaubt die Folgerung, daß ein hergeleiteter Typ t mindestens genauso gut ist wie **void**. In der Regel I7 wird die konsistente Typisierung von Zuweisungen festgelegt. Einer Variablen x vom Typ t kann man nur einen Ausdruck e vom Typ t zuweisen. Die Regel I8 besagt, daß aus einem Ausdruck, der aus einer Sequenz $e_1; e_2$ von zwei (Unter-) Ausdrücken besteht, der Typ des zweiten Ausdrucks gefolgert werden kann, solange der erste Ausdruck e_1 typkonsistent— also "mindestens" **void**—ist. Die Regel I9 ist die Erweiterung auf Anweisungs-Blöcke. Die Regel I10 erlaubt die Typfolgerung einer Operationsdefinition. Vereinfachend verlangen wir, daß der **return**-Ausdruck immer der letzte Ausdruck in der Operationsimplementierung ist, so daß immer der letzte Ausdruck den Ergebnistyp bestimmt. Die letzten beiden Inferenzregeln (I11 und I12) sind für die konsistente Typisierung der **if**- bzw. **while**-Ausdrücke konzipiert.

Die folgende Definition bildet die Grundlage für die Typkonsistenz-Überprüfung der Operationsimplementierung:

Definition 3.7 (Verifikation der Typkonsistenz von Operationen).
Die Operation (**declare** $op : t_0 \| x_1 : t_1, \ldots, x_n : t_n \rightarrow t_{n+1}$ **is** $impl;$) *ist typkonsistent, wenn* ($S, (X \cup \{(\mathbf{self}: t_0), (x_1 : t_1), \ldots, (x_n : t_n)\}) \vdash impl : t_{n+1}$) *mit Hilfe der in Abb. 3.3 aufgeführten Typinferenzregeln hergeleitet werden kann.* ☐

Es werden also temporär die formalen Parameter **self**, $x_1, \ldots, x_n$ mit ihren Typeinschränkungen in die Menge der globalen Variablen eingefügt. Vereinfachend nehmen wir in dieser Diskussion an, daß es dadurch zu keinen Namenskonflikten kommt—es wäre relativ einfach dies technisch (durch Umbenennung) in den Griff zu bekommen, würde aber in unserer Diskussion nur "ablenken". Auf der Basis dieser erweiterten Variablenmenge muß dann hergeleitet werden, daß die Implementierung $impl$ ein Resultat vom Typ t_{n+1} liefert.

Analog zur Verifikation von Operationsimplementierungen müssen dann natürlich alle Anwendungsprogramme verifiziert werden.

Definition 3.8 (Typkonsistenz von Anwendungsprogrammen).
Ein Anwendungsprogramm prg ist typkonsistent, wenn

$$S, X \vdash prg : \mathbf{void}$$

hergeleitet werden kann. ☐

3.3 Substituierbarkeit von Untertyp-Instanzen

Die bislang entwickelten Typisierungsregeln erlauben (noch) nicht die Substituierung von Untertyp-Instanzen an den Stellen, wo eine Obertyp-Instanz gefordert wird. Deshalb stellt unsere Typhierarchie bislang nur einen reinen Vererbungsmechanismus dar—aber noch keinen Subtypisierungsmechanismus. Das folgende Programmfragment verdeutlicht die daraus resultierenden Probleme:

```
var Fritz: Prof;
    Einstein: FullProf;
    Newcomer: Prof;
```

$$\mathcal{S}, \mathcal{X} \cup \{(x:t)\} \quad \vdash \quad x:t \tag{I1}$$

$$\mathcal{S}, \mathcal{X} \cup \{(\mathbf{self}:t)\} \quad \vdash \quad \mathbf{self}:t \tag{I2}$$

$$\mathcal{S} \cup \{(op:t_0\|t_1,\ldots,t_n \to t_{n+1})\}, \mathcal{X} \quad \vdash \quad (op:t_0\|t_1,\ldots,t_n \to t_{n+1}) \tag{I3}$$

$$\mathcal{S} \cup \{(t \leq_T s)\}, \mathcal{X} \quad \vdash \quad t\$create:t \tag{I4}$$

$$\frac{\mathcal{S}, \mathcal{X} \vdash e_0:t_0,\ldots,e_n:t_n, (op:t_0\|t_1,\ldots,t_n \to t_{n+1})}{\mathcal{S}, \mathcal{X} \vdash e_0.op(e_1,\ldots,e_n):t_{n+1}} \tag{I5}$$

$$\frac{\mathcal{S}, \mathcal{X} \vdash e:t \text{ für } t \in \mathcal{T}}{\mathcal{S}, \mathcal{X} \vdash e:\mathbf{void}} \tag{I6}$$

$$\frac{\mathcal{S}, \mathcal{X} \vdash e:t}{\mathcal{S}, \mathcal{X} \cup \{(x:t)\} \vdash (x := e):\mathbf{void}} \tag{I7}$$

$$\frac{\mathcal{S}, \mathcal{X} \vdash e_1:\mathbf{void}, e_2:t_2}{\mathcal{S}, \mathcal{X} \vdash (e_1;e_2):t_2} \tag{I8}$$

$$\frac{\mathcal{S}, \mathcal{X} \vdash e:\mathbf{void}}{\mathcal{S}, \mathcal{X} \vdash (\mathbf{begin}\ e\ \mathbf{end}):\mathbf{void}} \tag{I9}$$

$$\frac{\mathcal{S}, \mathcal{X} \vdash e:t}{\mathcal{S}, \mathcal{X} \vdash (\mathbf{return}\ e):t} \tag{I10}$$

$$\frac{\mathcal{S}, \mathcal{X} \vdash \alpha:bool, e_1:\mathbf{void}, e_2:\mathbf{void}}{\mathcal{S}, \mathcal{X} \vdash (\mathbf{if}\ (\alpha)\ e_1\ \mathbf{else}\ e_2):\mathbf{void}} \tag{I11}$$

$$\frac{\mathcal{S}, \mathcal{X} \vdash \alpha:bool, e:\mathbf{void}}{\mathcal{S}, \mathcal{X} \vdash (\mathbf{while}\ (\alpha)\ e):\mathbf{void}} \tag{I12}$$

Abb. 3.3. Typinferenzregeln für statische Typisierung

...

(1)   Fritz.set_Boss(Newcomer);   !! ok
(2)   Fritz.set_Boss(Einstein);   !! **Fehler** nach unserem (bisherigen) Typisierungssystem

Die Variable *Einstein* ist auf Objekte vom Typ *FullProf* eingeschränkt. Unglücklicherweise ist demnach die Konsistenz des Ausdrucks (2) nicht herleitbar, da Subtyp-Instanzen, also *FullProf*-Objekte, noch nicht für Untertypen, also *Prof*-Instanzen, substituiert werden dürfen. Die nachfolgende Proposition ist der Schlüssel dazu, die zusätzliche Flexibilität der Untertyp-Substituierbarkeit in unser Objektmodell einzuführen.

Proposition 3.9 (Substituierbarkeit von Untertyp-Instanzen).
Es seien $t, s \in T$ Typen, so daß $t \leq_T s$ gilt und o_t ein Objekt vom Typ t und o_s ein Objekt vom Typ s ist. Dann ist o_t substituierbar für o_s.

Der Beweis dieser Proposition basiert auf der Tatsache, daß—zumindest bislang—keinerlei Namenskonflikte entlang eines Vererbungspfades in unserer Typhierarchie auftreten können. Untertypen erben *alle* Operationen ihres *direkten* Obertyps—und damit auch alle Operationen ihrer indirekten Obertypen. Somit "kann" ein Untertyp mindestens genauso viel—i.a. sogar mehr—als sein Obertyp, woraus die Substituierbarkeit der Untertyp-Instanzen für Instanzen des Obertyps folgt. Manchmal führt diese "erbe-alles"-Strategie zu Problemen bei der Datenmodellierung [KM90]— aus Typisierungssicht muß sie aber streng eingehalten werden. Aus der Beweisskizze folgt, daß die Substituierbarkeit nicht nur für direkte sondern auch für indirekte Untertypen gilt.

Um Proposition 3.9 ausnutzen zu können, müssen wir unser bisher erstelltes Typinferenzsystem "aufweichen". Die folgenden drei Regeln werden hinzugefügt:

$$\mathcal{S} \cup \{(t \leq_T s)\}, \mathcal{X} \;\vdash\; t \leq_T s \qquad\qquad [\text{I13}]$$

$$\mathcal{S}, \mathcal{X} \;\vdash\; t \leq_T t \text{ für } t \in T \qquad\qquad [\text{I14}]$$

$$\frac{\mathcal{S}, \mathcal{X} \vdash t \leq_T r, r \leq_T s}{\mathcal{S}, \mathcal{X} \vdash t \leq_T s} \qquad\qquad [\text{I15}]$$

$$\frac{\mathcal{S}, \mathcal{X} \vdash e : t, t \leq_T s}{\mathcal{S}, \mathcal{X} \vdash e : s} \qquad\qquad [\text{I16}]$$

Die Regel I13 ist technischer Art; mit dieser Regel kann man auf die im Schema enthaltene Untertyp-Relation Bezug nehmen. Regeln I14 und I15 erlauben die Herleitung der Reflexivität und Transitivität der Untertyp-Beziehung $\leq_T$, so daß auch indirekte Untertyp-Instanzen substituiert werden können. Die Regel I16 ist die essentielle Regel zur Substituierung: Sie besagt, daß jeder Ausdruck e vom Typ t auch vom Typ s ist, wenn t ein direkter oder indirekter Untertyp von s ist. Unter Berücksichtigung dieser Regeln—insbesondere I16—kann jetzt die Typkonsistenz des obigen Ausdrucks (2) hergeleitet werden.

3.4 Verfeinerung von Operationen

Bislang gibt es in unserem Objektmodell GOM^{--} noch keine Möglichkeit, geerbte Operationen auf die Erfordernisse eines Untertyps anzupassen. Ein anschauliches Beispiel für die Notwendigkeit dieser Anpassungsmöglichkeit wurde schon in Abschnitt 2.9 gegeben, wo eine vom Objekttyp *Cylinder* geerbte Operation *volume* im Untertyp *Pipe* redefiniert werden mußte, um die semantische

Integrität der Operation zu gewährleisten. In diesem Beispiel hatte sich jedoch an der abstrakten Signatur (Eingabeparameter und Ergebnistyp) nichts geändert. Oftmals ist es aber erforderlich auch die Signatur einer geerbten Operation in einem Untertyp mit abzuändern. Dies ist in einem streng typisierten Objektmodell jedoch nur mit ganz bestimmten Einschränkungen möglich, die wir in diesem Abschnitt untersuchen wollen. Die folgende Definition liefert die Basis für die Adaption von geerbten Operationen, um diese auf eine (gültige) *Verfeinerung* einzuschränken.

Definition 3.10 (Operationsverfeinerung).
*Für $(1 \leq i \leq n+1)$ seien t_i und t'_i Typen und $(op : t_1, \ldots, t_n \rightarrow t_{n+1})$ eine Operationssignatur. Dann ist $(op : t'_1, \ldots, t'_n \rightarrow t'_{n+1})$ eine (gültige) Verfeinerung von op **genau dann wenn** die folgenden Bedingungen erfüllt sind:*

*1. $t_i \leq_T t'_i$ für $(1 \leq i \leq n)$—die (neuen) Argumenttypen müssen **Ober**-Typen sein*

*2. $t'_{n+1} \leq_T t_{n+1}$—der (neue) Ergebnistyp muß ein **Unter**-Typ sein* □

Man beachte, daß $\leq_T$ als die *reflexive, transitive* Hülle definiert wurde, daß also ein Typ t sein eigener Unter- bzw. Obertyp ist. In der obigen Definition ist der Empfängertyp der Operation nicht berücksichtigt worden. Wir werden später die Bedingungen dieser Definition benutzen, um geerbte Operationen zu verfeinern, wobei dann die Empfänger-Typen in der Ober-/Untertyp-Beziehung stehen.

Das Konzept der Operationsverfeinerung läßt sich in natürlicher Weise auf Typen ausdehnen:

Definition 3.11 (Typverfeinerung).
*Ein Typ t ist eine (gültige) Typverfeinerung eines anderen Typs s **genau dann wenn** für jede Operationssignatur $(op : t_1, \ldots, t_n \rightarrow t_{n+1}) \in \Sigma_s$ eine Signatur $(op : t'_1, \ldots, t'_n \rightarrow t'_{n+1}) \in \Sigma_t$ existiert, so daß die letztere eine gültige Operationsverfeinerung der ersteren ist.* □

In dieser Definition wird verlangt, daß der Typ t mindestens alle Operationen versteht, die auch s versteht, wobei die "Versionen" in Σ_t gültige Verfeinerungen derjenigen gleichen Namens in Σ_s sein müssen.

Proposition 3.12 (Substituierbarkeit verfeinerter Typen).
Es seien t und s Typen, so daß t eine gültige (Typ-)Verfeinerung von s ist. Dann ist jedes Objekt o_t vom Typ t für jedes Objekt o_s vom Typ s substituierbar.

Der Beweis basiert auf der Beobachtung, daß die verfeinerten Operationen im Sinne der Typisierung "besser" sind als die geerbten Versionen: Sie liefern ein "besseres" Ergebnis $(t'_{n+1} \leq_T t_{n+1})$ bei "weniger guten" Eingabeparameter $(t_i \leq_T t'_i$ für $1 \leq i \leq n)$.

In GOM^{--} (und auch in GOM) garantieren wir, daß nur solche Typdefinitionen eines (neuen) Typs t vom System akzeptiert werden, die gültige Verfeinerungen ihres direkten Obertyps s darstellen. Dies wird dadurch gewährleistet, daß die Einhaltung der Bedingungen aus Definition 3.10 auf alle geerbten Operationen, die in t re-deklariert und re-implementiert werden, überprüft wird.

Wenn ein Typ t, der Untertyp eines Typs s ist, eine geerbte Operation—sagen wir op—verfeinert, so müssen wir die Definition der Typsignatur entsprechend abändern. Die geerbte Version von op muß in der Signatur Σ_t durch die verfeinerte Signatur ersetzt werden. Somit ergibt sich Σ_t als:

$$\Sigma_t := \{\ldots, (op : t'_1, \ldots, t'_n \rightarrow t'_{n+1}), \ldots\} \quad \cup \quad \left(\Sigma_s \setminus \{(op : t_1, \ldots, t_n \rightarrow t_{n+1})\}\right)$$

Es ist einfach, diese konstruktive Definition auf mehr als eine Operationsverfeinerung in t auszudehnen.

Es reicht natürlich nicht aus, nur die abstrakte Operationssignatur in Σ_t auszutauschen. Man muß auch sicherstellen, daß diese spezialisierte Operation zur Ausführung kommt, wenn das Empfängerobjekt vom Typ t ist. Da der *direkte* Typ eines Ausdrucks aber wegen der Subtyp-Substituierbarkeit nicht statisch bestimmt werden kann, wird dies in GOM gerade durch das dynamische Binden der verfeinerten Operationen erreicht (vgl. Abschnitt 2.9).

3.4.1 Beispiel für Operationsverfeinerung

Wir wollen dieses sehr wichtige Konzept der Operationsverfeinerung an einem illustrativen—wenngleich wenig sinnvollen—Beispiel erläutern. In unserem Universitätsmodell bedarf es eines *Prof*s und eines *PhDStudent*en, um ein (ordinäres) *Paper* zu schreiben. Wenn allerdings ein *Full-Prof* seine/ihre Gedanken niederschreibt, so reicht als Assistenz (Eingabeparameter) ein "normaler" *Student*, wobei dann als Resultat sogar ein *AwardPaper* entsteht. Deshalb wird die in *FullProf* von *Prof* geerbte Operation *writePaper* wie folgt verfeinert (der Übersichtlichkeit halber ist die Operation *writePaper* aus *Prof* hier nochmals aufgeführt):

> **declare** writePaper: Prof || p: PhDStudent → Paper **is**
>   **return** (Paper$*create*);

> **declare** writePaper: FullProf || s: Student → AwardPaper **is**
>   **return** (AwardPaper$*create*);   !! wenn es im realen Leben nur so einfach wäre

Wenn man nun diese eine Operation isoliert betrachtet, so sind *FullProf*-Instanzen deutlich "bessere" Objekte als *Prof*-Instanzen: Sie erzeugen mit weniger qualifizierter Eingabe (*Student*) ein besseres Resultat (*AwardPaper*). Im Gegensatz dazu schaffen *Prof*s mit qualifizierterer Assistenz (*PhDStudent* $\leq_T$ *Student*) lediglich ein *Paper*, das aus Typisierungssicht schlechter als ein *AwardPaper* ist (*AwardPaper* $\leq_T$ *Paper*).

3.4.2 Unbeabsichtigte Substituierung

Nach den Regeln unseres Typinferenzsystems ist es nur möglich, Untertyp-Instanzen dort einzusetzen (zu substituieren), wo Obertyp-Instanzen gefordert sind. Dies ist jedoch eine "härtere" Bedingung als eigentlich in Proposition 3.12 gefordert wird. Aus der Sicht der Typkonsistenz-Verifikation würde es reichen, wenn das zu substituierende Objekt einem Typ angehört, der eine gültige Verfeinerung des Typs darstellt, auf den der Ausdruck eingeschränkt ist. Dies führt jedoch zu dem Problem der "unbeabsichtigten" Substituierung, wie es in [KMWZ91] und darauf aufbauend in [GW90] beschrieben wurde. Wir wollen das Problem an folgendem Beispiel illustrieren:

```
type Person supertype ANY is          type Wine supertype ANY is
    body [Name: string;                   body [Name: string;
          Age: int;                             Age: int]
          Spouse: Person]                 operations
    operations                                ...    !! nur vordefinierte Ops
        ...    !! nur vordefinierte Ops  end type Wine;
    end type Person;
```

Wir nehmen an, daß diesen tupelstrukturierten Typen *Person* und *Wine* nur die implizit vordefinierten Operationen zum Lesen und Schreiben der Attribute zugeordnet sind. Dann ist der Typ *Person*—so erstaunlich das anmuten mag—nach Definition 3.11 eine gültige Verfeinerung des Typs *Wine*. In vielen Typisierungkonzepten, wie z.B. in FUN [CW85], werden *Person*en dann auch als substituierbare Objekte für *Wine*-Instanzen behandelt. Dies würde zu interessanten Datenbankzuständen führen, wenn man z.B. in die von der Variablen *WeinListe* referenzierte Menge einige *Person*en einfügen würde.

Nicht so in GOM! Wir schränken die Substituierbarkeit durch unsere Typinferenzregeln weiter ein als es aus rein technischer Sicht notwendig wäre: Wir erlauben nur die Substitution von in der Typhierarchie explizit kenntlich gemachten Untertypen für Obertypen.

Die unbeabsichtigte Substituierbarkeit hätte in einem System *persistenter* Objekte katastrophale Folgen, wenn man das Typschema auch nur geringfügig erweitert. Würde man z.B. dem Typ *Wine* eine Operation *BestDrinkingTemp* zuordnen, würde "auf einen Schlag" ein vorher gültiger Datenbankzustand ungültig werden, weil nach dieser Einfügung *Person* keine gültige Verfeinerung von *Wine* mehr darstellt. Bei Untertypen kann das nicht passieren, da z.B ein Untertyp *Riesling* diese Operation von *Wine* erbt und deshalb nach wie vor eine gültige Typverfeinerung bleibt.

3.5 "Fallen" für strenge Typisierung

In diesem Abschnitt wollen wir einige—leider in vielen Modellen vorfindbare—"Fallen" (loop holes) für die statische Verifizierbarkeit der Typkonsistenz analysieren.

3.5.1 Retypisierung von Attributen ist illegal

Es ist nicht erlaubt, geerbte Attribute zu retypisieren, da die Möglichkeit der strengen Typisierung dies i.a. ausschließt. Wir wollen dies am Beispiel verdeutlichen. Die Definition der in der in Abb. 3.2 dargestellten Typhierarchie enthaltenen Typen *Paper* und *AwardPaper* könnte folgendermaßen aussehen:

```
type Paper supertype ANY is                type AwardPaper supertype Paper is
    body [Author: Prof]                        body [refine Author: FullProf]   !! ILLEGAL
    operations                                 operations
        declare set_Author: Prof → void;           declare set_Author: FullProf → void;
        declare read_Author: → Prof;               declare read_Author: → FullProf;
end type Paper;                            end type AwardPaper;
```

Unglücklicherweise ist der Typ *AwardPaper* keine gültige Verfeinerung von Paper—und würde deshalb vom GOM-Compiler nicht akzeptiert. Dieser Schluß basiert auf der Analyse der Typsignaturen:

$$\Sigma_{Paper} = \{ (\text{read\_Author}: → \text{Prof}), (\text{set\_Author}: \text{Prof} → \textbf{void}), \dots \}$$
$$\Sigma_{AwardPaper} = \{ (\text{read\_Author}: → \text{FullProf}), (\text{set\_Author}: \text{FullProf} → \textbf{void}), \dots \}$$

Die Operation *set_Author* zum Setzen des *Author*-Attributs in *AwardPaper* ist keine gültige Verfeinerung der *set_Author*-Operation aus *Paper*. Der Eingabeparameter von *set_Author* in der verfeinerten Version ist auf einen Untertyp des Eingabeparameters der Originalversion eingeschränkt: Dies widerspricht der Bedingung (1) aus Definition 3.10.

Übrigens würde auch eine Retypisierung eines Attributs A auf einen Obertyp der geerbten Typeinschränkung zu einem Typkonflikt führen. In diesem Fall würde die Operation *read_A* zu der ungültigen Verfeinerung führen, da hierbei ein inkompatibler Ergebnistyp zurückgeliefert werden könnte.

Wir wollen die Auswirkungen der illegalen Attributverfeinerung anhand des folgenden Programmfragments erläutern:

```
    var p: Paper;
        Newcomer: Prof;
        ap: AwardPaper;
        ...
(1)     p.set_Author(Newcomer);    !! okay
(2)     p := ap;                   !! okay wegen Subtyp-Substituierbarkeit
(3)     p.set_Author(Newcomer);    !! potentieller Typkonflikt
```

Wegen der Subtyp-Substituierbarkeit ist der Ausdruck (2) gültig, da der Variablen p wegen der Subtyp-Substituierbarkeit ein *AwardPaper*-Objekt zugeordnet werden kann. Nach Ausführung von (2) verweisen p und *ap* beide auf dasselbe Objekt vom Typ *AwardPaper*. Dann würde aber die Ausführung von (3) möglicherweise zu einer Typverletzung führen, da ein "ordinärer" *Prof* dem Attribut *Author* eines *AwardPaper*-Objekts zugeordnet wird.[2] Danach könnte also ein Ausdruck

        ap.read_Author.read_Asst

zu einem Laufzeitfehler führen, da der Zugriff auf *Asst* nicht definiert ist.

---

[2]Dies hängt natürlich von der aktuellen Belegung von *Newcomer* ab.

3.5.2 Untertypisierung von Kollektions-Typen ist illegal

Vielfach ist man der Versuchung unterlegen, einen Kollektionstyp, der auf Elemente vom Typ t_1 eingeschränkt ist, als Untertyp eines Kollektionstyps, dessen Elemente auf t_2 eingeschränkt sind, dann zuzulassen, wenn $t_1 \leq_T t_2$ gilt. Dies ist in einem streng typisierten Modell nicht zulässig. Betrachten wir dazu die beiden Beispieltypen *ProfSet* und *FullProfSet*, die als $\{Prof\}$ bzw. $\{FullProf\}$ strukturell repräsentiert sind.

Wir wollen nun nachweisen, daß *FullProfSet* keine gültige Verfeinerung von *ProfSet* ist. Dazu nehmen wir an, daß folgende Variablen (persistent) deklariert sind:

> **var** ManyFullProfs: FullProfSet;
> **var** ManyProfs: ProfSet;

Wäre *FullProfSet* ein *legaler* Untertyp von *ProfSet*, so wäre die Zuweisung

> ManyProfs := ManyFullProfs;

gültig. Dies führt aber dazu, daß beide Variablen *ManyProfs* und *ManyFullProfs* auf dasselbe Objekt vom Typ *FullProfSet* verweisen. Das Dilemma tritt nun zutage, wenn man über die Variable *ManyProfs* eine *Prof*-Instanz in die Menge einzufügen versucht:

> ManyProfs.insert(SomeProf);

Diese Einfügeoperation hat die katastrophale Auswirkung, daß die Menge nicht mehr typkonsistent ist: eine *FullProf*-Instanz enthält plötzlich eine *Prof*-Instanz. Daraus folgt, daß *FullProfSet* keine gültige Verfeinerung von *ProfSet* ist.

Wiederum wollen wir die Argumentation auf der Basis der Typsignaturen formalisieren:

$$\Sigma_{ProfSet} \supseteq \{(\text{insert} : \text{Prof} \to \textbf{void})\} \qquad \Sigma_{FullProfSet} \supseteq \{(\text{insert} : \text{FullProf} \to \textbf{void})\}$$

Die Signatur von *insert* in $\Sigma_{FullProfSet}$ ist keine gültige Verfeinerung von *insert* in $\Sigma_{ProfSet}$, da die *insert*-Operation in *FullProfSet* Instanzen vom Typ $\leq_T$ *FullProf* verlangt. Demgegenüber ist die *insert*-Operation in $\Sigma_{ProfSet}$ "glücklich", Instanzen vom Typ $\leq_T$ *Prof* zu verarbeiten. Demnach ist die Bedingung (1) aus der Definition 3.10 verletzt.

Die Konsequenz aus dieser Diskussion besteht darin, die Subtypisierung von Mengen (und Listen), die auf *unterschiedliche* Elementtypen eingeschränkt sind, zu verbieten. Allerdings ist die Subtypisierung von Kollektionstypen gleichen Elementtyps zulässig—in dem Fall kann man im Untertyp eben nur noch zusätzliche anwendungsspezifische Operationen hinzufügen.

3.5.3 Attribute oder Operationen auf Instanzebene

In manchen Objektmodellen—insbesondere solchen, die aus dem Bereich der Künstlichen Intelligenz kommen—ermöglicht man dem Benutzer, auf Instanzebene den Objekten Attribute und/oder Operationen hinzuzufügen. Beispielsweise kann man im Objektmodell O_2 schon in der Typdefinition sogenannte Ausnahmeattribute (exceptional attributes) festlegen, die dann nur in einem Teil der Instanzen vorkommen. Nach den bisherigen Diskussionen sollte klar sein, daß diese Möglichkeiten die statische Verifikation der Typkonsistenz i.a. verhindern, da in diesem Fall Proposition 3.4 nicht mehr gilt; Objekte gleichen Typs wären dann nicht mehr gegeneinander substituierbar.

3.6 Polymorphismus

3.6.1 Motivation

Die Vererbung innerhalb der Typhierarchie bildet ein sehr mächtiges Werkzeug zur Modellierung komplex strukturierter Anwendungen. Alle Operationen, die einem Typ s zugeordnet werden, sind automatisch auch auf alle Instanzen vom Typ t anwendbar, wenn t ein (direkter oder indirekter)

Untertyp von *s* ist. Weiterhin bietet die Möglichkeit der Operationsverfeinerung (in Verbindung mit dynamischem Binden) zusätzliche Flexibilität, geerbte Operationen an die speziellen Charakteristika der Untertyp-Instanzen anzupassen.

Leider hatten wir in unserer Analyse in Abschnitt 3.5 feststellen müssen, daß unser Streben nach strenger Typkonsistenz auch seinen Preis hat: Zum Beispiel ist Subtypisierung i.a. nicht anwendbar auf Kollektionstypen, d.h. Mengen und Listen, wenn der spezifizierte Elementtyp des Obertyps nicht mit dem des (beabsichtigten) Untertyps identisch ist. Hieraus folgt, daß der Subtypisierungs-Polymorphismus—in der Literatur manchmal *Inklusionspolymorphismus* genannt—der Operationen entlang der Typhierarchie bei Kollektionstypen kaum anwendbar ist. Zwar werden in GOM die Basis-Operationen auf Mengen—beispielsweise—automatisch generiert; aber alle anwendungs-spezifischen Operationen auf Mengentypen müssen—mit den bisher verfügbaren Mechanismen—monomorph definiert werden. Zur Verdeutlichung dieses Problems betrachten wir die Operation *bonus*, die dazu verwendet wird, allen Elementen in einer Menge vom Typ *ProfSet* bzw. *FullProfSet* eine Gehaltserhöhung zu geben. Diese Operationen müßten monomorph zweimal definiert werden:

<table>
<tr>
<td>

declare bonus: ProfSet‖b: *float*→**void is**
   while (**self**.isNotEmpty)
     self.removeOne.incSal(b);

</td>
<td>

declare bonus: FullProfSet‖b: *float*→**void is**
   while (**self**.isNotEmpty)
     self.removeOne.incSal(b);

</td>
</tr>
</table>

Da *FullProfSet* kein Untertyp von *ProfSet* ist, führt die Namensgleichheit der beiden Operationen zu keinem Konflikt. Um die Diskussion der Typisierungskonzepte hier zu vereinfachen, sind diese Operationen sehr simplistisch realisiert—die Empfängermenge des Aufrufs dieser Operationen wird im Verlauf der Ausführung geleert, was natürlich in einer realistischen Implementierung nicht tolerierbar ist. In GOM würde man deshalb besser die **foreach**-Schleife verwenden—die aber in GOM^{--} nicht enthalten ist.

3.6.2 Beispiele polymorpher Operationen

Bevor wir die formalen Grundlagen polymorpher Operationen diskutieren, wollen wir einige Beispiele betrachten, um die Konzepte intuitiv zu erläutern. Mit Hilfe des in GOM eingebauten Konzepts des explizit *begrenzten Polymorphismus* (*bounded polymorphism*) [CW85] können wir den oben skizzierten Mangel an Flexibilität, der z.T. durch die strenge Typisierung verursacht wird, ausgleichen. Das Konzept der polymorphen Operationen ist aber nicht auf Mengentypen beschränkt: Man kann polymorphe Operationen auch dafür verwenden, bestimmte Operationen für tupelstrukturierte Typen zu spezifizieren, deren Anwendbarkeit nicht auf die Subtyp-Hierarchie beschränkt ist. Die Anwendbarkeit der polymorphen Operationen wird auf der Basis der sogenannten *polymorphen Begrenzung* entschieden, die explizit vom Benutzer bei der Definition der Operation spezifiziert wird.

Ein konkretes Beispiel einer polymorphen Operation für Tupelobjekte wäre die Operation *incAge*, die das Alter der Objekte beliebigen Typs erhöht, solange die Objekte eine entsprechende *read_Age* und *set_Age*-Operation zur Verfügung stellen. Diese Operation *incAge* ist wie folgt poloymorph definierbar:

> **poly** incAge(τ_1 ≤ (read_Age: → *int*), τ_1 ≤ (set_Age: int → **void**)): τ_1‖ → **void is**
>   **self**.set_Age(**self**.read_Age + 1);

In diesem Zusammenhang bezeichnet τ_1 eine Typvariable, die—wie wir später genauer beschreiben werden—zur Übersetzungszeit vom "Type-Checker" durch einen konkreten (existierenden) Typ aus der Menge $\mathcal{T}$ substituiert wird. In der Begrenzung—innerhalb der runden Klammern—ist spezifiziert, daß τ_1 nur durch solche Typen ersetzt werden darf, deren Typsignatur die Operationen (*read_Age*: → *int*) und (*set_Age*: *int* → **void**) enthält. Dies wird durch die Klauseln "τ_1 ≤ (*read_Age*: → *int*)" bzw. "τ_1 ≤ (*set_Age*: *int* → **void**)" festgelegt.

Die Operation *incAge* ist z.B. auf *Personen* und auch auf *Wine*-Objekte anwendbar, obwohl diese Typen nicht miteinander als Unter-/Obertyp in Beziehung stehen. Ein Beispiel zeigt die Anwendung der polymorphen Operation:

```
var Egon: Person;
    Beaujolais: Wine;
...
Egon.incAge;          !! okay
Beaujolais.incAge;    !! auch okay
```

Wir wollen nun auch noch die polymorphe Deklaration unserer oben eingeführten Operation *bonus* angeben:

$$\textbf{poly } bonus \ (\tau_1 \leq (\text{removeOne: } \to \tau_2), \tau_1 \leq (\text{isNotEmpty: } \to \textit{bool}),$$
$$\tau_2 \leq (\text{incSal: } \textit{float} \to \textbf{void})) \colon \tau_1 \| b \colon \textit{float} \to \textbf{void is}$$
$$\textbf{while } (\text{self.isNotEmpty})$$
$$\text{self.removeOne.incSal}(b);$$

Wiederum bezeichnen τ_1 und τ_2 Typvariablen. Aus der hier angegebenen polymorphen Begrenzung ist ersichtlich, daß die Operation *bonus* auf Objekten vom Typ τ_1 anwendbar ist, wenn gilt:

1. τ_1 ist ein Typ mit den Operationen *removeOne* und *isNotEmpty*, was z.B. auf alle mengenstrukturierten Typen zutrifft (die haben sogar noch die zusätzliche Operation *insert*, die hier nicht gefordert ist—aber auch nicht "schaden" kann).

2. der Typ τ_2, der dem Ergebnistyp von *removeOne* entspricht, muß die Operation *incSal* "verstehen", d.h. der Typ muß diese Operation in seiner Signatur haben.

Polymorphe Operationen spielen in GOM eine wichtige Rolle, um eine umfassende Kollektion vordefinierter Operationen insbesondere auf Mengen- und Listentypen zur Verfügung zu stellen. In Kapitel 4 werden wir noch sehen, daß sie insbesondere auch für Selektionsoperationen verwendet werden.

Nachfolgend ist die Realisierung der—in GOM eingebauten—Operation *multiInsert* gezeigt:

$$\textbf{poly } multiInsert \ (\tau_1 \leq (\text{insert: } \tau_2 \to \textbf{void}), \tau_3 \leq (\text{removeOne: } \to \tau_4),$$
$$\tau_3 \leq (\text{isNotEmpty: } \to \textit{bool}), \tau_4 \leq \tau_2, \tau_2 \leq ANY) \ \tau_1 \| x \colon \tau_3 \to \textbf{void is}$$
$$\textbf{while } (x.\text{isNotEmpty})$$
$$\text{self.insert}(x.\text{removeOne});$$

Diese Operation ist auf Mengen vom Typ τ_1 mit einem zusätzlichen Mengenobjekt vom Typ τ_3 als Parameter anwendbar, wenn der Elementtyp τ_2 der Empfänger-Menge ein Obertyp des Elementtyps τ_4 der Argument-Menge vom Typ τ_3 ist.

3.6.3 Syntaktischer Zucker

Wie in Abschnitt 3.1.1 ausgeführt wurde, betrachten wir in unserem Typisierungskonzept nur die funktionale Spezifikation der Typen. Wir haben bislang die strukturelle Repräsentation der zugrundeliegenden Typen gänzlich außer Acht gelassen.

Trotzdem ist es manchmal bequemer, polymorphe Begrenzungen in den Signaturen der Operationen in der Form ihrer strukturellen Repräsentation anzugeben, anstatt diese explizit in die damit verbundene funktionale Spezifikation "aufzubröseln". Zum Beispiel wird die Klausel "$\tau_0 \leq [a_1 : \tau_1, \ldots, a_n : \tau_n]$" in die folgende Typbegrenzung umgesetzt:

$$(\tau_0 \leq (\textit{set\_a}_1 \colon \tau_1 \to \textbf{void}), \tau_0 \leq (\textit{read\_a}_1 \colon \to \tau_1),$$
$$\ldots$$
$$\tau_0 \leq (\textit{set\_a}_n \colon \tau_n \to \textbf{void}), \tau_0 \leq (\textit{read\_a}_n \colon \to \tau_n))$$

Analog kann die Klausel "$\tau_0 \leq \{\tau_1\}$" in die folgende funktionale Spezifikation umgesetzt werden:

$$(\tau_0 \leq (\text{insert}: \tau_1 \rightarrow \mathbf{void}), \tau_0 \leq (\text{removeOne}: \rightarrow \tau_1), \tau_0 \leq (\text{isNotEmpty}: \rightarrow \textit{bool}))$$

Durch Anwendung des "syntaktischen Zuckers" können wir jetzt die Operation *multiInsert* kürzer und intuitiv etwas anschaulicher formulieren:

> **poly** multiInsert $(\tau_1 \leq \{\tau_2\}, \tau_3 \leq \{\tau_4\}, \tau_4 \leq \tau_2, \tau_2 \leq ANY)$: $\tau_1 \| x: \tau_3 \rightarrow \mathbf{void}$ **is**
>   **while** (x.isNotEmpty)
>   **self**.insert(x.removeOne);

Der Leser beachte aber, daß diese Version von *multiInsert* etwas restriktiver ist, als die oben spezifizierte—jetzt wird vorausgesetzt, daß τ_1 und τ_3 *alle* mengenspezifischen Operationen, also *insert*, *removeOne* und *isNotEmpty*, besitzen. Dies war in der ursprünglichen Formulierung etwas selektiver spezifiziert, z.B. wurde für τ_1 nur die Operation *insert* verlangt.

3.7 Verifikation der Typkonsistenz polymorpher Operationen

3.7.1 Typsubstitution

Wie schon in unseren vorangestellten Beispielen bezeichnen wir Typvariablen mit τ_0, τ_1, etc. Als Voraussetzung für die weitere Diskussion benötigen wir das Konzept der Typsubstitution für Typvariablen. Eine Typsubstitution ist eine Abbildung $\sigma : \{\tau_0, \tau_1, \tau_2, \ldots\} \rightarrow \mathcal{T}$. Man beachte, daß wir als Bild der Typsubstitution keine Typvariablen sondern nur Typen der Menge $\mathcal{T}$ zulassen. Eine partielle Typsubstitution wird als $[\tau_{i_1} \leftarrow t_1, \ldots, \tau_{i_n} \leftarrow t_n]$ bezeichnet, wobei die $t_j \in \mathcal{T}$ sein müssen. Eine Typsubstitution σ wird so auf einen Ausdruck e angewendet, daß simultan alle Typvariablen τ_i in dem Ausdruck durch $\sigma(\tau_i)$ ersetzt werden. Die Anwendung der Typsubstitution σ auf den Ausdruck e wird als $e\sigma$ bezeichnet.

3.7.2 Deklaration polymorpher Operationen

Wir wollen jetzt die Deklaration polymorpher Operationen formalisieren. Diese hat für eine Operation namens *op* folgende Form:

$$\mathbf{poly}\ op\ (C_1, \ldots, C_w): \tau_0 \| x_1: \tau_1, \ldots, x_n: \tau_n \rightarrow \tau_{n+1}\ \mathbf{is}\ stmt;$$

wobei C_i eine der folgenden Formen hat:

- $\tau_{i_0} \leq t$ für ein $t \in \mathcal{T}$
  diese Klausel besagt, daß der nachher vom Compiler für τ_{i_0} zu substituierende Typ $\sigma(\tau_{i_0})$ ein Untertyp von t sein muß.

- $\tau_{i_0} \leq \tau_{i_1}$
  diesmal muß der Compiler eine Substitution σ finden, so daß $\sigma(\tau_{i_0})$ ein Untertyp von $\sigma(\tau_{i_1})$ ist.

- $\tau_{i_0} \leq (op : \tau_{i_1}, \ldots, \tau_{i_m} \rightarrow \tau_{i_m+1})$
  diese Klausel spezifiziert, daß der zu substituierende Typ $\sigma(\tau_{i_0})$ eine gültige Verfeinerung der Operation *op* mit der Signatur $(op : \sigma(\tau_{i_1}), \ldots, \sigma(\tau_{i_m}) \rightarrow \sigma(\tau_{i_m+1}))$ in seiner Typsignatur haben muß.

Basierend auf dieser polymorphen Operationsspezifikation wird das Schema $\mathcal{S}$ entsprechend erweitert, um auch polymorphe Operationen (persistent) zu verwalten. Für die oben eingeführte Operation *op* wird ein existierendes Schema $\mathcal{S}$ wie folgt ergänzt:

$$\mathcal{S} := \mathcal{S} \cup \{(\mathbf{poly}\ op(C_1, \ldots, C_w): \tau_0 \| \tau_1, \ldots, \tau_n \rightarrow \tau_{n+1})\}$$

$$\frac{\mathcal{S}, \mathcal{X} \vdash t \leq_T s}{\mathcal{S}, \mathcal{X} \vdash t \leq s} \qquad\qquad \text{[I17]}$$

$$\mathcal{S} \cup \{(\mathbf{poly}\ op(C_1, \ldots, C_w) : \tau_0 \| \tau_1, \ldots, \tau_n \to \tau_{n+1})\}, \mathcal{X} \vdash$$
$$(\mathbf{poly}\ op(C_1, \ldots, C_w) : \tau_0 \| \tau_1, \ldots, \tau_n \to \tau_{n+1}) \qquad\qquad \text{[I18]}$$

$$\frac{\mathcal{S}, \mathcal{X} \vdash (op : t \| s_1, \ldots, s_n \to s_{n+1}), t_1 \leq_T s_1, \ldots, t_n \leq_T s_n, s_{n+1} \leq_T t_{n+1}}{\mathcal{S}, \mathcal{X} \vdash t \leq (op : t_1, \ldots, t_n \to t_{n+1})} \qquad \text{[I19]}$$

$$\frac{\exists \sigma : \mathcal{S}, \mathcal{X} \vdash (\mathbf{poly}\ op(C_1, \ldots, C_w) : \tau_0 \| \tau_1, \ldots, \tau_n \to \tau_{n+1}),\ \ C_1\sigma, \ldots, C_w\sigma, t_1 \leq_T \tau_1\sigma, \ldots, t_n \leq_T \tau_n\sigma, \tau_{n+1}\sigma \leq_T t_{n+1}}{\mathcal{S}, \mathcal{X} \vdash \tau_0\sigma \leq (op : t_1, \ldots, t_n \to t_{n+1})} \qquad \text{[I20]}$$

$$\frac{\exists \sigma : \mathcal{S}, \mathcal{X} \vdash (\mathbf{poly}\ op(C_1, \ldots, C_w) : \tau_0 \| \tau_1, \ldots, \tau_n \to \tau_{n+1}),\ \ C_1\sigma, \ldots, C_w\sigma, e_0 : \tau_0\sigma, \ldots, e_n : \tau_n\sigma}{e_0.op(e_1, \ldots, e_n) : \tau_{n+1}\sigma} \qquad \text{[I21]}$$

Abb. 3.4. Erweiterung des Typ-Inferenz Systems für Polymorphismus

3.7.3 Verifikation der Implementierung

Wir müssen jetzt natürlich auch verifizieren, daß die Implementierung der polymorphen Operation, d.h. *stmt* in der obigen Operation *op*, bezüglich der Operationssignatur typkonsistent ist. Die Grundidee besteht darin, nachzuweisen, daß die Operation für alle möglichen Argumenttypen, die die polymorphe Begrenzung erfüllen, typsicher ist. Hierzu müssen wir das Typinferenzsystem um die fünf in Abb. 3.4 spezifizierten Regeln erweitern.

Die Regeln I17 und I18 sind rein technischer Art: Sie erlauben die Extraktion der im Schema $\mathcal{S}$ enthaltenen Information—mit entsprechender Konvertierung—bezüglich Untertyp-Relation und polymorpher Operationssignaturen. Die Regel I19 besagt, daß ein Typ t die Klausel $t \leq (op : t_1, \ldots, t_n \to t_{n+1})$ erfüllt, wenn er eine gemäß Definition 3.10 gültige Verfeinerung dieser Operation in seiner Typsignatur besitzt. Die Regel I20 dehnt die Anwendung der vorigen Regel auf polymorphe Operationen aus, die möglicherweise auf t anwendbar sind. Die Regel I21 ist der "Schlüssel" zur Anwendung polymorpher Operationen: Es muß eine Typsubstitution σ auffindbar sein, für die $C_1\sigma$, …, $C_w\sigma$ erfüllt sind. Weiterhin müssen für die Ausdrücke e_0, …, e_n entsprechende Typen herleitbar sein. Dann ist $\tau_{n+1}\sigma$ als Ergebnis-Typ des Aufrufs von *op* herleitbar.

Die folgende Definition liefert die formale Basis für den Nachweis der Typkonsistenz der Implementierung polymorpher Operationen:

Definition 3.13 (Typkonsistenz polymorpher Operationen).
Eine polymorphe Operation $(\mathbf{poly}\ op\ (C_1, \ldots, C_w) : \tau_0 \| \tau_1, \ldots, \tau_n \to \tau_{n+1}$ *is stmt*;$)$ *ist typkonsistent, falls* $(\mathcal{S}', (\mathcal{X} \cup \{(\mathbf{self} : \tau_0), (x_1 : \tau_1), \ldots, (x_n : \tau_n)\}) \vdash stmt : \tau_{n+1})$ *mittels der Typinferenzregeln I1–I21 herleitbar ist.*
Hierbei ist $\mathcal{S}'$ *das wie folgt erweiterte Schema:*

$$\mathcal{S}' := \mathcal{S} \cup \bigcup_{C \in \{C_1, \ldots, C_w\}} \hat{C} \quad \text{wobei gilt:}$$

$$\hat{C} := \begin{cases} (\tau_{i_0} \leq_T \tau_{i_1}) & \text{falls } C \equiv \tau_{i_0} \leq \tau_{i_1} \\ (\tau_{i_0} \leq_T t) & \text{falls } C \equiv \tau_{i_0} \leq t \\ (op : \tau_{i_0} \| \tau_{i_1}, \ldots, \tau_{i_m} \to \tau_{i_m+1}) & \text{falls } C \equiv \tau_{i_0} \leq (op : \tau_{i_1}, \ldots, \tau_{i_m} \to \tau_{i_m+1}) \end{cases} \qquad \square$$

Zum Zweck der Verifikation der Implementierung einer polymorphen Operation wird also sowohl die Menge der globalen Variablen $\mathcal{X}$ als auch das Schema $\mathcal{S}$ temporär erweitert. Während der Verifikation wird ganz einfach so verfahren, als wenn die in der polymorphen Begrenzung $(C_1, \ldots, C_w)$ vorkommenden Typvariablen reguläre Typen wären, die

1. die in der Begrenzung spezifizierten Operationen besitzen und

2. die in der Begrenzung aufgeführten Unter-/Obertyp-Beziehungen eingehen.

Diese Information wird—in entsprechend konvertierter Form—in das (temporäre) Schema $\mathcal{S}'$ eingetragen. Danach erfolgt die Verifikation der Typkonsistenz analog zu Definition 3.7.

Die Verifikation von Programmen ist schon in Definition 3.8 abgehandelt worden. Diese Definition hat auch bei Programmen, in denen polymorphe Operationen aufgerufen werden, noch Bestand. Der einzige Unterschied besteht darin, daß jetzt die zusätzlichen—in Abb. 3.4 aufgeführten—Typinferenzregeln einbezogen werden müssen.

3.7.4 Verifikation der Beispieloperation *multiInsert*

Um die Typkonsistenz der Implementierung unserer Beispieloperation *multiInsert* zu verifizieren, muß folgendes hergeleitet werden:

$$\mathcal{S}', (\mathcal{X} \cup \{(\mathbf{self} : \tau_1), (x : \tau_3)\}) \vdash \mathbf{while}(x.\mathit{isNotEmpty}) \ \mathbf{self}.\mathit{insert}(x.\mathit{removeOne}) : \mathbf{void}$$

wobei das Schema $\mathcal{S}$ temporär zu $\mathcal{S}'$ wie folgt erweitert wird:

$$\mathcal{S}' := \mathcal{S} \cup \{ (\mathrm{insert} : \tau_1 \| \tau_2 \rightarrow \ \mathbf{void}), (\mathrm{removeOne} : \tau_3 \| \rightarrow \ \tau_4),$$
$$(\mathrm{isNotEmpty} : \tau_3 \| \rightarrow \ \mathit{bool}), (\tau_4 \leq_T \tau_2), (\tau_2 \leq_T \mathit{ANY})\}$$

Es ist ziemlich einfach nachzuvollziehen, daß dies mit Hilfe der angegebenen Typinferenzregeln herleitbar ist.

Eine Invokation der Operation sieht dann folgendermaßen aus:

    var ManyProfs: ProfSet;
       ManyFullProfs: FullProfSet;
    . . .
    ManyProfs.multiInsert(ManyFullProfs);

Der Compiler (d.h. der "Type-Checker" als Bestandteil des Compilers) verifiziert die Typkonsistenz dieses Aufrufs, indem die folgende Typsubstitution σ ermittelt wird:

$$\sigma = [(\tau_1 \leftarrow \mathrm{ProfSet}), (\tau_2 \leftarrow \mathrm{Prof}), (\tau_3 \leftarrow \mathrm{FullProfSet}), (\tau_4 \leftarrow \mathrm{FullProf})]$$

Es ist ersichtlich, daß für diese Typsubstitution die Inferenzregel I21 zur Anwendung gebracht werden kann.

3.8 Ausdehnung der Typisierungskonzepte auf GOM

3.8.1 Einbeziehung der VCO-Operationen

Neben den in diesem Abschnitt behandelten "normalen" VTO-Operationen der Form

$$\mathbf{declare} \ op : t_0 \| x_1 : t_1, \ldots, x_n : t_n \ \rightarrow \ t_{n+1} \ \mathbf{is} \ldots;$$

gibt es in GOM auch noch die sogenannten VCO-(value receiving) Operationen mit der Signatur:

$$\mathbf{declare} \ op : t_0 \| x_1 : t_1, \ldots, x_n : t_n \ \leftarrow \ t_{n+1} \ \mathbf{is} \ldots;$$

Diese VCO-Operation ist aber aus der Sichtweise der Typisierung äquivalent zu

$$\mathbf{declare} \ op : t_0 \| x_1 : t_1, \ldots, x_n : t_n, x_{n+1} : t_{n+1} \ \rightarrow \ \mathbf{void} \ \mathbf{is} \ldots;$$

Hierbei wird der zu empfangende Wert einfach als zusätzlicher Eingabeparameter namens x_{n+1} vom Typ t_{n+1} aufgefaßt. Damit unterliegt dieser Eingabeparameter bei einer möglichen Operationsverfeinerung der Bedingung (1) aus Definition 3.10.

3.8.2 Freie Operationen

Freie Operationen haben in GOM die Form:

$$\textbf{declare } op : x_0{:}\,t_0, \ldots, x_n{:}\,t_n \;\to\; t_{n+1} \textbf{ is } \ldots;$$

Diese Operationen besitzen keinen Empfängertyp und können deshalb auch nicht verfeinert werden. Es bleibt also lediglich die Typkonsistenz der Implementierung zu verifizieren. Die erfolgt analog zu Definition 3.7.

3.8.3 Objektkapselung: Die public-Klausel

Schwieriger gestaltet sich die Einbeziehung der **public**-Klausel in das Typisierungskonzept, da dadurch die Menge der anwendbaren Operationen eingeschränkt wird. Wir lösen dieses Problem, indem für jeden Typ t jetzt zwei Signaturen betrachtet werden:

- die äußere Typsignatur Σ_t^{outer}, bestehend aus der Menge der Signaturen der Operationen, die in der **public**-Klausel für "Klienten" des Typs sichtbar gemacht wurden. Wenn s der direkte Obertyp von t ist, gilt also:

$$\Sigma_t^{outer} := \{(op : t_1, \ldots, t_n \;\to\; t_{n+1}) \,|\, op \text{ ist in der \textbf{public}-Klausel enthalten}\} \cup \Sigma_s^{outer}$$

- die innere Typsignatur Σ_t^{inner}, bestehend aus der Menge der Signaturen aller anwendbaren Operationen. Somit entspricht Σ_t^{inner} gerade der Menge Σ_t, die wir bislang betrachtet haben. Ferner gilt immer: $\Sigma_t^{outer} \subseteq \Sigma_t^{inner}$.

Hinsichtlich der Invokation einer Operation op müssen wir nun unterscheiden, ob $op \in \Sigma_t^{inner}$ oder $op \in \Sigma_t^{outer}$. Dazu müssen wir die Typinferenzregel I5 zweiteilen:

$$\frac{\mathcal{S}, \mathcal{X} \vdash (op : t_0 \| t_1, \ldots, t_n \to t_{n+1}) \in \Sigma_{t_0}^{outer}, e_0 : t_0, \ldots, e_n : t_n}{e_0.op(e_1, \ldots, e_n) : t_{n+1}} \qquad \text{[I22]}$$

$$\frac{\mathcal{S}, \mathcal{X} \vdash (op : t_0 \| t_1, \ldots, t_n \to t_{n+1}) \in \Sigma_{t_0}^{inner}, \textbf{self} : t_0, e_1 : t_1, \ldots, e_n : t_n}{\textbf{self}.op(e_1, \ldots, e_n) : t_{n+1}} \qquad \text{[I23]}$$

Aus diesen Regeln folgt, daß bei $(e_i : t_i)$ für $(0 \leq i \leq n)$ der Operationsaufruf $e_0.op(e_1, \ldots, e_n)$ i.a. nur dann gültig ist, wenn die Operation op in der äußeren Signatur $\Sigma_{t_0}^{outer}$ des Typs t_0 enthalten ist. Dies wird durch die Regel I22 abgedeckt.

Anders verhält es sich jedoch, wenn die Operationsinvokation den Empfänger **self** hat; wenn also die Operation "*innerhalb*" eines Objekts vom Typ t_0 aufgerufen wird. In diesem Fall reicht es aus, daß op in der inneren Signatur $\Sigma_{t_0}^{inner}$ des Typs t_0 enthalten ist. In diesem Fall ist die Regel I23 anwendbar.

Dies entspricht der Objektkapselungsphilosophie, wonach man "von außen" (also durch Klienten des Typs) nur die explizit nach außen sichtbar gemachten Operationen als funktionale Schnittstelle der Objekte dieses Typs zur Verfügung hat. Für die (modulare) Realisierung dieser sichtbaren Interface-Operationen kann es aber durchaus weitere, sogenannte *private* Operationen geben, die dann aber nur "intern" aufgerufen werden dürfen. Dies ist für den Compiler syntaktisch an der Empfängerspezifikation mittels des Schlüsselwortes **self** erkennbar.

Für die konzeptuellen Überlegungen bezüglich Substituierbarkeit und Verfeinerung von Objekten spielt nur die äußere Signatur des Typs eine Rolle. Dies entspricht unserer Typisierungsphilosophie, daß man nicht in die Objekte "hineinschaut", sondern lediglich ihr nach außen sichtbares funktionales Verhalten betrachtet.

3.9 Virtuelle Typen

Virtuelle Typen werden in GOM dann benötigt, wenn man einem Typ schon (abstrakte) Operationen zuordnen möchte, die zwar erst in seinen Untertypen implementiert werden können, jedoch
für *alle* nicht-virtuellen Untertypen des virtuellen Typs gefordert werden. In diesem Sinne dient
ein virtueller Typ primär der Strukturierung der Typhierarchie, indem die Operationen, die in
allen Untertypen benötigt werden, schon in einem gemeinsamen virtuellen Obertyp zumindest
abstrakt—in der Form der Operationssignaturen—deklariert werden. Die Implementierung der
virtuellen Operationen geschieht dann in den Untertypen in der Form, daß die geerbte virtuelle
Operation verfeinert (*refined*) wird.

Auf der Basis unserer bisher eingeführten Typhierarchie für die Modellierung geometrischer
Objekte (siehe Abb. 2.6) wollen wir die Motivation hierfür liefern. Nehmen wir an, daß wir eine
Variable *SomeGeoObject* vom Typ *GeometricPrimitive* deklariert haben:

```
    var SomeGeoObject: GeometricPrimitive;
        ...
(1)    SomeGeoObject.volume    !! ILLEGAL
(2)    SomeGeoObject.weight     !! ILLEGAL
```

Die Operationsinvokationen (1) und (2) sind beide illegal, weil sowohl *volume* als auch *weight* nicht
in *GeometricPrimitive* definiert sind—diese Operationen werden erst in den Untertypen deklariert
und implementiert.

Die Lösung dieses Problems besteht darin, daß man dem Typ zwar die Signatur dieser Operationen schon zuordnet; die Implementierung der Operationen erfolgt aber erst in den Subtypen.
Für unser Beispiel könnte man also den Typ *GeometricPrimitive* wie folgt definieren:

```
    persistent virtual type GeometricPrimitive supertype ANY is
        public paint, SpecWeight, volume, weight
        body [GeoID: string;
              Color: string;
              Mat: Material;]
        operations
           declare SpecWeight: → float
              code SpecWeightCode;
           declare paint: string → void
              code paintCode;
           virtual declare volume: → float;
           virtual declare weight: → float;
        implementation
           define paintCode(c) is
              self.Color := c;
           define SpecWeightCode is
              return Mat.SpecWeight;
        end virtual type GeometricPrimitive;
```

Der virtuelle Typ *GeometricPrimitive* hat also jetzt die beiden zusätzlichen (virtuellen) Operationen *volume* und *weight*, für die hier noch keine Implementierung angegeben werden kann. Jeder
nicht-virtuelle Untertyp von *GeometricPrimitive* muß die Implementierung "nachholen", indem
eine (gültige) Verfeinerung der virtuellen Operationen durchgeführt wird. Die Typdefinition von
Cuboid könnte also wie folgt aussehen:

```
    persistent type Cuboid supertype GeometricPrimitive is
        public ...
        body [V1,...,V8: Vertex;]
        operations
```

```
        declare length: → float;
        declare width: → float;
        declare height: → float;
        refine volume: → float;
        refine weight: → float;
        ...
    implementation
        ...
        define volume is
            return self.length * self.width * self.height;
        define weight is
            return self.volume * self.SpecWeight;
    end persistent type Cuboid;
```

Analog muß die oben eingeführte Typdefinition von *Cylinder* abgeändert werden:

```
    persistent type Cylinder supertype GeometricPrimitive is
        ...    !! wie vorher
    operations
        ...
        refine volume: → float code CylinderVolumeCode;
        refine weight: → float code CylinderWeightCode;
        ...
    implementation
        ...    !! wie vorher
    end type Cylinder;
```

Die einzigen Änderungen bestehen darin, die Operationen *volume* und *weight* jetzt mittels des Schlüsselworts **refine** als Verfeinerungen geerbter Operationen kenntlich zu machen.

Virtuelle Typen können nicht instantiiert werden, d.h. es kann in der Datenbank keine Instanzen vom direkten Typ *GeometricPrimitive* geben—für diese wären ja bestimmte Operationen (*volume* und *weight*) gar nicht definiert. Insofern dient ein virtueller Typ als Abstraktionsmechanismus zur Erzielung höherer Flexibilität. Konkret bedeutet dies, bezogen auf unser Beispiel, daß man die Variable *SomeGeoObject* relativ "vage" typisieren kann, also auf den Typ *GeometricPrimitive* einschränken kann. Dadurch kann man dieser Variablen sowohl *Cuboid*-Instanzen als auch *Cylinder*- oder *Pipe*-Instanzen zuweisen. Für unser bisheriges Beispiel mag das noch recht unanschaulich sein: Es gibt aber viele Anwendungen wo dies sinnvoll ist. Zum Beispiel könnte man sich die Zusammensetzung eines Werkstücks als Menge von *GeometricPrimitive*-Objekten vorstellen:

```
    var MeinWerkstück: GeometricPrimitiveSet;
        g: GeometricPrimitive;
        TotalWeight: float := 0.0;
        ...
    foreach (g in MeinWerkstück)
        TotalWeight := TotalWeight + g.weight;
```

In der **foreach**-Schleife kann man nun das Gesamtgewicht des *Werkstücks* berechnen, wobei durch dynamisches Binden die tatsächlich invokierte Operation vom direkten Typ des Objekts, auf das *g* jeweils verweist, abhängig gemacht wird.

3.10 Generische Typen

Bei der Erstellung größerer Softwaresysteme kommt es oft vor, daß man ähnliche Datenstrukturen für unterschiedliche Datentypen erstellen muß. Es hat sich gezeigt [Mey88], daß Vererbung und Subtypisierung für diesen Zweck wenig geeignet sind, da hierdurch nur die Verfeinerung von Struktur und/oder Verhalten unterstützt wird. Zur Unterstützung ähnlicher, aber unterschiedlich typisierter Datenstrukturen bieten wir in GOM das Konzept der *generischen Typen* an. Wir wollen dies an einem Beispiel, das allgemein aus dem Bereich der abstrakten Datentypen bekannt sein dürfte, illustrieren: Der (abstrakte) Datentyp *Stack* wird in unserer nachfolgenden Definition so parametrisiert, daß man aus dem generischen Typ *Stack* konkrete Typen für beliebige *Stack*-Elemente generieren kann.

```
generic type Stack (τ ≤ ANY) is
   public push, pop, card, empty
   body [elems: ⟨τ⟩;
         card: int;]
   operations
      declare push: τ → void;
      declare pop: → τ;
      declare card: → int;
      declare empty: → bool;
      declare Stack: → void;
   implementation
      define push(elem) is
         begin
            elems[self.card + 1] := elem;
            self.card := self.card + 1;
      end define push;
      define pop is
         begin
            self.card := self.card − 1;
            return elems[self.card + 1];
      end define pop;
      define empty is
         return (self.card = 0);
      define Stack is
         begin
            self.card := 0;
            self.elems.create;      !! initialisiere mit leerer Liste
      end define Stack;
   end generic type Stack;
```

Einen "speziellen" *Stack* für *Cuboid* Instanzen kann man nun wie folgt generieren:

```
type CuboidStack is Stack(Cuboid);
```

Auf analoge Weise kann man einen *CylinderStack* erzeugen:

```
type CylinderStack is Stack(Cylinder);
```

Um jetzt *Cuboide* in einen Stack abzuspeichern, muß man sich dann noch eine Variable vom Typ *CuboidStack* deklarieren:

```
var ManyCuboids: CuboidStack;
   ...
ManyCuboids.create;
   ...
ManyCuboids.push(...);
```

Erwähnenswert ist hierbei noch, daß bei der Instantiierung der Typen *CylinderStack* und *CuboidStack* auch die Initialisierungs-Operation *Stack* instantiiert wird. Somit steht z.B. in *CylinderStack* anstelle der Operation *Stack* eine entsprechende Operation *CylinderStack* als Initialisierer zur Verfügung.

3.11 Bibliographie

Hinsichtlich der Typisierung unterscheiden wir vier Klassen von (Objekt-) Modellen:

lose Typisierung In diese Klasse fallen alle Modelle, die keinen Schemabegriff kennen. Hierzu zählen z.B. Lisp auf Programmiersprachenseite und FAD [BBKV87] als ein repräsentatives Datenmodell aus dieser Klasse.

dynamische Typisierung Diese Klasse der dynamisch typisierten Objektmodelle hat ihren Ursprung in Smalltalk-80 [GR83]. Das objekt-orientierte Datenmodell GemStone [CM84,MS87] ist das wohl bekannteste persistente Objektmodell, das auf dieser Typisierungsphilosophie basiert. Die dynamisch typisierten Modelle haben zwar den Typbegriff dergestalt, daß alle Objekte einem Typ (oder oft als *Klasse* bezeichnet) angehören, wodurch die auf diesen Objekten ausführbaren Operationen festgelegt sind. Aber um eine größere Flexibilität zu erzielen, werden die Datenbank-Komponenten, also Attribute, Mengenelemente, persistente Variablen und formale Parameter, nicht auf bestimmte Typen eingeschränkt. Dies kann natürlich zu sehr schwerwiegenden Laufzeitfehlern führen.

statische Typisierung Die statische Typisierung ist aus dem Programmiersprachenbereich von Sprachen wie Pascal und Algol bekannt. Alle herkömmlichen Datenmodelle—z.B. relationales Modell und CODASYL Netzwerkmodell—basieren auf der statischen Typisierung.

strenge Typisierung Die hier vorgestellte strenge Typisierung, die die Vorteile der statischen Typisierung hinsichtlich Verläßlichkeit mit den Vorteilen der dynamischen Typisierung in Bezug auf Flexibilität zu vereinen versucht, hat seinen Ursprung in der Programmiersprache Simula-67 [DMN70,ND81]. Weitere Sprachen, die diesen Typisierungsansatz verfolgen, sind Eiffel [Mey88] und C^{++} [Str86].

Unter den objekt-orientierten Datenmodellen basieren z.B. O$_2$ [LR89]—interessanterweise, nachdem man zunächst die dynamische Typisierung propagierte [LRV88]—und Vbase bzw. dessen Nachfolger Ontos [AH87] auf der strengen Typisierung. Allerdings wurde in keinem dieser Modelle die strenge Typisierung so konsequent verfolgt wie in GOM; deshalb gibt es in allen uns bekannten Sprachen und Objektmodellen sogenannte "Fallen" für die strenge Typisierung.

Eher formale Arbeiten über Typisierungskonzepte im Zusammenhang mit objekt-orientierten Modellen sind in den Aufsätzen [CW85] und [DT88] zu finden.

Das von uns konzipierte Typinferenzsystem basiert teilweise auf Anleihen aus den Arbeiten in ML [Mil78] und Machiavelli [OBBT89,Oho88,BTBO89].

Die Implementierung der hier vorgestellten Konzepte ist detaillierter beschrieben in der Diplomarbeit von A. Zachmann [Zac90] bzw. in der Studienarbeit von W. Häfelinger [Häf90], in der insbesondere der Type-Checker für die polymorphen Operationen ausgeführt wird.

Weitere Ausführungen zu dem hier vorgestellten Typisierungsmechanismus sind in [KMWZ91], [KM90] und [KM91] enthalten.

4. Assoziativer Objektzugriff in GOM

In diesem Kapitel beschreiben wir die—aus Datenbanksicht essentiellen—Möglichkeiten des assoziativen Zugriffs auf Objekte. Es gibt in GOM zwei Möglichkeiten auf persistente Objekte assoziativ zuzugreifen:

- innerhalb der objekt-orientierten Programmiersprache, genannt GOMpl und

- über eine deklarative Anfragesprache, genannt GOMql.

Als Ausgangsmengen für die assoziative Suche kommen entweder Typextensionen oder benutzerdefinierte Mengenobjekte in Frage.

Für den assoziativen Objektzugriff in der Programmiersprache GOMpl werden mit Hilfe der polymorphen Operationen sehr mächtige und flexible Selektionsoperationen zur Verfügung gestellt. Die deklarative Anfragesprache GOMql basiert auf der relationalen Sprache QUEL und dient dem interaktiven Zugriff auf die Objektbank.

4.1 Selektion von Objekten in GOMpl

Das Konzept der polymorphen Operationen ist so mächtig, daß man damit in *orthogonaler* Weise Sprachkonstrukte realisieren kann, für die man in anderen objekt-orientierten Sprachen eigenständige Operationen benötigt. Hierzu zählen insbesondere auch ausdrucksstarke Selektionsoperationen, die aus einer Menge von Objekten genau diejenigen ermitteln, die ein bestimmtes *Selektionsprädikat* erfüllen. In GOM kann man einen derartigen *select*-Operator als polymorphe Operation definieren, wobei das *Selektionsprädikat*, das als Boole'sche Funktion zu implementieren ist, als Parameter übergeben wird. Wir müssen allerdings nach der Anzahl der Parameter unterscheiden, die dieses Selektionsprädikat benötigt, da es in GOM keine Operationen mit variabler Parameteranzahl gibt.[1]

4.1.1 Selektionsprädikate ohne Parameter

In diesem (einfachsten) Fall wird der *select*-Operation eine Boole'sche Funktion als Parameter übergeben. Die Signatur der (vordefinierten) Operation sieht wie folgt aus:

> **poly overload** select $(\tau_1 \leq \{\tau_2\})$: $\tau_1 \parallel (\tau_2 \parallel \rightarrow \text{bool}) \rightarrow \tau_1$
>   **code** selectNoParam;

Diese Signatur besagt, daß *select* eine polymorphe überladene Operation—es werden nachfolgend noch weitere *select*-Operationen eingeführt—ist, die zwei Parameter hat:

- das Empfängerobjekt vom mengenstrukturierten Typ τ_1, wobei die Elemente der Menge auf den Typ τ_2 eingeschränkt sind.

- eine Boole'sche Funktion, die auf dem Typ τ_2 definiert ist und folglich die Signatur $(\tau_2 \parallel \rightarrow bool)$ haben muß.

Die Implementierung dieser *select*-Operation sieht wie folgt aus:

---

[1]Ein möglicher Ausweg wäre die Übergabe einer Menge oder Liste, in der eine variable Anzahl von Parametern zusammengefaßt ist.

```
define selectNoParam(SelPred) is
  var result: τ₁;
      candidate: τ₂;
  begin
    result.create;      !! es wird die leere Ergebnismenge erzeugt
    foreach (candidate in self)
       if candidate.SelPred then result.insert(candidate);
    return result;
  end define selectNoParam;
```

In dieser Implementierung wird zunächst die Ergebnismenge, auf die *result* verweist, als leere
Menge initialisiert. Der Typ der *result*-Menge entspricht dem jeweiligen Mengen-Typ, auf den die
select-Operation angewendet wird. Danach "läuft" die Variable *candidate* durch die Empfänger-
Menge—also **self**—und überprüft, ob das Selektionsprädikat *SelPred* erfüllt ist. Falls dies der Fall
ist, wird *candidate* in *result* eingefügt. Die Menge *result* wird letztendlich übergeben.

Wir wollen jetzt ein kleines Anwendungsbeispiel für die *select*-Operation auf *Cuboid*-Mengen
zeigen. Dazu definieren wir zunächst eine neue Boole'sche Funktion namens *inOrigin* auf dem
Objekttyp *Cuboid*, die feststellt, ob einer der Eckpunkte des *Cuboids*, auf den die Operation angewendet wird, im Nullpunkt ($\pm\,\varepsilon$) des Koordinatensystems liegt:

```
declare inOrigin: Cuboid ‖ → bool;
```

```
define inOrigin is      !! liegt einer der Eckpunkte im Ursprung?
  return ((self.V1.X = 0.0 ± ε and
           self.V1.Y = 0.0 ± ε and
           self.V1.Z = 0.0 ± ε) or
           ...
          (self.V8.X = 0.0 ± ε and
           self.V8.Y = 0.0 ± ε and
           self.V8.Z = 0.0 ± ε);
```

Aufbauend auf diesem Selektionsprädikat können wir nun sehr einfach die *select*-Operation wie
folgt anwenden:

```
var meineCuboide, CuboideImUrsprung: CuboidSet;
    ...
CuboideImUrsprung := meineCuboide.select(inOrigin);
```

Nach der Ausführung dieses Programmfragments enthält die Menge *CuboideImUrsprung* (Verweise
auf) die *Cuboide*, die in der Menge *meineCuboide* enthalten sind und einen Eckpunkt im Ursprung
haben.

Übrigens sollten wir an dieser Stelle anmerken, daß das Selektionsprädikat *inOrigin* nur auf *Cuboid*-Instanzen—und Instanzen eines Untertyps von *Cuboid*—anwendbar ist, da es nicht-polymorph
definiert wurde. Andererseits ist die *select*-Operation, wenn ihr ein geeignetes Selektionsprädikat
übergeben wird, auf Mengen beliebigen Elementtyps anwendbar.

Zum Beispiel könnte man—unter der Voraussetzung eines entsprechenden Typschemas—folgende Selektion durchführen:

```
var meineÄpfel, roteÄpfel: ApfelSet;
    ...
roteÄpfel := meineÄpfel.select(isRed);
```

Hierbei wird vorausgesetzt, daß es auf dem Typ *Apfel*—dem Elementtyp von *ApfelSet*—eine entsprechende Boole'sche Funktion (*isRed : Apfel*‖ → *bool*) gibt.

4.1.2 Selektionsprädikate mit Parametern

Wir wollen jetzt das Prinzip der parametrisierten Selektionsprädikate aufzeigen. In diesem Fall muß der Parameter des Selektionsprädikats mit an die *select*-Operation übergeben werden. Die Signatur und die Implementierung dieser polymorphen *select*-Operation sieht jetzt wie folgt aus:

```
poly overload select (τ₁ ≤ {τ₂}) : τ₁ ‖ (τ₂ ‖ τ₃  →  bool), τ₃  →  τ₁
   code selectOneParam;

define selectOneParam(SelPred, p1)
   var result: τ₁;
   var candidate: τ₂;
   begin
      result.create;
      foreach (candidate in self)
         if candidate.SelPred(p1) then result.insert(candidate);
      return result;
   end define selectOneParam;
```

Es fällt auf, daß τ_3 nicht in der polymorphen Begrenzung der Typvariablen angegeben wurde. Dies bedeutet, daß über τ_3 keine Annahmen gemacht werden, d.h. der Typ des Parameters des Selektionsprädikats kann beliebig spezifiziert werden. Implizit muß nur gelten: $\tau_3 \leq ANY$.

Analog können nun Selektionsoperationen mit Selektionsprädikaten mit beliebig vielen Parametern definiert werden. Durch die Anzahl der beim Aufruf übergebenen Parameter ist der Compiler in der Lage, die "richtige" Version der *select*-Operation zu ermitteln—für eine gegebene Parameteranzahl gibt es nur eine einzige (eindeutige) polymorphe Selektionsoperation. Ein Beispiel für die Anwendung eines parametrisierten Selektionsprädikats findet sich im nächsten Abschnitt.

4.1.3 Iteratoren

Ein weiteres Sprachkonstrukt, das bei vielen Anwendungen, die große Datenmengen verarbeiten, sehr hilfreich ist, stellen die *Iteratoren* dar—sie wurden u.a. in die Datenbank-Programmiersprache E [CD87] integriert. Iteratoren werden auf Mengen von Objekten definiert und erlauben den sequentiellen Durchlauf durch die Menge. Hierzu gibt es in GOM die **foreach**-Schleife, bei der jedes Objekt der Menge genau einmal "besucht" wird. Oft ist es aber sinnvoll, dem Iterator einen sogenannten *"Filter"* vorzuschalten, so daß nur die Objekte bearbeitet werden, die diese Filterbedingung erfüllen. In GOM kann man dieses Konzept sehr einfach durch Kombination der **foreach**-Schleife mit der polymorphen *select*-Operation erzielen. Die *select*-Operation erfüllt hierbei die Filterfunktion. Anstatt dieses Konzept hier im Detail zu spezifizieren (vgl. [KKM⁺90b]), wollen wir uns auf die Illustration an einem konkreten Beispiel beschränken:

```
declare bigCyl: Cylinder ‖ float → bool
   code bigCylCode;

define bigCylCode(Threshold)
   return (self.volume ≥ Threshold);


   ...
var c: Cylinder;
    myCylinders: CylinderSet;
    BigCylindersTotalWeight: float := 0.0;
    ...
foreach (c in myCylinders.select(bigCyl, 20.0))
    BigCylindersTotalWeight := BigCylindersTotalWeight + c.weight;
```

Im obigen Programmfragment wurde zunächst ein weiteres Selektionsprädikat namens *bigCyl* auf *Cylinder*-Objekten definiert. In diesem Prädikat wird überprüft, ob der *Cylinder*, auf den die Boole'sche Operation angewendet wird, ein Mindestvolumen der als Parameter übergebenen Größe *Threshold* hat.

In der **foreach**-Schleife wird das Gewicht der *Cylinder* summiert, die mindestens ein (Individual-)Volumen von 20.0 aufweisen. Die *select*-Operation filtert also klein-volumige *Cylinder*-Instanzen der Menge *myCylinders* aus, so daß nur die Cylinder "verarbeitet" werden, die ein Volumen von mindestens 20.0 aufweisen.

4.2 GOMql: Eine deklarative Anfragesprache für GOM

Wir wollen in diesem Abschnitt die deklarative Anfragesprache GOMql vorstellen. Diese Sprache basiert auf der relationalen Anfragesprache QUEL, die im Rahmen des INGRES-Datenbanksystems entwickelt wurde.

4.2.1 Die Datenbank *Firma*

Die nachfolgenden Diskussionen der Sprache GOMql—und auch die Diskussion der Indexierungsstrukturen (Kapitel 5) und des Anfrageoptimierers (Kapitel 7)—basieren auf einem sehr einfachen Beispielschema, in dem eine Firma modelliert wird. Die strukturelle Definition der benötigten Objekttypen ist nachfolgend beschrieben. Da die den Typen zugeordneten Operationen für die Diskussion der deklarativen Sprache keine primäre Bedeutung haben—Funktionen werden in diesem Zusammenhang wie "normale" Attribute behandelt—, werden sie im folgenden nicht weiter berücksichtigt.

```
type EMP is                      type MANAGER
    [Name: STRING;                   supertype EMP is
     WorksIn: DEPT;                  [Cars: {CAR};]
     Salary: INT;]

type DEPT is                     type CAR is
    [Name: STRING;                   [License: STRING;
     Mgr: MANAGER;                    Make: STRING;
     Profit: INT;]                    HorsePower: INT;]
```

Angestellte *(EMPs)* der Firma arbeiten in höchstens einer Abteilung *(DEPT)*, was durch das einzelwertige komplexe Attribut *WorksIn* modelliert wird. Einer Abteilung ist über das einzelwertige Attribut *Mgr* ein *MANAGER* zugeordnet. Der Typ *MANAGER* ist als Untertyp von *EMP* definiert; er erbt also alle Attribute (und Operationen) von *EMP* und führt zusätzlich noch das Attribut *Cars* ein. Die *MANAGER* der Firma haben Zugriff auf bestimmte Firmenwagen *(CAR)*. Dies wird über das mengenwertige Attribut *Cars* modelliert, so daß die dem Attribut *Cars* zugeordnete Menge (Verweise auf) diejenigen *CAR*-Objekte enthält, die der betreffende *MANAGER* benutzt. Ein Objekt vom Typ *CAR* hat nur atomare Attribute, nämlich *License*, *Make* und *HorsePower*.

Ein geringer Ausschnitt einer Beispielausprägung für dieses Objektschema ist in Abb. 4.1 skizziert.

Schon an dieser Stelle möchten wir—ohne hier eine formale Definition vorwegnehmen zu wollen—auf einen Pfadausdruck P hinweisen, der sich aus diesem Schema ableiten läßt:

$$P \equiv EMP.WorksIn.Mgr.Cars.Make$$

Dieser Pfadausdruck ist graphisch nachfolgend skizziert:

$$EMP \xrightarrow{WorksIn} DEPT \xrightarrow{Mgr} MANAGER \xrightarrow{Cars} CAR \xrightarrow{Make} STRING$$

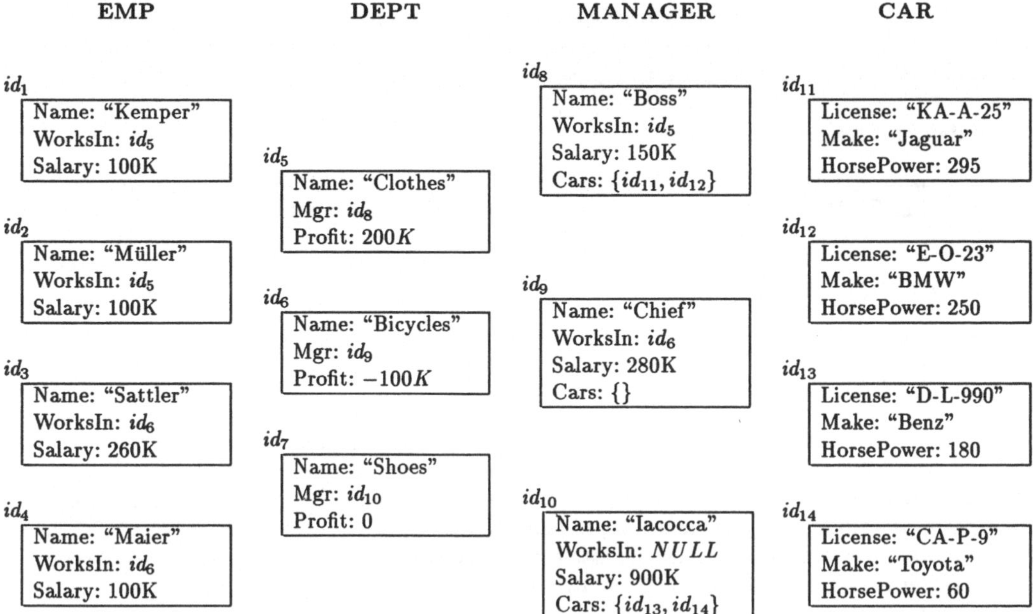

Abb. 4.1. Beispielausprägung der Datenbank *Firma*

Die Pfeile, die mit dem jeweiligen Attributnamen markiert sind, repräsentieren Attribute, d.h. die Zuordnung von Objekten des Typs, in dem das Attribut definiert wurde, mit Objekten oder Werten des Zieltyps (Attributtyps). Hierbei repräsentieren einfache Pfeile *einzelwertige* Attribute; doppelte Pfeile kennzeichnen mengenwertige Attribute. In unserem Beispiel gibt es nur ein mengenwertiges Attribut, nämlich *Cars*, wodurch die Zuordnung einer Menge von Dienstwagen zu dem jeweiligen *MANAGER*-Objekt modelliert wird. Obwohl dies in unserer Beispielausprägung nicht gezeigt ist, kann durchaus das gleiche Objekt vom Typ *CAR* von zwei unterschiedlichen *MANAGER* Objekten über deren *Cars* Attribut referenziert werden. Es handelt sich also hier um eine allgemeine $N : M$ Beziehung, d.h. zwei *MANAGER* haben u.U. Zugriff zum gleichen Firmenwagen (dies ist auch durchaus sinnvoll falls die Firma einen Fuhrpark mit nach Gehaltsgruppen abgestuften Firmenwagen unterhält).

4.2.2 Grundkonzepte der Sprache GOMql

Eine Anfrage in GOMql hat folgende syntaktische Struktur:

> **range** $r_1 : S_1, \ldots, r_m : S_m$
> **retrieve** r_i
> **where** $P(r_1, \ldots, r_m)$

Die r_j $(1 \leq j \leq m)$ sind Bereichsvariablen, die in der **range** Klausel an mengenwertige Ausdrücke gebunden werden. Dabei ist S_j entweder ein Typname, wodurch r_j an die Extension dieses Typs gebunden wird, oder S_j ist eine benutzerdefinierte (persistente) Variable, die auf ein Mengenobjekt verweist. In beiden Fällen wird die Bereichsvariable implizit auf den jeweiligen Elementtyp der Menge eingeschränkt.

In der derzeitigen Implementierung von GOMql ist die **retrieve**-Klausel auf eine (einzige) Bereichsvariable beschränkt, so daß wir z.Z. nur sogenannte *"single-target"*-Anfragen unterstützen können.

Die **where**-Klausel enthält das Selektionsprädikat P, das für jede mögliche Belegung der Bereichsvariablen $(r_1, \ldots, r_m) \in S_1 \times \cdots \times S_m$ überprüft wird. Falls das Selektionsprädikat erfüllt ist, wird die aktuelle Belegung von r_i der Ergebnismenge zugefügt.

4.2.3 Beispielanfragen in GOMql

Anstatt die Anfragesprache im Detail zu spezifizieren, wollen wir uns hier auf einige wenige Beispielanfragen in GOMql beschränken, die auf dem oben eingeführten Schema *Firma* basieren:

Beispiel 4.1 In einer ersten, sehr einfachen Anfrage wollen wir die Angestellten (*EMP*s) ermitteln, die mehr als 100000 verdienen:

> **range** e : EMP
> **retrieve** e
> **where** e.Salary > 100000

Hierdurch wird—für die in Abb. 4.1 gezeigte Objektbank-Ausprägung—die Menge mit den Objekten $\{id_3, id_8, id_9, id_{10}\}$ ermittelt; man beachte daß *MANAGER* wegen der Untertyp-Beziehung auch *EMP*-Instanzen sind und deshalb in der Ergebnismenge enthalten sind, sofern sie das Selektionsprädikat erfüllen. Natürlich benötigt man für eine interaktive Anfragesprache auch entsprechende Ausgabemöglichkeiten der ermittelten Objekte. Da dies aber mit der in den weiteren Kapiteln dieser Arbeit abgehandelten Thematik (Optimierung) nichts zu tun hat, wollen wir nicht weiter darauf eingehen. $\Diamond$

Beispiel 4.2 In dieser Beispielanfrage wollen wir den schon angesprochenen Pfadausdruck

$$P \equiv EMP.WorksIn.Mgr.Cars.Make$$

in der Spezifikation des Selektionsprädikats benutzen. Die Semantik der Anfrage läßt sich wie folgt—verbal—beschreiben: "Finde die Angestellten, deren Manager (unter anderem) einen Jaguar fährt".

> **range** e : EMP
> **retrieve** e
> **where**   "Jaguar" in e.WorksIn.Mgr.Cars.Make

Die Semantik des in dieser Anfrage enthaltenen Pfadausdrucks $e.WorksIn.Mgr.Cars.Make$ wollen wir hier nur verbal erläutern. Die formale Spezifikation findet sich im nächsten Kapitel unter Definition 5.2.

Für eine gegebene Belegung der Bereichsvaraiblen e wird die Menge der *string*-Werte ermittelt, die von dem Objekt e durch Traversierung entlang der Attribute *WorksIn*, *Mgr*, *Cars* und *Make* erreicht werden können. Für die Belegung $e = id_1$ ergibt sich z.B. die Menge $\{$ *"Jaguar"*, *"BMW"* $\}$.

Als Ergebnis der Anfrage wird die Menge mit den Objekten $\{id_1, id_2, id_8\}$ ermittelt. Das *MANAGER*-Objekt id_8 ist in der Ergebnismenge enthalten, weil—wie oben bereits ausgeführt—ein *MANAGER* auch ein *EMP* ist und in unserer Beispieldatenbasis der *MANAGER* id_8 in der von ihm selbst geleiteten Abteilung (*DEPT*) id_5 arbeitet.

Diese Anfrage verursacht in einer Objektbank, die außer den uni-direktionalen Referenzen keine weitergehende Zugriffsunterstützung bietet, einen immensen Aufwand. Um das Ergebnis zu ermitteln, müssen *alle* Objekte der Typen *CAR*, *MANAGER*, *DEPT* und *EMP* mindestens einmal angeschaut werden. Wenn man davon ausgeht, daß jedes Objekt mindestens einmal von einem Objekt des Vorgängertyps—gemäß des gegebenen Pfadausdrucks—referenziert wird, folgt, daß der Aufwand mindestens proportional zu

$$\#(EMP) + \#(DEPT) + \#(MANAGER) + \#(CAR)$$

ist, wobei $\#(t)$ die Kardinalität der Extension des Typs t bezeichnet. $\Diamond$

Beispiel 4.3 In dieser Anfrage wird das Selektionsprädikat etwas komplexer aufgebaut; es enthält jetzt mehrere, sich teilweise überschneidende Pfadausdrücke. Die Semantik der Anfrage ist folgendermaßen verbal beschrieben: "Finde die Manager der Abteilungen, die Verlust machen und dennoch mindestens einem ihrer Angestellten ein (zu) hohes Gehalt von über 200000 zahlen".

> **range** e : EMP, m : MANAGER
> **retrieve** m
> **where** $m = e$.WorksIn.Mgr **and**
> e.Salary $>$ 200000 **and**
> e.WorksIn.Profit $<$ 0

Obwohl diese Anfrage sehr viel komplexer aufgebaut ist als die vorhergehende, müßte die GOMql-Formulierung dennoch selbsterklärend sein. Als Ergebnis liefert die Anfrage—für unsere Beispieldatenbank *Firma* aus Abb. 4.1—das *MANAGER*-Objekt mit dem OID id_9.

Vergleiche der Art $m = e.WorksIn.Mgr$ werden in der Literatur—z.B. in [CDV88]—als *funktionaler Join* bezeichnet. Man beachte, daß Gleichheit auf Objekten immer als Identität interpretiert wird, d.h. es wird auf Gleichheit der Objektidentität überprüft. $\Diamond$

Beispiel 4.4 In der nachfolgenden Anfrage werden die *MANAGER* ermittelt, die in Bezug auf den Gewinn, den sie erwirtschaften, ein zu "nobles" Auto fahren, d.h. entweder ein Auto mit mehr als 150 PS oder ein von "Jaguar" hergestelltes Auto.

> **range** d : DEPT, m : MANAGER, c : CAR
> **retrieve** m
> **where** $m = d$.Mgr **and**
> d.Profit $<$ 100000 **and**
> c **in** m.Cars **and**
>   (c.HorsePower $>$ 150 **or**
>   (c.Make $=$ "Jaguar"))

Als Ergebnis dieser Anfrage erhält man für die Datenbank *Firma* die singuläre Menge $\{id_9\}$ mit einem *MANAGER*-Objekt. $\Diamond$

Beispiel 4.5 In den nachfolgenden zwei Anfragen demonstrieren wir, wie typ-assoziierte Funktionen innerhalb des Selektionsprädikats bzw. in der **retrieve**-Klausel verwendet werden können. Zu diesem Zweck beziehen wir uns auf die Typdefinition *GeometricPrimitive*, *Cylinder* und *Pipe* aus Kapitel 2.

In der ersten Anfrage werden die *Cylinder*-Objekte ermittelt, deren Volumen größer als 150.0 ist. Man bedenke aber, daß damit implizit auch alle entsprechend großen *Pipe*-Instanzen ermittelt werden, da auch alle *Pipe*-Objekte wegen der Unter/Obertyp-Beziehung in der Typextension von *Cylinder* enthalten sind. Dementsprechend müssen verfeinerte Operationen, wie *volume*, auch in der Anfragebearbeitung dynamisch gebunden werden (vgl. Abschnitt 2.9).

> **range** c : Cylinder
> **retrieve** c
> **where** c.volume $>$ 150.0

Die nächste Anfrage illustriert, wie man typ-assoziierte Operationen in der **retrieve**-Klausel verwenden kann. In diesem Fall wird sogar noch die Aggregatfunktion *sum* auf die Menge der ermittelten *weight*-Werte angewendet.

> **range** g : GeometricPrimitive
> **retrieve** sum(g.weight)
> **where** g.Mat.Name $=$ "Gold"

Es wird also das Gesamtgewicht der aus "Gold" bestehenden geometrischen Körper ermittelt.
$\Diamond$

4.3 Bibliographie

Die Anfragesprache QUEL wurde im Rahmen des Datenbankprojekts INGRES [SWKH76] entworfen. Die erste Erweiterung von QUEL in Bezug auf Pfadausdrücke wurde in der Entwicklung des Datenbanksystems GEM von Zaniolo [Zan83] durchgeführt. Dieser Ansatz wurde von der Forschungsgruppe um M. Stonebraker aufgegriffen und in das System POSTGRES [SR86] unter dem Namen POSTQUEL [S+84] eingebaut. Unsere QUEL-Erweiterung GOMql ist der von M. Carey, D. DeWitt und S. Vandenberg entwickelten Anfragesprache EXCESS für das Objektmodell EXTRA [CDV88], das als Testvehikel für den Datenbanksystem-Generator EXODUS [C+89] konzipiert wurde, sehr ähnlich.

Analog zu den QUEL-Weiterentwicklungen gibt es objekt-orientierte Anfragesprachen, die auf der relationalen Sprache SQL basieren. Die Sprache HDBL [PA86,PT86] wurde im Rahmen des AIM-Projekts [D+86] für das erweiterte NF^2-Modell konzipiert. In [KLW87,LKD+88] wird gezeigt, wie man benutzerdefinierte Operationen in die Sprache HDBL einbezieht. Parallel dazu wurde auch an der University of Texas, Austin eine SQL-Erweiterung für geschachtelte Relationen entworfen [RKB87].

In dem objekt-orientierten Datenbanksystem Ontos (vormals Vbase) gibt es eine interaktive, deklarative Anfragesprache namens Object-SQL [Ont87], die allerdings nur sehr bescheidene Funktionalität aufweist.

F. Bancilhon beschreibt in [Ban89] die grundsätzlich geforderte Funktionalität von Anfragesprachen für objekt-orientierte Datenbanken. Er kommt—in Übereinstimmung mit unseren Erfahrun gen—zu dem Schluß, daß in technischen Anwendungen die deklarativen Anfragesprachen im Vergleich zur prozeduralen Objektmanipulation innerhalb der Programmierumgebung zwar an Bedeutung verlieren, aber dennoch gerade für den interaktiven Zugriff wichtig sind. Eine offene Frage bleibt, ob man die deklarative Anfragesprache auch in die Programmiersprache einbetten soll. Dafür spricht die "Eleganz", mit der man Anfragen nicht-prozedural spezifizieren kann; dagegen spricht der damit einhergehende Paradigmenwechsel zwischen prozeduraler Programmiersprache und deklarativer Anfragesprache.

Teil II
Optimierungskonzepte für Objektbanken

5. Zugriffsrelationen (Access Support Relations: ASRs)

In diesem Kapitel wird eine gezielt auf (streng typisierte) Objektmodelle zugeschnittene Indexierungsmethode, genannt *Zugriffsrelationen* oder *"access support relations (ASRs)*, entwickelt, die auf der redundanten Abspeicherung häufig traversierter Objektreferenzen basiert. Anders als im relationalen Modell, in dem theoretisch jede Relation mit jeder anderen Relation "gejoint" werden kann, solange die entsprechenden Join-Attribute kompatible Wertebereiche haben, sind die logisch sinnvollen Verbindungen zwischen Objekten in einem Objektmodell in aller Regel in der Form komplexwertiger Attribute vorgegeben. Diese sowohl im Schema (als einzel- oder mengenwertige komplexe Attributtypen) als auch in der Extension (als Referenzen) enthaltene Semantik macht man sich in unseren Zugriffsrelationen zunutze, indem man die Referenzketten, entlang derer häufig eine assoziative Anfrage ausgewertet wird, schon vorab materialisiert und redundant abspeichert.

5.1 Grundlegende Definitionen

5.1.1 Pfadausdrücke

Die Entwicklung einer Indexstruktur zur effizienten Auswertung von Pfadausdrücken ist das zentrale Thema dieses Kapitels. Ein Pfadausdruck verbindet ein Objekt mit einem oder mehreren anderen Objekten über eine feste Anzahl von Zwischen-Objekten, die über die Attribute innerhalb des zugrundeliegenden Pfadausdrucks referenziert werden. Wir wollen diese noch recht intuitive Erläuterung nun formal fassen:

Definition 5.1 (generischer Pfadausdruck).
Es seien $t_0, \ldots, t_n$ Objekttypen, die nicht notwendigerweise verschieden sein müssen. Weiterhin seien $A_1, \ldots, A_n$ nicht notwendigerweise verschiedene Attributnamen. Dann ist ein Ausdruck $t_0.A_1.\cdots.A_n$ genau dann ein gültiger generischer Pfadausdruck, wenn für alle $1 \leq i \leq n$ eine der folgenden Bedingungen erfüllt ist:

- *Der Objekttyp t_{i-1} ist definiert als:*

$$\textbf{type } t_{i-1} \textbf{ is } [\ldots; A_i : t_i; \ldots]$$

  Das heißt, t_{i-1} ist ein tupelstrukturierter Typ, der ein Attribut A_i vom Typ t_i enthält.

- *Der Objekttyp t_{i-1} ist definiert als:*

$$\textbf{type } t_{i-1} \textbf{ is } [\ldots; A_i : \{t_i\}; \ldots]$$

Im ersten Fall sprechen wir von einem einzelwertigen Attribut A_i im Pfadausdruck $t_0.A_1.\cdots.A_n$. Im zweiten Fall sprechen wir von einem mengenwertigen Attribut A_i innerhalb des Pfadausdrucks $t_0.A_1.\cdots.A_n$. □

Wir haben in dieser Definition eine die Notation vereinfachende Annahme gemacht: Das für den Pfadausdruck relevante Attribut A_i ist direkt in der strukturellen Beschreibung des jeweiligen Typs t_{i-1} enthalten. Im allgemeinen könnte dieses Attribut natürlich von einem Obertyp geerbt worden sein.

Den Typ t_{i-1} nennt man die Domäne von A_i und t_i nennt man den Wertebereich von A_i.

Der zweite Teil der Definition erlaubt mengenwertige Attribute innerhalb des Pfadausdrucks. Falls es im generischen Pfadausdruck kein mengenwertiges Attribut gibt, nennen wir ihn *linear*.

In dieser Grundlagen-Definition wird die strenge Typisierung des Modells verlangt: Wir müssen voraussetzen, daß die von A_i referenzierten Objekte (bzw. die in der mit A_i assoziierten Menge enthaltenen Objekte) ein entsprechendes Attribut A_{i+1} besitzen. Bei dynamisch typisierten Objektmodellen kann man dies nicht gewährleisten, da man den Attributen prinzipiell beliebige Objekte zuweisen kann (bzw. beliebige Objekte in eine Menge einfügen kann).

Aus einem generischen Pfadausdruck kann man durch Spezifikation eines "Anfangsobjekts" vom Typ t_0 einen (speziellen) Pfadausdruck erzeugen. Die Semantik eines Pfadausdrucks ist in der nachfolgenden Definition beschrieben:

Definition 5.2 (Semantik eines Pfadausdrucks).
Um die Semantik des Pfadausdrucks $o.A_1.\cdots.A_n$ für ein Objekt o vom Typ t_0 zu definieren, benötigen wir folgende Hilfsdefinitionen:

$$R_0 := \{o\}$$
$$R_i := \bigcup_{v \in R_{i-1}} v.A_i \quad \text{für } 1 \leq i \leq n$$

Dann ist das Ergebnis des oben definierten Pfadausdrucks $o.A_1.\cdots.A_n$ gerade die Menge R_n.

Man kann einen Pfadausdruck auch in einer Menge M von Objekten vom Typ t_0 beginnen lassen, also $M.A_1.\cdots.A_n$. In diesem Fall muß man nur die Definition von R_0 ersetzen durch

$$R_0 := M$$

$\square$

5.1.2 Temporäre Hilfsrelation

Wie der Name *Zugriffsrelation* schon andeutet, kann unsere Indexierungsmethode auf die Materialisierung von Relationen zurückgeführt werden. Die nächste Definition spezifiziert temporäre Hilfsrelationen, die für die Generierung der Zugriffsrelation zu einem gegebenen (generischen) Pfadausdruck benötigt werden.

Definition 5.3 (temporäre Hilfsrelationen).
Für die Objekttypen t_0, ..., t_n und die Attributnamen A_1, ..., A_n sei $t_0.A_1.\cdots.A_n$ ein Pfadausdruck. Dann konstruieren wir für jedes A_i ($1 \leq i \leq n$)—d.h. für jedes Attribut in dem Pfadausdruck—eine temporäre, binäre Relation namens $[\![t_{i-1}.A_i]\!]$. Die Relation $[\![t_{i-1}.A_i]\!]$ hat zwei Attribute: S_{i-1} und S_i, die beide als Wertebereich die Menge der Objektidentifikatoren haben. Weiter einschränkend kann man sagen, daß S_{i-1} nur OIDs von Objekten vom Typ t_{i-1} annimmt und S_i nur OIDs von Objekten vom Typ t_i.[1]

Die Relation $[\![t_{i-1}.A_i]\!]$ enthält für jedes Objekt o_{i-1} vom Typ t_{i-1} und jedes Objekt o_i vom Typ t_i das Tupel

$$\big(id(o_{i-1}), id(o_i)\big)$$

falls eine der nachfolgenden Bedingungen—abhängig von der Typdefinition t_{i-1}—erfüllt ist:

- *falls A_i ein einzelwertiges Attribut innerhalb des Typs t_i ist, gilt*

$$o_{i-1}.A_i = o_i$$

---

[1] Falls das letzte Attribut A_n in dem betrachteten Pfadausdruck einen atomaren Wertebereich hat oder als Wertebereich eine Menge von atomaren Werten besitzt, so entspricht der Wertebereich von S_n gerade diesem atomaren Typ.

- *falls A_i ein mengenwertiges Attribut ist, gilt*

$$o_i \in o_{i-1}.A_i$$

Hierbei bezeichnet $id(o_{i-1})$ den OID des Objekts o_{i-1} und $id(o_i)$ bezeichnet den OID von o_i falls t_i ein komplexer Objekttyp ist und den atomaren Wert o_i falls t_i ein atomarer Typ ist. Man beachte, daß nur der "letzte" Typ t_n in einem Pfadausdruck ein atomarer Typ sein kann. □

Beispiel 5.4 Wir wollen diese Definition an einem abstrakten Beispiel erläutern. Nachfolgend ist *links* die Typdefinition des Objekttyps t_{i-1} mit einzelwertigem Attribut A_i gezeigt und *rechts* die Typdefinition mit mengenwertigem Attribut A_i:

type t_{i-1} is
$[\ldots; A_i : t_i; \ldots]$

type t_{i-1} is
$[\ldots; A_i : \{t_i\}; \ldots]$

Eine Ausprägung für diese beiden Alternativen ist in Abb. 5.1 gezeigt. Links ist wiederum die

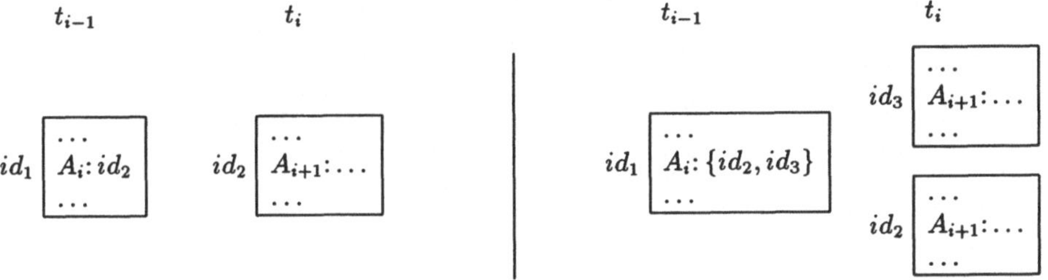

Abb. 5.1. Graphische Darstellung zweier Datenbankausprägungen: *Links* mit einzelwertigem Attribut A_i und *rechts* mit mengenwertigem Attribut A_i.

Ausprägung für den Fall des einzelwertigen Attributs A_i gezeigt. Hier verweist das Objekt vom Typ t_{i-1} mit dem OID id_1 auf das Objekt (mit dem OID) id_2 vom Typ t_i. Rechts ist eine kleine Ausprägung für ein mengenwertiges Attribut A_i gezeigt; jetzt verweist die dem Attribut A_i zugeordnete Menge auf zwei Objekte vom Typ t_i.

Die temporären Hilfsrelationen $[\![t_{i-1}.A_i]\!]$ sehen dann wie unten gezeigt aus. Wiederum ist links die Ausprägung für den einzelwertigen Fall und *rechts* die Ausprägung für den mengenwertigen Fall gezeigt. Im ersteren Fall enthält die Relation $[\![t_{i-1}.A_i]\!]$ gerade das Tupel (id_1, id_2), das die Information repräsentiert, daß das Objekt id_2 des Typs t_i vom Objekt id_1 über das Attribut A_i referenziert wird. Die rechte Relation enthält zwei Tupel, weil in diesem Fall über das mengenwertige Attribut A_i zwei Objekte vom Typ t_i referenziert werden.

$[\![t_{i-1}.A_i]\!]$	
$S_{i-1}: OID_{t_{i-1}}$	$S_i: OID_{t_i}$
$\ldots$	$\ldots$
id_1	id_2
$\ldots$	$\ldots$

$[\![t_{i-1}.A_i]\!]$	
$S_{i-1}: OID_{t_{i-1}}$	$S_i: OID_{t_i}$
id_1	id_3
id_1	id_2
$\ldots$	$\ldots$

◇

Beispiel 5.5 Wir betrachten wiederum unseren aus Kapitel 4 bekannten Pfadausdruck des Beispielschemas *Firma*:

$$P \equiv \underbrace{\underbrace{\underbrace{\underbrace{EMP.WorksIn}_{DEPT}.Mgr}_{MANAGER}.Cars}_{CAR}.Make}_{STRING}$$

Die Unterklammerung repräsentiert den Wertebereich (Typ) des jeweiligen Teilpfads.

Für diesen Pfadausdruck gibt es gemäß der Definition 5.3 vier temporäre Hilfsrelationen, die die folgende Ausprägung haben (die gezeigte Extension dieser Relationen ist aber in Bezug auf Abb. 4.1 nicht vollständig):

[EMP.WorksIn]	
$S_0: OID_{EMP}$	$S_1: OID_{DEPT}$
...	...
id_2	id_5
id_1	id_5
id_3	id_6
id_4	id_6
id_8	id_5
...	...

[DEPT.Mgr]	
$S_1: OID_{DEPT}$	$S_2: OID_{MANAGER}$
...	...
id_5	id_8
id_6	id_9
id_7	id_{10}
...	...

[MANAGER.Cars]	
$S_2: OID_{MANAGER}$	$S_3: OID_{CAR}$
id_8	id_{11}
id_8	id_{12}
id_{10}	id_{13}
id_{10}	id_{14}
...	...

[CAR.Make]	
$S_3: OID_{CAR}$	$S_4: STRING$
id_{13}	"Benz"
id_{11}	"Jaguar"
id_{12}	"BMW"
id_{14}	"Toyota"
...	...

$\Diamond$

Wir weisen darauf hin, daß dem Prinzip der *Substituierbarkeit* (von Untertyp-Instanzen für Obertyp-Instanzen) auch bei der Generierung und Fortschreibung der Zugriffsrelationen Rechnung getragen werden muß. Zum Beispiel sind in der temporären Relation *[EMP.WorksIn]* auch die *MANAGER*-Objekte—das Objekt mit dem OID id_8 beispielsweise—berücksichtigt, da nach den Subtypisierungsregeln von GOM jeder *MANAGER* implizit auch ein *EMP* ist.

5.1.3 Extensionen der Zugriffsrelationen

Wir unterscheiden vier mögliche Extensionen einer Zugriffsrelation. Um sie für einen vorgegebenen Pfadausdruck $t_0.A_1.\cdots.A_n$ zu definieren, verwenden wir die binären Hilfsrelationen und verknüpfen diese mit unterschiedlichen Join-Operatoren. Die folgenden Operatorzeichen repräsentieren diese Join-Operatoren:

- $\bowtie$ repräsentiert den Equi-Join,

- $\supset\!\subset$ ist das Symbol für den äußeren (outer) Join,

- $\supset\!\bowtie$ steht für den linken äußeren (left outer) Join und

- $\bowtie\!\subset$ ist das Operatorzeichen für den rechten äußeren (right outer) Join.

Wir sollten an dieser Stelle ganz kurz auf die Semantik der unterschiedlichen Join-Operatoren eingehen. In Abb. 5.2 sind die vier Join-Operatoren an sehr einfachen Beispielen illustriert. In allen Fällen ist das rechte Attribut—hier C genannt—der linken Relation L und das linke Attribut, das hier ebenfalls C genannt ist, der rechten Relation R das Join-Attribut, das in der Ergebnisrelation *Resultat* dann nur noch einmal vorkommt.

Beim *Equi-Join* bleibt die Information in der linken und in der rechten Relation nur dann erhalten, wenn in beiden Relationen ein Tupel mit gleichem Wert des C-Attributs vorkommt. So geht zum Beispiel das Tupel (a_2, b_2, c_2) der Relation L bzw. das Tupel (c_3, d_2, e_2) der Relation R in der Ergebnisrelation *Resultat* verloren, weil es in der rechten Relation R kein Tupel der Form $(c_2, \ldots, \ldots)$ bzw. in der linken Relation L kein Tupel der Form $(\ldots, \ldots, c_3)$ gibt.

- Equi-Join

L				R				Resultat				
A	B	C		C	D	E		A	B	C	D	E
a_1	b_1	c_1	$\bowtie$	c_1	d_1	e_1	$=$	a_1	b_1	c_1	d_1	e_1
a_2	b_2	c_2		c_3	d_2	e_2						

- Linker äußerer Join (left outer join)

L				R				Resultat				
A	B	C		C	D	E		A	B	C	D	E
a_1	b_1	c_1	$\bowtie$	c_1	d_1	e_1	$=$	a_1	b_1	c_1	d_1	e_1
a_2	b_2	c_2		c_3	d_2	e_2		a_2	b_2	c_2	—	—

- Rechter äußerer Join (right outer join)

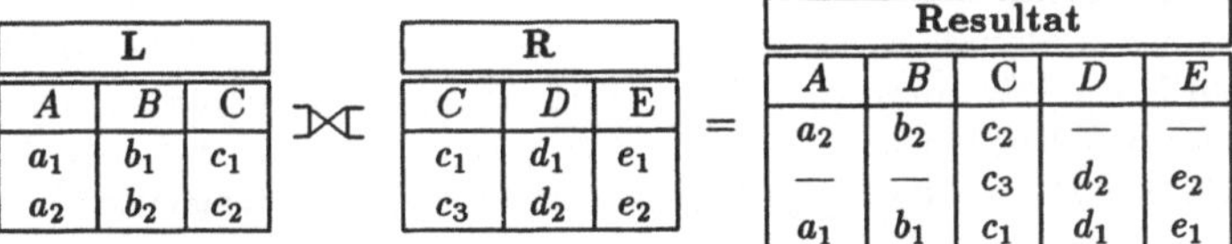

L				R				Resultat				
A	B	C		C	D	E		A	B	C	D	E
a_1	b_1	c_1	$\bowtie$	c_1	d_1	e_1	$=$	a_1	b_1	c_1	d_1	e_1
a_2	b_2	c_2		c_3	d_2	e_2		—	—	c_3	d_2	e_2

- Äußerer Join (outer join)

L				R				Resultat				
A	B	C		C	D	E		A	B	C	D	E
a_1	b_1	c_1	$\bowtie$	c_1	d_1	e_1	$=$	a_2	b_2	c_2	—	—
a_2	b_2	c_2		c_3	d_2	e_2		—	—	c_3	d_2	e_2
								a_1	b_1	c_1	d_1	e_1

Abb. 5.2. Beispielanwendungen der Join-Operatoren

Beim linken äußeren Join bleibt die Information der linken Argument-Relation erhalten; bei Bedarf wird ein Tupel, wie (c_3, d_2, e_2), für das es kein "passendes" Tupel in R gibt, durch NULL-Werte "nach rechts" aufgefüllt. Analoges gilt für den rechten äußeren Join: hierbei bleibt die Information, die in der rechten Argument-Relation R enthalten ist, in der Ergebnisrelation erhalten—bei Bedarf werden Tupel, wie z.B. (c_3, d_2, e_2) "nach links" mit NULL-Werten aufgefüllt. Beim (allgemeinen) äußeren Join bleibt die vollständige Information der Argument-Relationen L und R erhalten. Bei Bedarf werden Tupel sowohl "nach rechts" als auch "nach links" mit NULL-Werten aufgefüllt.

Wir sind jetzt—endlich—in der Lage die vier Extensionen einer Zugriffsrelation zu definieren.

Definition 5.6 (kanonische Extension).
Sei $t_0.A_1. \cdots .A_n$ ein Pfadausdruck. Dann ist die kanonische Extension $[t_0.A_1. \cdots .A_n]_{can}$ auf der Grundlage der binären Hilfsrelationen wie folgt definiert:

$$[t_0.A_1. \cdots .A_n]_{can} := [t_0.A_1] \bowtie \cdots \bowtie [t_{n-1}.A_n]$$

□

Die kanonische Extension enthält somit nur solche Tupel, die Pfade repräsentieren, die in einem Objekt vom Typ t_0 beginnen und "ganz durchgehen" bis zu einem Objekt—oder Wert—vom Typ t_n. Die kanonische Extension enthält also in Bezug auf den betrachteten Pfadausdruck nur vollständige Pfade; solche Pfade, die in einem NULL-Wert enden, werden nicht berücksichtigt. Auch werden keine Teilpfade berücksichtigt, die nicht von einem Objekt vom Typ t_0 aus erreicht werden können. Ein Beispiel hierfür wäre—bezogen auf unseren Beispiel-Pfadausdruck

EMP.WorksIn.Mgr.Cars.Make und die in Abb. 4.1 gezeigte Datenbankextension—der Teilpfad $(id_7, id_{10}, id_{13},$ *"Benz"*$)$, der in einem Objekt vom Typ *DEPT* anfängt, das selbst aber von keinem *EMP*-Objekt über das Attribut *WorksIn* referenziert wird, da diese Abteilung mit dem OID id_7 noch keine Mitarbeiter besitzt. In dieser Weise enthält also die kanonische Extension die minimale Informationsmenge, die überhaupt sinnvollerweise—für die Anfragebearbeitung—in einer Zugriffsrelation enthalten sein muß.

Beispiel 5.7 Die kanonische Extension für den Pfadausdruck der Beispieldatenbank *Firma* hat folgende Ausprägung (nur ein Teil der Tupel ist gezeigt):

$[\text{EMP.WorksIn.Mgr.Cars.Make}]_{\text{can}}$				
$S_0: OID_{EMP}$	$S_1: OID_{DEPT}$	$S_2: OID_{MANAGER}$	$S_3: OID_{CAR}$	$S_4: STRING$
$\cdots$	$\cdots$	$\cdots$	$\cdots$	$\cdots$
id_1	id_5	id_8	id_{11}	"Jaguar"
id_2	id_5	id_8	id_{11}	"Jaguar"
id_2	id_5	id_8	id_{12}	"BMW"
$\cdots$	$\cdots$	$\cdots$	$\cdots$	$\cdots$

Hier sind u.a. die Teilpfade $(\text{NULL}, id_7, id_{10}, id_{13},$ *"Benz"*$)$ und $(id_3, id_6, id_9, \text{NULL}, \text{NULL})$ nicht enthalten, weil sie in einem NULL-Wert enden, bzw. nicht von einem Objekt vom Typ *EMP* ausgehen. ◇

Während die kanonische Extension das Minimum an Information beinhaltet, enthält die vollständige Extension das Maximum an Information bezüglich eines gegebenen Pfadausdrucks. Sie beinhaltet sowohl Pfade, die in einem NULL-Wert enden als auch solche, die "mitten drin" anfangen, also in einem Objekt o vom Typ t_i für $(0 < i < n)$, ohne daß das Objekt o selbst von (irgend-)einem Objekt o' vom Typ t_{i-1} über das Attribut A_i referenziert wird.

Definition 5.8 (Vollständige Extension).
Sei $t_0.A_1.\cdots.A_n$ ein Pfadausdruck. Dann ist die vollständige Extension $[t_0.A_1.\cdots.A_n]_{full}$ wie folgt definiert:

$$[t_0.A_1.\cdots.A_n]_{full} := [t_0.A_1] \bowtie \cdots \bowtie [t_{n-1}.A_n]$$ □

Beispiel 5.9 Die vollständige Extension enthält—für unser Beispiel—unter anderem die folgenden Tupel:

$[\text{EMP.WorksIn.Mgr.Cars.Make}]_{\text{full}}$				
$S_0: OID_{EMP}$	$S_1: OID_{DEPT}$	$S_2: OID_{MANAGER}$	$S_3: OID_{CAR}$	$S_4: STRING$
$\cdots$	$\cdots$	$\cdots$	$\cdots$	$\cdots$
id_1	id_5	id_8	id_{11}	"Jaguar"
id_2	id_5	id_8	id_{11}	"Jaguar"
id_2	id_5	id_8	id_{12}	"BMW"
id_3	id_6	id_9	—	—
—	id_7	id_{10}	id_{13}	"Benz"
$\cdots$	$\cdots$	$\cdots$	$\cdots$	$\cdots$

◇

Offensichtlich gibt es vielerlei denkbare Zwischenstufen zwischen der kanonischen Extension und der vollständigen Extension einer Zugriffsrelation. Wir führen nur zwei weitere, naheliegende Extensionen ein, nämlich die *rechtsvollständige* (mit *right* bezeichnet) und die *linksvollständige* (mit *left* gekennzeichnet).

Definition 5.10 (linksvollständige Extension).
Sei $t_0.A_1.\cdots.A_n$ ein Pfadausdruck. Dann heißt die Extension $[\![t_0.A_1.\cdots.A_n]\!]_{left}$, die wie folgt definiert ist, linksvollständig:

$$[\![t_0.A_1.\cdots.A_n]\!]_{left} := \left(\cdots \left([\![t_0.A_1]\!] \bowtie [\![t_1.A_2]\!]\right) \cdots \bowtie [\![t_{n-1}.A_n]\!]\right) \qquad \square$$

Beispiel 5.11 Die linksvollständige Extension enthält alle Pfade, die in einem Objekt vom Typ *EMP* anfangen:

$[\![$EMP.WorksIn.Mgr.Cars.Make$]\!]_{left}$				
$S_0: OID_{EMP}$	$S_1: OID_{DEPT}$	$S_2: OID_{MANAGER}$	$S_3: OID_{CAR}$	$S_4: STRING$
$\ldots$	$\ldots$	$\ldots$	$\ldots$	$\ldots$
id_1	id_5	id_8	id_{11}	"Jaguar"
id_2	id_5	id_8	id_{11}	"Jaguar"
id_2	id_5	id_8	id_{12}	"BMW"
id_3	id_6	id_9	—	—
$\ldots$	$\ldots$	$\ldots$	$\ldots$	$\ldots$

Es wird bei der linksvollständigen Extension also nicht gefordert, daß die Pfade, die durch die Tupel in der Zugriffsrelation repräsentiert werden, gemäß dem Pfadausdruck bis zum rechten Rand—also in unserem Fall bis zu einem STRING-Wert, der den Hersteller *(Make)* eines *CAR*-Objekts repräsentiert—durchgehen. Im Bedarfsfall werden die Tupel gemäß der Definition des linken äußeren Joins nach rechts mit NULL-Werten ergänzt. $\Diamond$

Definition 5.12 (rechtsvollständige Extension).
Sei $t_0.A_1.\cdots.A_n$ ein Pfadausdruck. Dann heißt die Extension $[\![t_0.A_1.\cdots.A_n]\!]_{right}$, die wie folgt definiert ist, rechtsvollständig:

$$[\![t_0.A_1.\cdots.A_n]\!]_{right} := \left([\![t_0.A_1]\!] \bowtie \cdots \left([\![t_{n-2}.A_{n-1}]\!] \bowtie [\![t_{n-1}.A_n]\!]\right) \cdots\right) \qquad \square$$

Beispiel 5.13 Die rechtsvollständige Extension führt alle Pfade auf, die in einem Wert vom Typ STRING "münden", der den Hersteller *(Make)* eines *CAR*-Objekts repräsentiert.

$[\![$EMP.WorksIn.Mgr.Cars.Make$]\!]_{right}$				
$S_0: OID_{EMP}$	$S_1: OID_{DEPT}$	$S_2: OID_{MANAGER}$	$S_3: OID_{CAR}$	$S_4: STRING$
$\ldots$	$\ldots$	$\ldots$	$\ldots$	$\ldots$
id_1	id_5	id_8	id_{11}	"Jaguar"
id_2	id_5	id_8	id_{11}	"Jaguar"
id_2	id_5	id_8	id_{12}	"BMW"
—	id_7	id_{10}	id_{13}	"Benz"
$\ldots$	$\ldots$	$\ldots$	$\ldots$	$\ldots$

$\Diamond$

5.1.4 Dekomposition von Zugriffsrelationen

Neben den alternativen Extensionen können Zugriffsrelationen auch noch in unterschiedlich große Partitionen zerlegt werden. Eine solche Zerlegung muß allerdings in einer bestimmten, wohldefinierten Form erfolgen. Eine Zerlegung nennen wir eine (gültige) *Dekomposition*, wenn sie folgender Definition genügt:

Definition 5.14 (Dekomposition).
Sei $[\![t_0.A_1.\cdots.A_n]\!]_X$ eine Zugriffsrelation in Extension X, wobei $X \in \{can, full, left, right\}$ gelten muß. Dann hat $[\![t_0.A_1.\cdots.A_n]\!]_X$ folgende Form (S_i hat—wie zuvor—den Wertebereich der OIDs von Objekten des Typs t_i):

$$[\![t_0.A_1.\cdots.A_n]\!]_X : [S_0, S_1, S_2, S_3, \ldots, S_{n-2}, S_{n-1}, S_n]$$

Wir definieren eine Dekomposition dieser Zugriffsrelation als die Menge der Relationen

$$[\![t_0.A_1.\cdots.A_n]\!]_X^{(0,i_1)} \quad : \quad [S_0,\ldots,S_{i_1}] \qquad \textit{für } 0 < i_1 \leq n$$

$$[\![t_0.A_1.\cdots.A_n]\!]_X^{(i_1,i_2)} \quad : \quad [S_{i_1},\ldots,S_{i_2}] \qquad \textit{für } i_1 < i_2 \leq n$$

$$\ldots$$

$$[\![t_0.A_1.\cdots.A_n]\!]_X^{(i_{k-1},n)} \quad : \quad [S_{i_k},\ldots,S_n] \qquad \textit{für } i_{k-1} < n$$

Unter diesen Bedingungen nennt man

$$D = (0 = i_0, i_1, \ldots, i_{k-1}, i_k = n)$$

eine (gültige) Dekomposition der Zugriffsrelation. Falls $D = (0, 1, \ldots, n)$ *gilt, nennt man die Dekomposition binär.*

Die einzelnen Relationen $[\![t_0.A_1.\cdots.A_n]\!]_X^{(i,j)}$ *für* $(0 \leq i < j \leq n)$ *nennt man Partitionen der Dekomposition. Diese Partitionen* $[\![t_0.A_1.\cdots.A_n]\!]_X^{(i,j)}$ *werden durch Projektion der entsprechenden Attribute aus* $[\![t_0.A_1.\cdots.A_n]\!]_X$ *gewonnen:*

$$[\![t_0.A_1.\cdots.A_n]\!]_X^{(i,j)} := \pi_{(S_i,S_{i+1},\ldots,S_j)}\left([\![t_0.A_1.\cdots.A_n]\!]_X\right) \qquad \qquad \square$$

Wir wollen jetzt noch nachweisen, daß durch die Dekomposition einer Zugriffsrelation keine Information verlorengeht.

Theorem 5.15 *Jede Dekomposition einer Zugriffsrelation ist verlustlos.*

Der Beweis dieses Theorems ist relativ einfach, da die Zerlegung entlang mehrwertiger Abhängigkeiten erfolgt [Mai83]. Es gilt für jede Zugriffsrelationen-Partition—es sei $(0 \leq i < q < j \leq n)$

$$[\![t_0.A_1.\cdots.A_q.\cdots.A_n]\!]_X^{(i,j)} : [S_i,\ldots,S_q,\ldots,S_j]$$

die folgende mehrwertige Abhängigkeit:

$$\{S_q\} \longrightarrow\!\!\!\rightarrow \{S_i,\ldots,S_{q-1}\}$$

Deshalb ist deren weitere Zerlegung in die beiden Partitionen

$$[\![t_0.A_1.\cdots.A_n]\!]_X^{(i,q)} \quad : \quad [S_i,\ldots,S_q]$$

$$[\![t_0.A_1.\cdots.A_n]\!]_X^{(q,j)} \quad : \quad [S_q,\ldots,S_j]$$

verlustlos.

Durch wiederholtes Anwenden dieses Arguments kann man somit eine Zugriffsrelation in jede beliebige Dekomposition $D = (0 = i_0, i_1, \ldots, i_{k-1}, i_k = n)$ *verlustlos* zerlegen.

5.2 Speicherstrukturen für Zugriffsrelationen

5.2.1 Speicherung der Partitionen in B$^+$-Bäumen

Bei dieser Speicherstruktur für Zugriffsrelationen folgen wir dem Ansatz von Valduriez [Val87], der sogenannte *binäre Join-Indizes (binary join indexes)* für das relationale Modell entwickelt hat. Seinem Ansatz folgend schlagen wir vor, daß jede Partition $[\![t_0.A_1.\cdots.A_n]\!]_X^{(i,j)}$ *zweimal* redundant als B$^+$-Baum abgespeichert wird. Dabei werden die Bäume wie folgt geclustert:

1. zum einen mit dem ersten Attribut S_i—also den OIDs von Objekten des Typs t_i—als Schlüssel und

2. zum anderen mit dem letzten Attribut S_j—also den OIDs von Objekten vom Typ t_j oder Werten vom Typ t_j falls $j = n$ und t_n ein atomarer Typ ist—als Schlüssel.

Graphisch veranschaulichen wir uns diese Speicherstruktur wie folgt:

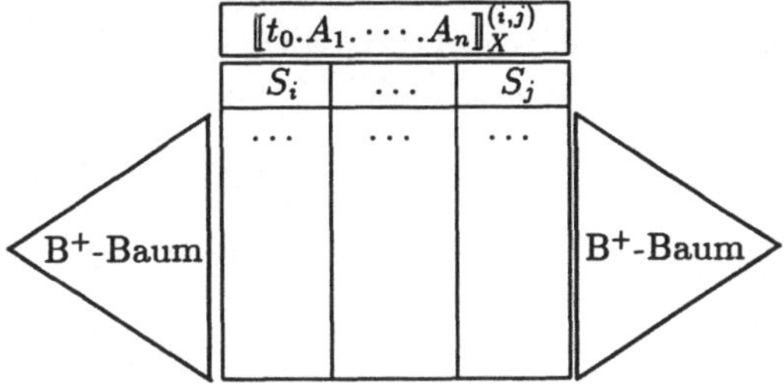

In dieser Graphik repräsentieren die beiden Dreiecke die beiden B$^+$-Bäume, die für die Zugriffsrelationen-Partition $[t_0.A_1.\cdots.A_n]_X^{(i,j)}$ unterhalten werden. Der linke B$^+$-Baum ermöglicht den effizienten "Einstieg" in die Zugriffsrelation mit einem (oder mehreren) Werten für das Attribut S_i, d.h. OIDs von Objekten vom Typ t_i. Der rechte B$^+$-Baum unterstützt—in analoger Weise—den Einstieg mit Werten für das Attribut S_j.

Wir wollen die Wahl dieses auf zweifacher Redundanz basierenden Speichermodells der Zugriffsrelationen-Partitionen anhand von drei benachbarten Partitionen der Zugriffsrelation $[t_0.A_1.\cdots.A_n]$ erläutern. Wir nehmen an, daß die Zugriffsrelation in der Dekomposition $D = (0,\ldots,i',i,j,j',\ldots,n)$ unterhalten wird, wobei dann also gelten muß: $(0 \le i' < i < j < j' \le n)$.

Dann wird durch die Wahl der redundanten Speicherstruktur der *Semi-Join* der benachbarten Partitionen in beiden Richtungen effizient unterstützt:

- "vorwärts", also von links nach rechts:

$$\left(\left(\left(\left(\cdots \rtimes [t_0.A_1.\cdots.A_n]_X^{(i',i)}\right) \rtimes [t_0.A_1.\cdots.A_n]_X^{(i,j)}\right) \rtimes [t_0.A_1.\cdots.A_n]_X^{(j,j')}\right) \rtimes \cdots\right)$$

- "rückwärts", also von rechts nach links

$$\left(\cdots \ltimes \left([t_0.A_1.\cdots.A_n]_X^{(i',i)} \ltimes \left([t_0.A_1.\cdots.A_n]_X^{(i,j)} \ltimes \left([t_0.A_1.\cdots.A_n]_X^{(j,j')} \ltimes \cdots\right)\right)\right)\right)$$

Der *linke* Semi-Join ($\rtimes$) entspricht hierbei einer Traversierung eines Pfadausdrucks von links nach rechts; der *rechte* Semi-Join ($\ltimes$) entspricht der Traversierung eines Pfadausdrucks von rechts nach links. Hierbei wird—genau wie bei den anderen Join-Operatoren—jeweils das rechte Attribut der linken Argument-ASR und das linke Attribut der rechten Argument-ASR als Join-Attribut genommen.

5.2.2 Pfadtraversierung in Zugriffsrelationen-Partitionen

Wie bereits erwähnt dienen die Zugriffsrelationen der Unterstützung der Auswertung von Pfadausdrücken (*Pfadtraversierung* genannt). Wir wollen hier eine Schnittstellenfunktion Q für Zugriffsrelationen einführen, mittels derer man Referenzinformation bezüglich eines gegebenen Pfadausdrucks aus einer Zugriffsrelation extrahieren kann.

Die Schnittstellenfunktion Q hat folgende Aufrufstruktur:

$$Q\left([t_0.A_1.\cdots.A_n]_X, s, z, M\right)$$

Für die Gültigkeit eines Aufrufs von Q muß gelten:

- $0 \le s \ne z \le n$
  s ist die "Start-Position" der Anfrage (Traversierung), z ist die "Ziel-Position" der Traversierung

- M ist eine Menge von OIDs von Objekten vom Typ t_s oder—falls $s = n$ und t_n ein atomer Typ ist—von Werten vom Typ t_s

Es handelt sich also um eine Funktion folgender Art ($ASRs$ sei die Menge der existierenden Zugriffsrelationen, $I\!N$ seien die natürlichen Zahlen und 2^{OIDs} repräsentiere die Potenzmenge der Objektidentifikatoren):

$$Q : ASRs \times I\!N \times I\!N \times 2^{OIDs} \rightarrow 2^{OIDs}$$

Diese Operation wird auf der Basis einer nicht-zerlegten Zugriffsrelation $[t_0.A_1.\cdots.A_n]_X$ folgendermaßen als Relationenalgebra-Ausdruck ausgewertet:

$$Q\left([t_0.A_1.\cdots.A_n]_X, s, z, M\right) := \pi_{S_z}\left(\sigma_{S_s \in M}\left([t_0.A_1.\cdots.A_n]_X\right)\right)$$

Berücksichtigung der Dekomposition

In dem obigen Relationenalgebra-Ausdruck wurde allerdings noch keine Dekomposition der Zugriffsrelation $[t_0.A_1.\cdots.A_n]_X$ berücksichtigt. Es sei folgende allgemeine Dekomposition $D = (0 = i_0, i_1, \ldots, i_{k-1}, i_k = n)$ vorgegeben. Für die Auswertung der Operation $Q\left([t_0.A_1.\cdots.A_n]_X, s, z, M\right)$ unterscheiden wir dann—je nach der relativen Position von z zu s—zwei Fälle:

1. Fall: $0 \leq s < z \leq n$ (Vorwärts- oder links-rechts-Traversierung)

Die Vorwärts-Traversierung zeichnet sich dadurch aus, daß man eine Startmenge M von S_s-Werten—also Objektidentifikatoren von Objekten vom Typ t_s—gegeben hat und die korrespondierenden S_z-Werte—also OIDs von Objekten vom Typ t_z—sucht. Wir nehmen an daß die betrachtete Dekomposition D folgende allgemeine Form hat:

$$D = (0 = i_0, \ldots, i_\alpha, i_{\alpha+1}, i_{\alpha+2}, \ldots, i_{\beta-1}, i_\beta, i_{\beta+1}, \ldots, i_k = n)$$

Es gelte:

- $i_\alpha \leq s < i_{\alpha+1}$, d.h. die Partition $[t_0.A_1.\cdots.A_n]_X^{(i_\alpha, i_{\alpha+1})}$ beinhaltet das Attribut S_s

- $i_\beta < z \leq i_{\beta+1}$, d.h. die Partition $[t_0.A_1.\cdots.A_n]_X^{(i_\beta, i_{\beta+1})}$ beinhaltet das Attribut S_z

Dann kann die Anfrage $Q\left([t_0.A_1.\cdots.A_n]_X, s, z, M\right)$ wie folgt innerhalb der Zugriffsrelationen-Partitionen ausgewertet werden:

$$\pi_{S_z}\left(\left(\left(\sigma_{S_s \in M}[\ldots]_X^{(i_\alpha, i_{\alpha+1})} \bowtie [\ldots]_X^{(i_{\alpha+1}, i_{\alpha+2})}\right) \cdots \bowtie [\ldots]_X^{(i_{\beta-1}, i_\beta)}\right) \bowtie [\ldots]_X^{(i_\beta, i_{\beta+1})}\right)$$

Dieser Relationenalgebra-Ausdruck ist in Abb. 5.3 als Operatorbaum dargestellt.

2. Fall: $0 \leq z < s \leq n$ (Rückwärts- oder rechts-links-Traversierung)

In diesem Fall erfolgt die Auswertung von rechts nach links. Wiederum gelte:

$$D = (0 = i_0, \ldots, i_\alpha, i_{\alpha+1}, i_{\alpha+2}, \ldots, i_{\beta-1}, i_\beta, i_{\beta+1}, \ldots, i_k = n)$$

Diesmal ist die relative Position von s und z zueinander aber invertiert:

- $i_\beta < s \leq i_{\beta+1}$

- $i_\alpha \leq z < i_{\alpha+1}$

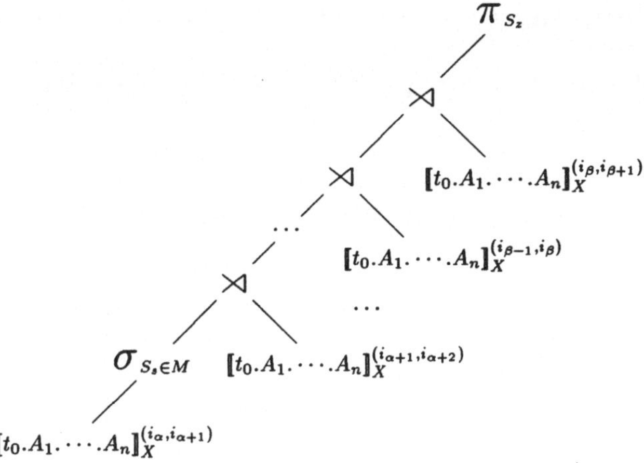

Abb. 5.3. Operatorbaum für die "links-rechts" Traversierung

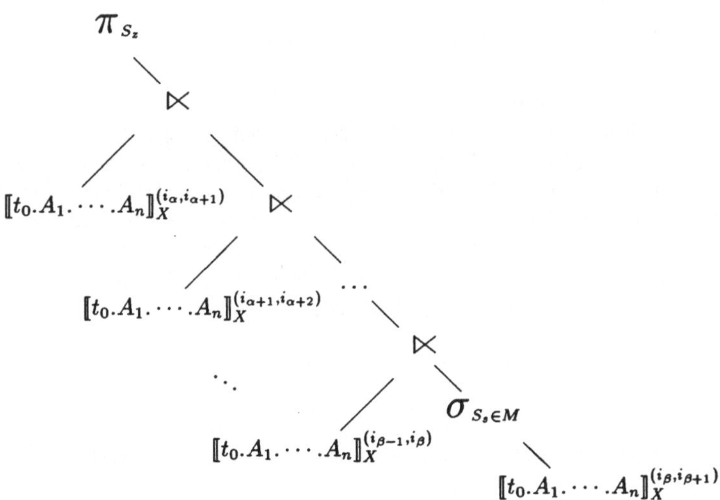

Abb. 5.4. Operatorbaum für die "rechts-links" Traversierung

Dann kann die Anfrage $\mathcal{Q}\left([\![t_0.A_1.\cdots.A_n]\!]_X, s, z, M\right)$ jetzt von "rechts nach links" innerhalb der Zugriffsrelationen-Partitionen ausgewertet werden:

$$\pi_{S_z}\left([\cdots]\!]_X^{(i_\alpha,i_{\alpha+1})} \bowtie \left([\cdots]\!]_X^{(i_{\alpha+1},i_{\alpha+2})} \bowtie \cdots \left([\cdots]\!]_X^{(i_{\beta+1},i_{\beta+2})} \bowtie \sigma_{S_s \in M}[\cdots]\!]_X^{(i_\beta,i_{\beta+1})}\right)\right)\right)$$

Dieser Relationenalgebra-Ausdruck ist als Operatorbaum in Abb. 5.4 dargestellt.

Beispiel 5.16 Wir wollen uns die oben beschriebene Auswertungsstrategie an einem abstrakten Beispiel veranschaulichen. Dazu betrachten wir folgende Ausprägungen der Zugriffsrelationen-Partitionen:

$[\![t_0.A_1.\cdots.A_n]\!]_X^{(i',i)}$					$[\![t_0.A_1.\cdots.A_n]\!]_X^{(i,j)}$					$[\![t_0.A_1.\cdots.A_n]\!]_X^{(j,j')}$		
$S_{i'}$	$\ldots$	S_i			S_i	$\ldots$	S_j			S_j	$\ldots$	$S_{j'}$
id_{11}	$\ldots$	id_{22}	$\bowtie$		id_{22}	$\ldots$	id_{33}	$\bowtie$		id_{33}	$\ldots$	id_{44}
id_{66}	$\ldots$	id_{77}	$\bowtie$		id_{77}	$\ldots$	id_{88}	$\bowtie$		id_{88}	$\ldots$	id_{99}

Betrachten wir zunächst die folgende Rückwärts-Traversierung:

$$\mathcal{Q}\left([\![t_0.A_1.\cdots.A_n]\!]_X, j', i', \{id_{44}\}\right)$$

Wir haben also die Auswertung des folgenden Relationenalgebra-Ausdrucks auf der Basis der Speicherstruktur für Zugriffsrelationen durchzuführen:

$$\pi_{S_{i'}}\left([\![t_0.A_1.\cdots.A_n]\!]_X^{(i',i)} \bowtie \left([\![t_0.A_1.\cdots.A_n]\!]_X^{(i,j)} \bowtie \left(\sigma_{S_{j'} \in \{id_{44}\}}\left([\![t_0.A_1.\cdots.A_n]\!]_X^{(j,j')}\right)\right)\right)\right)$$

In diesem Beispiel ist es sehr effizient möglich zu dem OID id_{44}, der ein Objekt vom Typ $t_{j'}$ identifiziert, den bzw. die OIDs vom Typ $t_{i'}$ zu ermitteln, die auf dem gleichen Pfad liegen. Die Evaluierung erfolgt durch Semi-Joins, indem zunächst über den "rechten" B$^+$-Baum das Tupel $(id_{33}, \ldots, id_{44})$ aus der Relation $[\![t_0.A_1.\cdots.A_n]\!]_X^{(j,j')}$ gelesen wird. Dies kostet—je nach Höhe des B$^+$-Baumes—2 oder 3 Seitenzugriffe. Auf analoge Weise kann man nun über den "Einstiegs-Wert" id_{33} das Tupel $(id_{22}, \ldots, id_{33})$ aus der mittleren Partition $[\![t_0.A_1.\cdots.A_n]\!]_X^{(i,j)}$ lesen. Und—letztendlich—kann man mit dem Einstiegs-Wert id_{22} über den rechten B$^+$-Baum das Tupel $(id_{11}, \ldots, id_{22})$ sehr effizient aus der (linken) Partition $[\![t_0.A_1.\cdots.A_n]\!]_X^{(i',i)}$ extrahieren. Als Ergebnis erhält man somit den OID id_{11}, was bedeutet, daß das Objekt o mit dem OID id_{11} über $o.A_{i'}.\cdots.A_i.\cdots.A_j.\cdots.A_{j'-1}$ mit dem Objekt id_{44} in Beziehung steht, also:

$$id_{44} \in o.A_{i'}.\cdots.A_i.\cdots.A_j.\cdots.A_{j'-1}$$

Wir haben in diesem Beispiel der Einfachheit halber angenommen, daß die Objekte mit den OIDs id_{44}, id_{33} und auch id_{22} bezüglich des gegebenen Pfadausdrucks nur ein einziges Mal referenziert werden.

Auf analoge Weise kann man eine Vorwärts-Traversierung der Form

$$\mathcal{Q}\left([\![t_0.A_1.\cdots.A_n]\!]_X, i', j', \{id_{66}\}\right)$$

auswerten. Dies entspricht dem folgenden Relationenalgebra-Ausdruck:

$$\pi_{S_{j'}}\left(\left(\left(\sigma_{S_{i'} \in \{id_{66}\}}\left([\![t_0.A_1.\cdots.A_n]\!]_X^{(i',i)}\right)\right) \bowtie [\![t_0.A_1.\cdots.A_n]\!]_X^{(i,j)}\right) \bowtie [\![t_0.A_1.\cdots.A_n]\!]_X^{(j,j')}\right)$$

Für die Auswertung dient der OID id_{66} als Einstieg für den linken B$^+$-Baum der Partition $[\![t_0.A_1.\cdots.A_n]\!]_X^{(i',i)}$. Von "dort" kann man durch Ausnutzung der weiteren linken B$^+$-Bäume sehr effizient die linken Semi-Joins abarbeiten, um letztendlich den OID id_{99} als Ergebnis dieser Traversierung zu ermitteln. $\diamond$

5.2.3 Mehrdimensionale Speicherstruktur

Die oben vorgestellte Speicherstruktur bestehend aus "vorwärts" und "rückwarts" geclusterten Partitionen in B^+-Bäumen hat den Nachteil, daß die Auswertung von Selektionsprädikaten, die sich auf Attribute beziehen, die nicht am Rand einer Partition liegen, sehr aufwendig sein kann. In dem Beispiel 5.16 hatten wir nur solche "Einstiegspunkte" für die Traversierung gewählt, die optimal durch die B^+-Baum-Speicherstruktur unterstützt werden.

Um das Problem näher zu beleuchten, betrachten wir folgende Dekomposition

$$D = (0 = i_0, \ldots, i_\alpha, i_{\alpha+1}, \ldots, i_k = n)$$

der Zugriffsrelation $[\![t_0.A_1.\cdots.A_n]\!]_X$.

Nehmen wir an, daß die Traversierung $\mathcal{Q}\left([\![t_0.A_1.\cdots.A_n]\!]_X, s, z, M\right)$ abgearbeitet werden soll, wobei gilt: $i_\alpha < s < i_{\alpha+1}$. D.h. die "Start-Position" der Traversierung liegt nicht am Rand einer Partition—sondern "mitten drin". Deshalb kann die Selektion

$$\sigma_{S_s \in M} [\![t_0.A_1.\cdots.A_n]\!]_X^{(i_\alpha, i_{\alpha+1})}$$

nicht als eine durch einen Index unterstützte Restriktion abgearbeitet werden. Vielmehr ist die erschöpfende Durchsuchung der Partition $[\![t_0.A_1.\cdots.A_n]\!]_X^{(i_\alpha, i_{\alpha+1})}$ notwendig. Je nach Kardinalität der Partition $[\![t_0.A_1.\cdots.A_n]\!]_X^{(i_\alpha, i_{\alpha+1})}$ kann dies sehr hohe Kosten verursachen.

Es gibt zwei naheliegende Möglichkeiten, dieses Problem zu beheben:

1. *binäre Dekomposition*
   Wenn man die Zugriffsrelation in binäre Partitionen zerlegt, ist sichergestellt, daß die "Start-Position" einer Traversierung immer am Rand einer Partition liegt.

   Die Zerlegung in binäre Partitionen hat aber den Nachteil, daß bei Traversierungen, die über einen langen Pfadausdruck gehen, sehr viele Semi-Join Operationen ausgeführt werden müssen.

2. *mehrdimensionale Zugriffsstruktur*
   Es wäre möglich, die Zugriffsrelationen-Partitionen als mehrdimensionale Zugriffsstruktur, z.B. als Grid-File [NHS84] abzuspeichern.

Bei der zweitgenannten Alternative würde man dann die Partition

$$[\![t_0.A_1.\cdots.A_n]\!]_X^{(i_\alpha, i_{\alpha+1})} : [S_{i_\alpha}, S_{i_\alpha+1}, \ldots, S_{i_{\alpha+1}}]$$

wie folgt als mehrdimensionale Zugriffsstruktur

$$\text{MDS}\begin{array}{|c|c|c|c|} \hline S_{i_\alpha} & S_{i_\alpha+1} & \cdots & S_{i_{\alpha+1}} \\ \hline \end{array}$$

mit den Dimensionen $S_{i_\alpha}, S_{i_\alpha+1}, \ldots, S_{i_{\alpha+1}}$ ablegen. Damit ist sichergestellt, daß die Selektion

$$\sigma_{S_s \in M} [\![t_0.A_1.\cdots.A_n]\!]_X^{(i_\alpha, i_{\alpha+1})}$$

über dem Attribut S_s entlang einer der Dimensionen der mehrdimensionalen Zugriffsstruktur unterstützt wird.

Leider degenerieren alle (heute verfügbaren) mehrdimensionalen Zugriffsstrukturen, wie der Grid-File [NHS84] oder der Buddy-Tree [SK90], mit steigender Anzahl der Dimensionen sehr schnell. Es ist nicht ratsam, diese Strukturen bei mehr als drei Dimensionen zu verwenden, zumal die Selektionsbedingung bei der Traversierung sich immer nur auf eine der Dimensionen beschränkt. Das gleiche gilt auch für die Unterstützung des Semi-Joins—auch hierbei würde immer nur entlang einer Dimension der MDS-Struktur zugegriffen.

5.3 Überlappung von Zugriffsrelationen

5.3.1 Gleiche Teilpfade in unterschiedlichen Pfadausdrücken

Bei der Festlegung von häufig traversierten Pfadausdrücken kann es durchaus vorkommen, daß diese sich teilweise überlappen. Ein abstraktes Beispiel ist nachfolgend gezeigt—die geschweiften Klammern unter- bzw. oberhalb des Pfadausdrucks markieren den Zieltyp der jeweiligen Teilpfade:

$$
\begin{aligned}
P_1 &\equiv t_0.A_1.\cdots.A_i.A_{i+1}.\cdots.A_{i+j}.A_{i+j+1}.\cdots.A_n \\
P_2 &\equiv s_0.B_1.\cdots.B_l.A_{i+1}.\cdots.A_{i+j}.C_1.\cdots.C_q
\end{aligned}
$$

Falls die beiden (Teil-) Pfadausdrücke $t_0.A_1.\cdots.A_i$ und $s_0.B_1.\cdots.B_l$ den gleichen Zieltyp t_i haben, so können gewisse Partitionen der zugeordneten Zugriffsrelationen gemeinsam benutzt werden. Dies ist im allgemeinen jedoch nur möglich, wenn beide Zugriffsrelationen in vollständiger Extension gehalten werden.

Seien $[\![t_0.A_1.\cdots.A_n]\!]_X$ und $[\![s_0.B_1.\cdots.B_l.A_{i+1}.\cdots.A_{i+j}.C_1.\cdots.C_q]\!]_{X'}$ die beiden zugehörigen Zugriffsrelationen. Dann kann man sich darauf beschränken, folgende Partitionen zu halten (hierbei bezeichne OID_t wiederum die Menge der OIDs von Objekten vom Typ t):

$$
\begin{aligned}
[\![t_0.A_1.\cdots.A_n]\!]_X^{(0,i)} &: [S_0\colon OID_{t_0}, \ldots, S_i\colon OID_{t_i}] \\
[\![t_0.A_1.\cdots.A_n]\!]_X^{(i,i+j)} &: [S_i\colon OID_{t_i}, \ldots, S_{i+j}\colon OID_{t_{i+j}}] \\
[\![t_0.A_1.\cdots.A_n]\!]_X^{(i+j,n)} &: [S_{i+j}\colon OID_{t_{i+j}}, \ldots, S_n\colon OID_{t_n}]
\end{aligned}
$$

$$
\begin{aligned}
[\![s_0.B_1.\cdots.B_l.A_{i+1}.\cdots.A_{i+j}.C_1.\cdots.C_q]\!]_{X'}^{(0,l)} &: [S_0\colon OID_{s_0}, \ldots, S_l\colon OID_{t_i}] \\
[\![s_0.B_1.\cdots.B_l.A_{i+1}.\cdots.A_{i+j}.C_1.\cdots.C_q]\!]_{X'}^{(l+j,l+j+q)} &: [S_{l+j}\colon OID_{t_{i+j}}, \ldots, S_{l+j+q}\colon OID_{s_{l+j+q}}]
\end{aligned}
$$

Die "mittlere" Partition braucht nur einmal gehalten zu werden, weil—unter der Annahme, daß $X = X' = full$—gilt:

$$
[\![s_0.B_1.\cdots.B_l.A_{i+1}.\cdots.A_{i+j}.C_1.\cdots.C_q]\!]_{X'}^{(l,l+j)} = [\![t_0.A_1.\cdots.A_n]\!]_X^{(i,i+j)}
$$

Die oben gezeigten fünf Partitionen können dann selbst wieder—unabhängig voneinander—partitioniert werden.

Wie bereits gesagt, ist diese gemeinsame Benutzung der Partition auf jeden Fall möglich, wenn beide Zugriffsrelationen in vollständiger Extension gehalten werden. Ausnahmen gibt es, wenn der gemeinsame Teilpfad "am Rand" des betrachteten Pfadausdrucks liegt:

- Beide Pfadausdrücke fangen in t_0 an, d.h. $l = i = 0$. Dann reicht die linksvollständige Extension beider Zugriffsrelationen aus.

- Beide Pfadausdrücke führen nach t_n, d.h. $q = 0$. Dann reicht die rechtsvollständige Extension beider Zugriffsrelationen aus.

Weitere Einsparungen sind möglich, wenn man nicht die Äquivalenz der Zugriffsrelationen-Partitionen verlangt, sondern deren minimalen "Informationsgehalt" berücksichtigt. Zum Beispiel gilt für $X \in \{can, right, left\}$:

$$
[\![t_0.A_1.\cdots.A_n]\!]_X^{(i,i+j)} \subseteq [\![t_0.A_1.\cdots.A_n]\!]_{full}^{(i,i+j)}
$$

Das heißt, daß die Partition der vollständigen Extension einer Zugriffsrelation mindestens alle die Tupel enthält, die auch in der rechtsvollständigen, linksvollständigen bzw. kanonischen Extension derselben Partition enthalten sind.

Unter der Berücksichtigung dieser Tatsache braucht man in den obigen Bedingungen nicht notwendigerweise "$X = X'$" fordern, solange $X = full$ gilt.

Dies sollte darauf hinweisen, daß man einen relativ "intelligenten" Zugriffsrelationen-Manager (*access support relation manager, ASR-Manager*) benötigt, der derartige Sonderfälle automatisch entdeckt und entsprechende Optimierungen bei der Speicherung der Zugriffsrelationen durchführt.

5.3.2 Gemeinsame Partitionen im gleichen Pfadausdruck

Es kann natürlich auch vorkommen, daß in einem Pfadausdruck gleiche Teilpfade vorkommen. Dies ist dann der Fall, wenn es sich um einen rekursiven Pfadausdruck handelt, der sozusagen in einen schon vorher "besuchten" Objekttyp zurückführt und von dort mit dem vorher schon benutzten Teilpfad wieder wegführt. Dies ist im nachfolgenden Beispiel gezeigt:

$$P = \underbrace{\underbrace{\underbrace{t_0.A_1.\cdots.A_i}_{t_i}.A_{i+1}.\cdots.A_{i+j}}_{t_i}.A_{i+1}.\cdots.A_{i+j}.B_1.\cdots.B_n}_{t_i}$$

In diesem Beispiel führt sowohl der Teilpfad $t_0.A_1.\cdots.A_i$ als auch $t_0.A_1.\cdots.A_i.\cdots.A_{i+j}$ in den Objekttyp t_i. Deshalb enthalten die entsprechenden Partitionen der vollständigen Extension der Zugriffsrelation den gleichen Informationsgehalt, also:

$$[t_0.A_1.\cdots.A_i.A_{i+1}.\cdots.A_{i+j}.A_{i+1}.\cdots.A_{i+j}.B_1.\cdots.B_n]_{full}^{(i,i+j)} =$$
$$[t_0.A_1.\cdots.A_i.A_{i+1}.\cdots.A_{i+j}.A_{i+1}.\cdots.A_{i+j}.B_1.\cdots.B_n]_{full}^{(i+j,i+2j)}$$

Also kann der Zugriffsrelationen-Manager auf eine dieser beiden Partitionen verzichten—was natürlich gerade im Hinblick auf die Fortschreibungskosten der Zugriffsrelationen eine große Einsparung darstellt.

Ein etwas konkreteres und anschaulicheres Beispiel für einen Pfadausdruck mit gleichen Teilpfaden ist:

$$P = \underbrace{\underbrace{PERSON.Vater.Mutter}_{PERSON}.Vater.Mutter.Name}_{PERSON}$$

Die Typdefinition *PERSON* ist hier ausgelassen; es handelt sich um einen tupelstrukturierten Typ mit zumindest den beiden Attributen *Vater* und *Mutter*, die beide an den Typ *PERSON* gebunden sind.

Ein weiteres, klassisches Beispiel aus der technischen Datenmodellierung ist die Stückliste, die eine rekursive Beziehung darstellt. Grundlage der Stücklisten-Darstellung ist die Typdefinition

type Werkstück **is**
   [Unterteile: { Werkstück };
    ...]

Auf der Basis dieser Typdefinition kann man dann einen rekursiven Pfadausdruck beliebiger, allerdings *fester* Länge spezifizieren:

$$P = Werkstück.\underbrace{Unterteile.Unterteile.\cdots.Unterteile}_{n \ mal}$$

Es ist durchaus vorstellbar, daß man für diese Fälle die Definition der Zugriffsrelationen dahingehend erweitert, daß darin die transitive Hülle schon vollständig materialisiert wird. Unsere bisherige Definition erlaubt allerdings nur die Materialisierung bis zu einer festgelegten Schachtelungstiefe:

$$[\![\,Werkst\ddot{u}ck.\underbrace{Unterteile.\cdots.Unterteile}_{n\ \text{mal}}]\!]_X$$

5.4 Generierung und Fortschreibung von Zugriffsrelationen

In diesem Abschnitt wollen wir die dynamischen Aspekte der Zugriffsrelationen untersuchen. Zunächst wird die erstmalige Generierung einer Zugriffsrelation erläutert; danach werden die Algorithmen entwickelt, die die Fortschreibung der Zugriffsrelationen bei Änderungen auf der Objektbank garantieren.

5.4.1 Erstmaliges Anlegen einer Zugriffsrelation

Die Algorithmen für das erstmalige Anlegen einer Zugriffsrelation $[\![t_0.A_1.\cdots.A_n]\!]_X$ leiten sich unmittelbar aus den obigen Definitionen ab:

1. Zunächst werden die temporären Hilfsrelationen $[\![t_{i-1}.A_i]\!]$ gemäß Definition 5.3 aus der Objektbank "extrahiert".

2. Die Extension X der Zugriffsrelation wird gemäß den (konstruktiven) Definitionen 5.6, 5.8, 5.10 bzw. 5.12 aus diesen Hilfsrelationen berechnet.

3. Die somit gewonnene Extension kann dann in die gewünschte Dekomposition $D = (0 = i_0, i_1, \ldots, i_{k-1}, i_k = n)$ gemäß Definition 5.14 zerlegt werden.

5.4.2 Relevante Änderungsoperationen auf der Objektbank

Wie bei allen Indexstrukturen können Zugriffsrelationen zusätzliche Kosten verursachen, wenn die Objekte in der Objektbank abgeändert werden. In diesem Abschnitt wollen wir die Fortschreibungsalgorithmen skizzieren, die die Zugriffsrelationen mit dem nach einer Objektmodifikation geänderten, aktuellen Zustand der Objektbank abgleichen.

Um die Notation der nachfolgenden Diskussion zu vereinheitlichen, nehmen wir an, daß alle Attribute A_i innerhalb des betrachteten Pfadausdrucks $t_0.A_1.\cdots.A_n$ mengenwertig sind. Es gelten also folgende Typdefinitionen

$$\textbf{type } t_{i-1} \textbf{ is } [\ldots; A_i : \{\,t_i\,\}; \ldots]$$

für alle Typen t_{i-1} ($1 \leq i \leq n$), die in dem Pfadausdruck $t_0.A_1.\cdots.A_n$ vorkommen. Die beschriebenen Algorithmen können aber leicht auf den allgemeinen Fall—d.h. beliebige einzel- oder mengenwertige Attribute—angepaßt werden.

Im folgenden seien für ($0 \leq i \leq n$) Objekte vom Typ t_i als o_i bezeichnet. Wir betrachten dann folgende Operationen auf der Objektbank, die für die Fortschreibung der Zugriffsrelationen relevant sind:

(1) $o_{i-1}.insert\_A_i(o_i)$;
(2) $o_{i-1}.remove\_A_i(o_i)$;

Durch Ausführung der Operation (1) wird in die Menge, die dem Attribut A_i des Objekts o_{i-1} zugeordnet ist, ein weiteres Objekt o_i eingefügt. Die Operation (2) bewirkt, daß aus der Menge, auf die das Attribut A_i des Objekts o_{i-1} verweist, das Objekt o_i entfernt wird. Hierbei wird vorausgesetzt, daß o_i tatsächlich in der Menge enthalten ist.

Wir verlangen, daß dies die einzigen Operationen sind, über die das von A_i referenzierte Mengenobjekt modifiziert werden kann. Dies setzt voraus, daß die von A_i referenzierte Menge mit Elementen vom Typ t_i kein "shared subobject" ist, sondern *exklusiv* dem jeweiligen Objekt o_{i-1} (vom Typ t_{i-1}) zugeordnet ist. Es darf also keine anderen Verweise auf diese Mengenobjekte geben. Dies muß im GOM-Schema durch entsprechende Verkapselung der strukturellen Darstellung von t_{i-1} gewährleistet werden. Diese Einschränkung ist notwendig, weil wir den ASR-Manager durch Modifikation dieser Primitivoperationen *insert_A_i* und *remove_A_i* über eine Objektbankänderung informieren. Gäbe es weitere Verweise auf die Mengenobjekte, so könnte man Seiteneffekte, die durch direkte Modifikation—also an o_{i-1} vorbei—der Mengenobjekte entstehen, nicht ausschließen.

In beiden Fällen—*insert_A_i* und *remove_A_i*—müssen natürlich alle Zugriffsrelationen, für die diese Änderungsoperationen relevant sind, fortgeschrieben werden. Dazu wird der ASR-Manager bei jeder möglicherweise relevanten Änderungsoperation informiert. Dies geschieht dadurch, daß die Operationen *insert_A_i* und *remove_A_i*, die dem Typ t_{i-1} ($1 \leq i \leq n$) zugeordnet sind, entsprechend abgeändert werden:

declare *insert_A_i* : $t_{i-1} \| t_i \rightarrow$ **void code** *insert_A_i_Code*;

define *insert_A_i_Code*(*elem*) **is**
   begin
      self.A_i.insert(*elem*);   !! Einfügen des Objekts *elem* in das Mengenobjekt
      ASR_Manager.informOfInsert("t_{i-1}", **self**, "A_i", *elem*);
   end;

Da der Typ t_{i-1} in verschiedenen Partitionen eines Pfadausdrucks vorkommen kann, muß dem ASR-Manager auch das Attribut A_i, auf dem die Änderung durchgeführt wurde, mitgeteilt werden. Die *remove_A_i*-Operation wird auf analoge Weise abgeändert.

5.4.3 Grundlagen für die Fortschreibungsalgorithmen

Für die Diskussion der Fortschreibungsalgorithmen benötigen wir einige grundlegende Definitionen:

Definition 5.17 (direkte Vorgänger und Nachfolger).
Die Menge der direkten Vorgänger $DV_{A_i}^{t_{i-1}}$ (bzw. Nachfolger $DN_{A_{i+1}}$) eines Objekts o_i vom Typ t_i bezüglich des Attributs A_i und des Typs t_{i-1} (bzw. bezüglich des Attributs A_{i+1}) ist folgendermaßen definiert:

$$DV_{A_i}^{t_{i-1}}(o_i) := \{o_{i-1} | o_i \in o_{i-1}.A_i \text{ für } o_{i-1} \text{ vom Typ } t_{i-1}\}$$
$$DN_{A_{i+1}}(o_i) := \{o_{i+1} | o_{i+1} \in o_i.A_{i+1} \text{ für } o_{i+1} \text{ vom Typ } t_{i+1}\} \qquad \square$$

Solange keine Mißverständnisse zu befürchten sind, werden wir die Angabe des Typs (als Superskript von DV) und/oder des Attributs (als Subskript) oft weglassen.

Bei obiger Definition beachte man, daß alle Instanzen eines Untertyps auch dem Obertyp zugehören—somit hat man dem Prinzip der Substituierbarkeit der Untertyp-Instanzen Rechnung getragen.

Die *direkten* Nachfolger bzw. Vorgänger eines Objekts o_i können in der Objektbank wie folgt bestimmt werden:

- *Bestimmung der direkten Vorgänger $DV_{A_i}^{t_{i-1}}(o_i)$*

```
DV_{A_i}^{t_{i-1}}(o_i) := ∅;        !! Initialisierung zur leeren Menge
foreach (o_{i-1} in ext(t_{i-1}))
    if (o_i in o_{i-1}.A_i)
        DV_{A_i}^{t_{i-1}}(o_i) := DV_{A_i}^{t_{i-1}}(o_i) ∪ {o_{i-1}};
```

- **Bestimmung der direkten Nachfolger $DN_{A_{i+1}}(o_i)$**

$$DN_{A_{i+1}}(o_i) := o_i.A_{i+1};$$

Die Berechnung der direkten Nachfolger eines Objekts ist sehr viel effizienter als die Bestimmung der Vorgänger. Das liegt daran, daß in GOM—wie in fast allen anderen Objektmodellen—nur unidirektionale Referenzen unterhalten werden. Deshalb ist bei der Bestimmung der Vorgängermenge ein erschöpfendes Durchsuchen der Typextension von t_{i-1} notwendig.

Als nächstes werden Verweisketten in Form von Nachfolger- bzw. Vorgänger-Relationen definiert.

Definition 5.18 (Vorgänger-/Nachfolgerrelation).

Die Vorgängerrelation VT^i—eine Menge von $(i+1)$-stelligen Tupeln von Objektidentifikatoren, die eine Referenzkette bezüglich des betrachtetn Pfadausdrucks repräsentieren—(bzw. die Nachfolgerrelation NT^i von $(n - i + 1)$-stelligen Tupeln) eines Objekts o_i vom Typ t_i bezüglich des Pfadausdrucks $t_0.A_1.\cdots.A_n$ und der Position i $(0 \le i \le n)$ innerhalb dieses Pfadausdrucks ist folgendermaßen definiert:

$$
\begin{aligned}
VT^i(o_i) \;=\; & \{(NULL,\ldots,NULL,id(o_k),\ldots,id(o_{i-1}),id(o_i))| \\
& \quad (k = 0 \ oder \ DV(o_k) = \emptyset) \ und \ o_{j-1} \in DV(o_j) \ für \ alle \ k < j \le i\} \\
NT^i(o_i) \;=\; & \{(id(o_i),id(o_{i+1}),\ldots,id(o_s),NULL,\ldots,NULL)| \\
& \quad (s = n \ oder \ DN(o_s) = \emptyset) \ und \ o_j \in DN(o_{j-1}) \ für \ alle \ i < j \le s\}
\end{aligned}
$$

□

Die Positionsangabe i ist relevant, da der Typ t_i—oder ein Subtyp davon—an unterschiedlichen Stellen innerhalb des betrachteten Pfadausdrucks vorkommen kann. Trotzdem werden wir—wenn keine Mißverständnisse zu befürchten sind—die Superskripte bei VT^i und NT^i oft weglassen, zumal wir in dieser Diskussion sowieso immer nur eine Position in der Zugriffsrelation betrachten.

Mit $\widehat{VT}^i(o_i)$ bezeichnen wir die Vorgängerrelation, die nur linksvollständige Pfade von Objekten vom Typ t_0 zu o_i enthält—bei der also in der obigen Definition $k = 0$ gilt.

Analogerweise wird mit $\widehat{NT}^i(o_i)$ die Nachfolgerrelation bezeichnet, die nur rechtsvollständige Pfade enthält, also Pfade von o_i zu Objekten vom Typ t_n—in der Terminologie der obigen Definition gilt dann $s = n$.

5.4.4 Fortschreibung nach Objekt-Einfügung

Wir wollen jetzt die notwendigen Änderungen an der Zugriffsrelation $[\![t_0.A_1.\cdots.A_n]\!]_X$ betrachten, wenn ein neues Objekt in die Menge $o_{i-1}.A_i$ eingefügt wird, also:

$$o_{i-1}.insert\_A_i(o_i);$$

Abhandlung einiger Sonderfälle

In den nachfolgenden Algorithmen wird implizit eine Reihe von Sonderfällen bei der Berechnung der Vorgänger- bzw. Nachfolgerrelation abgehandelt. Die Definition der Vorgänger- bzw. Nachfolgerrelation wird folgendermaßen auf Argumentmengen ausgedehnt. Für eine Menge M von Objekten vom Typ t_i wird definiert:

$$VT^i(M) \;:=\; \bigcup_{o_i \in M} VT^i(o_i) \tag{1}$$

$$VT^i(\emptyset) \;:=\; \{(\underbrace{NULL,\ldots,NULL}_{(i+1)\ mal})\} \tag{2}$$

$$NT^i(M) \;:=\; \bigcup_{o_i \in M} NT^i(o_i) \tag{3}$$

$$NT^i(\emptyset) \;:=\; \{(\underbrace{NULL,\ldots,NULL}_{(n-i+1)\ mal})\} \tag{4}$$

Als weitere Sonderfälle—wenn i sich am "Rand" des betrachteten Pfadausdrucks $t_0.A_1.\cdots.A_n$ befindet—definieren wir:

$$VT^0(o_0) := \{(id(o_0))\} \tag{5}$$
$$NT^n(o_n) := \{(id(o_n))\} \tag{6}$$

Die Fortschreibungsalgorithmen sind recht unterschiedlich in Bezug auf die Extension X, in der die Zugriffsrelation gehalten wird. Aus Platzgründen können wir die Algorithmen nur für die beiden Extension *full* und *left* beschreiben; die anderen beiden Extensionen—*can* und *right*—können daraus abgeleitet werden.

Vollständige Extension: $X = full$

1. *Berechnung der Vorgängerrelation von o_{i-1}*

$$VT^{i-1}(o_{i-1}) := \begin{cases} \pi_{S_0,\ldots,S_{i-1}} \left(\sigma_{S_{i-1}=id(o_{i-1})} [\![t_0.A_1.\cdots.A_n]\!]_{full} \right) & \text{falls diese} \neq \emptyset \text{ ist} \\[2ex] \{(NULL,\ldots,NULL,id(o_{i-1}))\} & \text{sonst} \end{cases}$$

2. *Berechnung der Nachfolgerrelation von o_i*

$$NT^i(o_i) := \begin{cases} \pi_{S_i,\ldots,S_n} \left(\sigma_{S_i=id(o_i)} [\![t_0.A_1.\cdots.A_n]\!]_{full} \right) & \text{falls diese} \neq \emptyset \text{ ist} \\[2ex] \{(id(o_i),NULL,\ldots,NULL)\} & \text{sonst} \end{cases}$$

3. *Fortschreibung der Zugriffsrelation*

$$[\![t_0.A_1.\cdots.A_n]\!]_{full} := [\![t_0.A_1.\cdots.A_n]\!]_{full} \cup \left(VT^{i-1}(o_{i-1}) \times NT^i(o_i) \right)$$

4. *Löschung obsolet gewordener Information*

Nachfolgend sind die evtl. existierenden Mengen

$$\sigma_{S_{i-1}=id(o_{i-1})\wedge S_i=NULL} [\![t_0.A_1.\cdots.A_n]\!]_{full} \text{ und } \sigma_{S_{i-1}=NULL\wedge S_i=id(o_i)} [\![t_0.A_1.\cdots.A_n]\!]_{full}$$

aus der Zugriffsrelation zu löschen.

Bei der Fortschreibung der vollständigen Extension werden also die Vorgänger- und Nachfolgerrelationen der betroffenen Objekte ermittelt. Das Kreuzprodukt dieser beiden Relationen wird dann in die Zugriffsrelation eingefügt. Nachfolgend müssen dann noch eventuell obsolet gewordene Tupel aus der Zugriffsrelation gelöscht werden. Es ist ersichtlich, daß im Falle der vollständigen Extension der Zugriffsrelation sämtliche, für die Fortschreibung notwendige Information aus der Zugriffsrelation ermittelt werden kann, so daß keinerlei Suche innerhalb der Objektbank notwendig ist.

Dies ist bei den anderen drei möglichen Extensionen nicht unbedingt der Fall, wie der folgende Algorithmus für die Fortschreibung der linksvollständigen Extension der Zugriffsrelation belegt:

Linksvollständige Extension: $X = left$

1. *Berechnung der Vorgängerrelation von o_{i-1}*

$$\widehat{VT}^{i-1}(o_{i-1}) := \pi_{S_0,\ldots,S_{i-1}} \left(\sigma_{S_{i-1}=id(o_{i-1})} [\![t_0.A_1.\cdots.A_n]\!]_{left} \right)$$

Man beachte, daß im Fall $(i-1=0)$ automatisch der Sonderfall 5 angewendet wird.

Falls $\widehat{VT}^{i-1}(o_{i-1}) = \emptyset$ gilt, überspringe (2), (3) und (4), weil dann eine Fortschreibung der Zugriffsrelation $[\![t_0.A_1.\cdots.A_n]\!]_{left}$ nicht notwendig ist.

2. Berechnung der Nachfolgerrelation von o_i

$$NT^i(o_i) := \begin{cases} \pi_{S_i,\ldots,S_n}\left(\sigma_{S_i=id(o_i)}\,[t_0.A_1.\cdots.A_n]_{left}\right) & \text{falls diese} \neq \emptyset \text{ ist} \\[2ex] \{(id(o_i))\} \times NT^{i+1}(DN_{A_{i+1}}(o_i)) & \text{sonst} \end{cases}$$

Hier ist bei $i = n$ implizit der Sonderfall 6 (anstatt des skizzierten Algorithmus) anzuwenden.

3. Fortschreibung der Zugriffsrelation

$$[t_0.A_1.\cdots.A_n]_{left} := [t_0.A_1.\cdots.A_n]_{left} \cup \left(\widehat{VT}^{i-1}(o_{i-1}) \times NT^i(o_i)\right)$$

4. Löschung obsolet gewordener Information

Nachfolgend ist die evtl. existierende Menge

$$\sigma_{S_{i-1}=id(o_{i-1})\wedge S_i=NULL}\,[t_0.A_1.\cdots.A_n]_{left}$$

aus der Zugriffsrelation $[t_0.A_1.\cdots.A_n]_{left}$ zu löschen.

Die Ermittlung der Nachfolgerrelation wurde in rekursiver Weise beschrieben. Es wird daher in jedem Schritt des Pfadausdrucks wieder auf die Zugriffsrelation zugegriffen; und nur in dem Fall, daß dadurch die leere Menge ermittelt wurde, wird die Objektbank inspiziert. Daß dieses Vorgehen gerechtfertigt ist, illustriert das folgende Beispiel.

Beispiel 5.19 Es sei die in Abb. 5.5 gezeigte Datenbank-Ausprägung mit den Objekttypen t_0, t_1, t_2, t_3 und t_4 gegeben, wobei wieder in t_j das Attribut A_{j+1} $(0 \leq j \leq 4)$ definiert ist. Ein Objekt o_i besitze dabei die Identifikation id_i $(1 \leq i \leq 10)$. Die Typen der Objekte sind entsprechend gekennzeichnet. Weiter sei die Zugriffsrelation $[t_0.A_1.A_2.A_3.A_4]_{left}$ definiert.

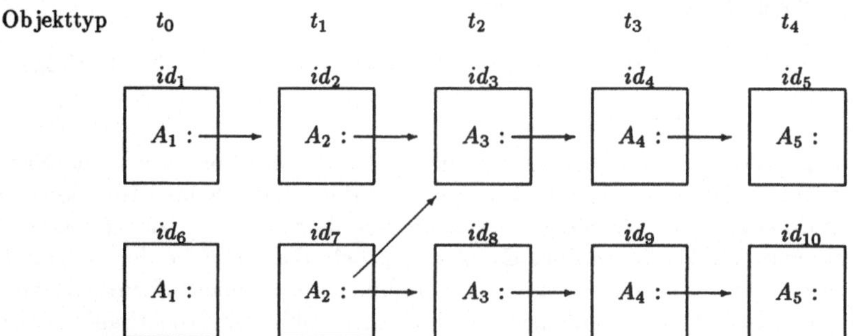

Abb. 5.5. Beispiel einer Datenbankextension

Wenn nun die Anweisung $o_6.insert\_A_1(o_7)$ ausgeführt wird, führt dies zu der folgenden Änderungsmeldung an den ASR-Manager:

$$ASR\_Manager.informOfInsert(\text{"}t_0\text{"}, o_6, \text{"}A_1\text{"}, o_7)$$

Die Vorgängerrelation von o_6 entspricht gemäß Sonderfall (6) der Menge $\widehat{VT}^0(o_6) = \{(id_6)\}$. Grundsätzlich läßt sich die Vorgängerrelation $\widehat{VT}^i(o_i)$ bei linksvollständiger Extension immer über die Zugriffsrelation—oder über den Sonderfall (6) bestimmen.[2]

---

[2]Dies gilt aber nicht für die rechtsvollständige oder kanonische Extension.

Bei der Berechnung der Nachfolgerrelation $NT^1(o_7)$ ergibt die Inspektion der Zugriffsrelation die leere Menge, was bedeutet, daß die Menge $DN_{A_2}(o_7)$ durch Zugriff auf das Objekt o_7 ermittelt werden muß. Dies ergibt die Menge $\{o_3, o_8\}$.

Die direkten Nachfolger von o_8 müssen erneut über den Objekt-Manager ermittelt werden, indem die Objektbank-Repräsentation von Objekt o_8 inspiziert wird.

Die direkten Nachfolger (und somit die ganze Nachfolgerrelation) von Objekt o_3 sind jedoch wieder über die Zugriffsrelation bestimmbar, was i.a. weitaus effizienter durchzuführen ist, als wenn dies über die Objekte selbst zu geschehen hat. Daher wird in jedem Schritt der Ermittlung der Nachfolgerrelation zuerst die Zugriffsrelation inspiziert, und falls dies die leere Menge ergibt, wird der Objekt-Manager zur Bestimmung der direkten Nachfolger aufgerufen (was natürlich ebenfalls zur leeren Menge führen kann). $\Diamond$

5.4.5 Berücksichtigung der Dekomposition

Bislang haben wir nur unzerlegte Zugriffsrelationen betrachtet; jetzt wollen wir die Verallgemeinerung auf beliebige Dekompositionen durchführen.

Wir betrachten auch hierbei die Operation $o_{i-1}.insert\_A_i(o_i)$ und skizzieren die Fortschreibungen die notwendig sind, wenn die Zugriffsrelation $[t_0.A_1.\cdots.A_n]_X$ in der allgemeinen Dekomposition

$$D = (0 = i_0, i_1, \ldots, i_\alpha, i_{\alpha+1}, \ldots, i_{k-1}, i_k = n)$$

vorliegt. Es gelte hierbei: $i_\alpha \leq i - 1 < i_{\alpha+1}$.

Für die Spezifikation der Fortschreibungsalgorithmen unter Berücksichtigung der Dekomposition dehnen wir die Definition der Vorgänger- bzw. Nachfolgerrelation—auf natürliche Weise—aus. Für $i_\alpha \leq j$ bezeichnen wir mit $VT_{i_\alpha}^j(o_j)$ die $(j - i_\alpha + 1)$-stelligen Tupel, die Pfade von einem Objekt vom Typ t_{i_α} zu dem Objekt o_j vom Typ t_j repräsentieren. Die Definition von $NT_{i_{\alpha+1}}^j(o_j)$ ist analog—es handelt sich hierbei also um Pfade von o_j bis "rauf" zum Typ $t_{i_{\alpha+1}}$.

Es gelten bei den nachfolgenden Algorithmen die oben für die Berechnung von NT^i und VT^i beschriebenen Sonderfälle (1)–(6) in analoger Form—genau wie die Definition der links- bzw. rechtsvollständigen Vorgänger- bzw. Nachfolgerrelationen.

vollständige Extension

Hierbei brauchen wir nur die eine Partition $[t_0.A_1.\cdots.A_n]_{full}^{(i_\alpha,i_{\alpha+1})}$ zu berücksichtigen. Alle Information kann aus dieser Partition gewonnen werden. Auch braucht man hinsichtlich der Fortschreibung nur diese eine Partition zu aktualisieren, da keine zusätzliche Information in die anderen Partitionen hinzukommen kann.

1. *Bestimmung der Vorgängerrelation*

$$VT_{i_\alpha}^{i-1}(o_{i-1}) := \begin{cases} \pi_{S_{i_\alpha},\ldots,S_{i-1}} \left(\sigma_{S_{i-1}=id(o_{i-1})} [t_0.A_1.\cdots.A_n]_{full}^{(i_\alpha,i_{\alpha+1})} \right) & \text{falls} \neq \emptyset \\ \{(NULL,\ldots,NULL,id(o_{i-1}))\} & \text{sonst} \end{cases}$$

2. *Bestimmung der Nachfolgerrelation*

$$NT_{i_{\alpha+1}}^i(o_i) := \begin{cases} \pi_{S_i,\ldots,S_{i_{\alpha+1}}} \left(\sigma_{S_i=id(o_i)} [t_0.A_1.\cdots.A_n]_{full}^{(i_\alpha,i_{\alpha+1})} \right) & \text{falls} \neq \emptyset \\ \{(id(o_i),NULL,\ldots,NULL)\} & \text{sonst} \end{cases}$$

3. *Abänderung der Zugriffsrelationen-Partition*

$$[t_0.A_1.\cdots.A_n]_{full}^{(i_\alpha,i_{\alpha+1})} := [t_0.A_1.\cdots.A_n]_{full}^{(i_\alpha,i_{\alpha+1})} \cup \left(VT_{i_\alpha}^{i-1}(o_{i-1}) \times NT_{i_{\alpha+1}}^i(o_i) \right)$$

4. Löschung obsolet gewordener Information

Die eventuell nicht-leeren Mengen

$$\sigma_{S_{i-1}=id(o_{i-1}) \wedge S_i=NULL}\, [\![t_0.A_1.\cdots.A_n]\!]_{full}^{(i_\alpha,i_{\alpha+1})} \quad \text{und} \quad \sigma_{S_{i-1}=NULL \wedge S_i=id(o_i)}\, [\![t_0.A_1.\cdots.A_n]\!]_{full}^{(i_\alpha,i_{\alpha+1})}$$

sind aus der Zugriffsrelationen-Partition zu löschen.

linksvollständige Extension

Bei linksvollständiger Extension muß man u.U. auch noch Partitionen, die rechts von der Partition $[\![t_0.A_1.\cdots.A_n]\!]_{left}^{(i_\alpha,i_{\alpha+1})}$ liegen, fortschreiben. Für die gegebene Partition D ist dies in der nachfolgenden Skizze veranschaulicht:

$$\text{Änderungspropagation (2. Schritt)} \longrightarrow$$

$$\text{1. Schritt}$$

$$D = (0 = i_0, i_1, \ldots, i_{\alpha-1}, \overbrace{i_\alpha, i_{\alpha+1}}, i_{\alpha+2}, \ldots, i_{k-1}, i_k = n)$$

$$i_\alpha \leq i-1 < i \leq i_{\alpha+1}$$

Im ersten Schritt des Algorithmus wird die Partition $[\![t_0.A_1.\cdots.A_n]\!]_{left}^{(i_\alpha,i_{\alpha+1})}$ abgeglichen. Im zweiten Schritt werden dann sukzessive die Partitionen, die rechts davon liegen, fortgeschrieben. Unter Umständen können diese Änderungen bis an den rechten Rand der Dekomposition, also bis in die Partition $[\![t_0.A_1.\cdots.A_n]\!]_{left}^{(i_{k-1},n)}$ propagiert werden.

1. *Abgleichung der Partition* $[\![t_0.A_1.\cdots.A_n]\!]_{left}^{(i_\alpha,i_{\alpha+1})}$

   (a) Bestimme die Vorgängerrelation $\widehat{VT}_{i_\alpha}^{i-1}(o_{i-1})$ bis "runter" zum Typ t_{i_α}.

   $$\widehat{VT}_{i_\alpha}^{i-1}(o_{i-1}) := \pi_{S_{i_\alpha},\ldots,S_{i-1}} \left(\sigma_{S_{i-1}=id(o_{i-1})}\, [\![t_0.A_1.\cdots.A_n]\!]_{left}^{(i_\alpha,i_{\alpha+1})} \right)$$

   wobei wiederum der Sonderfall $i - 1 = 0$ analog zu Sonderfall 5 abzudecken ist.
   Falls $\widehat{VT}_{i_\alpha}^{i-1}(o_{i-1}) = \emptyset$ exit! *(in diesem Fall kann es keine linksvollständigen Pfade geben, die o_{i-1} beinhalten.)*

   (b) Bestimme die Nachfolgerrelation $NT_{i_{\alpha+1}}^i(o_i)$ von o_i bis "rauf" zum Typ $t_{i_{\alpha+1}}$

   $$NT_{i_{\alpha+1}}^i(o_i) := \begin{cases} \pi_{S_i,\ldots,S_{i_{\alpha+1}}} \left(\sigma_{S_i=id(o_i)}\, [\![t_0.A_1.\cdots.A_n]\!]_{left}^{(i_\alpha,i_{\alpha+1})} \right) & \text{falls } \neq \emptyset \\[2ex] \{(id(o_i))\} \times NT_{i_{\alpha+1}}^{i+1} \left(DN_{A_{i+1}}(o_i) \right) & \text{sonst} \end{cases}$$

   wobei der Sonderfall $i = n$ analog zu Sonderfall 6 "abzufangen" ist.

   (c) Berechne $L := \widehat{VT}_{i_\alpha}^{i-1}(o_{i-1}) \times NT_{i_{\alpha+1}}^i(o_i)$

   (d) $[\![t_0.A_1.\cdots.A_n]\!]_{left}^{(i_\alpha,i_{\alpha+1})} := [\![t_0.A_1.\cdots.A_n]\!]_{left}^{(i_\alpha,i_{\alpha+1})} \cup L$

   (e) Die evtl. nicht-leere Menge $\sigma_{S_{i-1}=id(o_{i-1}) \wedge S_i=NULL}\, [\![t_0.A_1.\cdots.A_n]\!]_{left}^{(i_\alpha,i_{\alpha+1})}$ ist aus der Zugriffsrelationen-Partition zu löschen.

   (f) $\mathcal{U}_{i_{\alpha+1}} \left(\pi_{S_{i_{\alpha+1}}}(L) \right)$ *(die Prozedur $\mathcal{U}$ gleicht die Partitionen nach rechts ab)*

2. *Abgleichung der Partitionen rechts von* $[\![t_0.A_1.\cdots.A_n]\!]_{left}^{(i_\alpha,i_{\alpha+1})}$
   $$\mathcal{U}_{i_\beta}(K) \equiv$$

(a) Falls $(i_\beta = i_k = n)$ exit! *(wir sind schon am rechten "Rand" der Dekomposition D angekommen)*

(b) $K := K \setminus \left(\pi_{S_{i_\beta}} [t_0.A_1. \cdots .A_n]_{left}^{(i_\beta, i_{\beta+1})} \right)$

   Falls $K = \emptyset$ exit! *(es gibt keine weiteren Änderungen (nach rechts) mehr)*

(c) Ermittle $NT_{i_{\beta+1}}^{i_\beta}(K) =: L$ *(analog zu 1.b)*

(d) $[t_0.A_1. \cdots .A_n]_{left}^{(i_\beta, i_{\beta+1})} := [t_0.A_1. \cdots .A_n]_{left}^{(i_\beta, i_{\beta+1})} \cup L$

(e) $\mathcal{U}_{i_{\beta+1}} \left(\pi_{S_{i_{\beta+1}}} (L) \right)$

5.4.6 Fortschreibung bei Löschung

Wir betrachten die folgende Operation:

$$o_{i-1}.remove\_A_i(o_i)$$

Dies bedeutet, daß die Verbindung zwischen Objekt o_{i-1} und o_i im Attribut A_i aufgebrochen wird.

Analog zur Einfügung müssen die betroffenen Zugriffsrelationen aktualisiert werden, indem die Tupel, die diese Verbindung beschreiben, gelöscht werden. Dabei ist zu beachten, daß die Löschung der betroffenen Tupel zur Folge haben kann, daß gleichzeitig relevante Pfadinformation mitgelöscht wird, die sonst nicht mehr in der Zugriffsrelation existiert. Dies ist z.B. bei linksvollständiger Zugriffsrelation dann der Fall, wenn der einzige direkte Nachfolger von o_{i-1} im Attribut A_i das Objekt o_i ist. In diesem Fall muß die Vorgängerrelation von o_{i-1} "gerettet" werden.

Die Algorithmen für die vollständige und die linksvollständige Extension sind nachfolgend skizziert—wiederum haben wir die anderen beiden Fälle (*can* und *right*) aus Platzmangel ausgespart:

vollständige Extension

1. *Rettung der Vorgängerrelation*

   Falls $\pi_{S_i} (\sigma_{S_{i-1}=id(o_{i-1})} [t_0.A_1. \cdots .A_n]_{full}) = \{(id(o_i))\}$ gilt, dann:

   $$[t_0.A_1. \cdots .A_n]_{full} := [t_0.A_1. \cdots .A_n]_{full} \cup \left(VT^{i-1}(o_{i-1}) \times NT^i(\emptyset) \right)$$

2. *Rettung der Nachfolgerrelation*

   Falls $\pi_{S_{i-1}} (\sigma_{S_i=id(o_i)} [t_0.A_1. \cdots .A_n]_{full}) = \{(id(o_{i-1}))\}$ gilt, dann:

   $$[t_0.A_1. \cdots .A_n]_{full} := [t_0.A_1. \cdots .A_n]_{full} \cup \left(\widehat{VT}^{i-1}(\emptyset) \times NT^i(o_i) \right)$$

3. *Entfernung obsolet gewordener Information*

   $$[t_0.A_1. \cdots .A_n]_{full} := [t_0.A_1. \cdots .A_n]_{full} \setminus \sigma_{S_{i-1}=id(o_{i-1}) \wedge S_i=id(o_i)} [t_0.A_1. \cdots .A_n]_{full}$$

linksvollständige Extension

1. *Rettung der Vorgängerrelation*

   Falls $\pi_{S_i} (\sigma_{S_{i-1}=id(o_{i-1})} [t_0.A_1. \cdots .A_n]_{left}) = \{(id(o_i))\}$ gilt, dann:

   $$[t_0.A_1. \cdots .A_n]_{left} := [t_0.A_1. \cdots .A_n]_{left} \cup \left(VT^{i-1}(o_{i-1}) \times NT^i(\emptyset) \right)$$

2. *Entfernung obsolet gewordener Information*

   $$[t_0.A_1. \cdots .A_n]_{left} := [t_0.A_1. \cdots .A_n]_{left} \setminus \sigma_{S_{i-1}=id(o_{i-1}) \wedge S_i=id(o_i)} [t_0.A_1. \cdots .A_n]_{left}$$

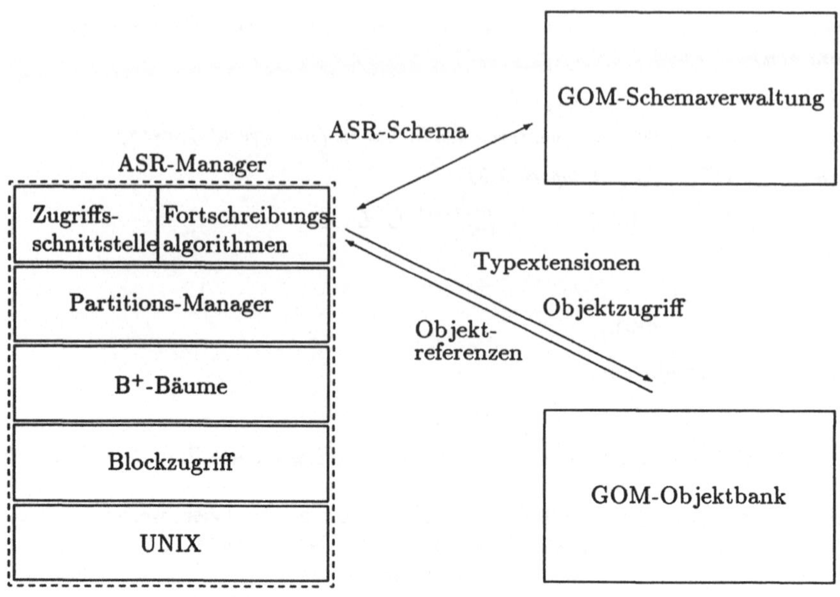

Abb. 5.6. Zusammenspiel der GOM-Objektbank und des Zugriffsrelationen-Managers

5.5 Realisierung des Zugriffsrelationen-Managers

Der Zugriffsrelationen-Manager ist derzeit als Einzelbenutzer- (single-user) und Einzelprogramm-System (single-task) in einer Workstation-Umgebung realisiert worden. Anhand von Abb. 5.6 werden die allgemeinen Entwurfsüberlegungen dargelegt. Um den Zugriffsrelationen-Manager möglichst unabhängig von der Speicherstruktur für die Zugriffsrelationen zu machen, wurde der Partitions-Manager in einem eigenständigen Modul und das B^+-Baumsystem in einem anderen, unabhängigen Modul realisiert. Hierdurch ist es möglich, die Speicherstruktur für die Zugriffsrelationen zu ändern—z.B. die Einführung der in Abschnitt 5.2.3 besprochenen mehrdimensionalen Zugriffsstruktur vorzunehmen—ohne die Schnittstelle des Zugriffsrelationen-Managers grundlegend neu konzipieren zu müssen. Indem das Blockzugriffssystem ebenfalls in einem Modul realisiert wurde, konnte die Speicherstruktur für die Zugriffsrelationen unabhängig von der Art der Unterstützung der Blockzugriffe gehalten werden. Dadurch ist die Portierung unseres Zugriffsrelationen-Managers auf andere Datenbanksysteme relativ leicht möglich, da das System als sogenanntes "stand-alone" Modul gesehen werden kann, das direkt auf dem Unix-Dateisystem aufsetzt.

Weiterhin ist in Abb. 5.6 das Zusammenspiel des ASR-Managers mit der GOM-Objektbank und der Schemaverwaltung skizziert.

5.6 Bibliographie

Zugriffsrelationen wurden vom Autor in Zusammenarbeit mit G. Moerkotte erstmals in [KM90a] eingeführt. Eine etwas ausführlichere Darstellung der Zugriffsrelationen findet sich in [KM89].

Die Grundidee der Zugriffsunterstützung für Pfadausdrücke stammt aus der GemStone-Entwicklung [MS86]. Allerdings wurde—nach unserer Terminologie—in GemStone nur die vollständige Extension unter binärer Dekomposition berücksichtigt. Außerdem fehlte in der GemStone-Arbeit die in dieser Arbeit entwickelte formale Grundlage. Die GemStone-Arbeiten wurden auch auf das objekt-orientierte Datenbanksystem Orion angewendet [BK89]. Keßler und Dadam [KD91] haben diese Ideen auf das geschachtelt-relationale Datenmodell NF^2 übertragen und zeigen, wie man auf der Grundlage von *Pfadindexen* Anfragen an hierarchisch strukturierte Objekte beschleunigen kann.

Ähnliche Optimierungsmaßnahmen wurden auch in EXODUS eingebracht. Anders als in den—von der Objektrepräsentation separaten—Zugriffsrelationen, wird in dem in [SC89] beschriebenen Ansatz redundante Zugriffsinformation direkt in den Objekten abgespeichert. Man kann diesen Ansatz so verstehen, daß für bestimmte Referenzen auch die Rückwärtsreferenz in dem referenzierten Objekt gehalten wird.

Das Speichermodell, das wir für Zugriffsrelationen verwenden, ist eine Verallgemeinerung der von P. Valduriez [Val87] für binäre Join-Indizes vorgeschlagenen Speicherstruktur. Die binären Join-Indizes basieren auf einer allgemeinen binären Indexstruktur für relationale Datenbanken, den sogenannten *links*, die von Härder [Här78] schon 1978 vorgeschlagen wurden.

Die Implementierung des Zugriffsrelationen-Managers wurde im Rahmen von zwei Diplomarbeiten und einer Studienarbeit durchgeführt. Uwe Oetken [Oet90] entwickelte die Basisfunktionalität zur Speicherung und zur Auswertung von Zugriffsrelationen. Apostolos Papapostolou [Pap90] realisierte im Rahmen einer Studienarbeit die (rudimentäre) Relationenalgebra-Schnittstelle—insbesondere die verschiedenen Join-Algorithmen—für die (interne) Verwendung im Zugriffsrelationen-Manager. Hierbei wurden verschiedene, alternative Joinalgorithmen (Hash-Join, Merge-Join, etc.) realisiert, so daß je nach Sortierung und Größe der Argumentrelationen die beste Version ausgewählt wird. Kai Leberer [Leb91] entwarf und realisierte die Algorithmen für die Fortschreibung der Zugriffsrelationen.

6. Kostenmodell und Auswertungen

In diesem Kapitel wird ein analytisches Kostenmodell für die quantitative Bewertung der Zugriffsrelationen entwickelt. Das hier vorgestellte Kostenmodell basiert auf der B^+-Baum Speicherstruktur für Zugriffsrelationen-Partitionen, die in Abschnitt 5.2.1 eingeführt wurde. Dieses Kostenmodell ist die Grundlage verschiedener Systemmodule:

1. Es bildet die Basis für ein Werkzeug für den physikalischen Datenbankentwurf, d.h., das Kostenmodell wird verwendet, um zu einer vorgegebenen Datenbankausprägung und einem bestimmten Lastprofil die (sub-) optimale Zugriffsrelationen-Konfiguration zu ermitteln.

2. Der Anfrageoptimierer hat einen Anschluß zum Kostenmodell, um bei besonders "kritischen" Transformationsschritten den günstigsten von zwei Anfragebearbeitungsplänen ermitteln zu können.

Gerade für den physikalischen Objektbank-Entwurf ist ein computergestütztes Kostenmodell von zentraler Bedeutung, weil die Flexibilität des Konzepts der Zugriffsrelationen dem Entwerfer sehr große Freiräume gewähren. Für jeden betrachteten Pfadausdruck hat man Entwurfsfreiräume entlang zwei Dimensionen:

1. *Extensionen*
   Man kann unter den vier Extensionen *can*, *full*, *left* und *right* auswählen.

2. *Dekomposition*
   Bei einem Pfadausdruck $t_0.A_1.\cdots.A_n$ hat der Entwerfer der physikalischen Objektbankstruktur insgesamt 2^{n-1} verschiedene Dekompositions-Möglichkeiten[1].

Wenn man nun in die Überlegungen noch mit einbezieht, daß man sehr viele unterschiedliche Pfadausdrücke—und deren Zusammenspiel wegen möglicher Überlappungen—zu analysieren hat, erkennt man leicht, daß dies nur noch mit einem entsprechend mächtigen Werkzeug erfolgen kann.

Das hier entwickelte Kostenmodell kann allerdings nur als Basis für ein umfassenderes Modell gesehen werden. Wir beschränken uns hier auf die isolierte Betrachtung eines einzigen Pfadausdrucks $t_0.A_1.\cdots.A_n$ und der zugehörigen Zugriffsrelation $[\![t_0.A_1.\cdots.A_n]\!]$ und ermitteln zu einer vorgegebenen Ausprägung der Objektbank

- die Speicherkosten für unterschiedliche Extensionen und Dekompositionen der Zugriffsrelation,

- die Bearbeitungskosten für bestimmte Anfragen bei Berücksichtigung der Zugriffsrelationen-Konfiguration und

- die Fortschreibungskosten der Zugriffsrelationen für bestimmte Änderungsoperationen auf der Objektbank.

Zum Schluß dieses Kapitels wird dann noch eine Beschreibung für ein allgemeines Lastprofil bestehend aus einer Kombination (abstrakter) Anfragen und Änderungsoperationen entwickelt, für das dann die Kosten einiger vorbestimmter Zugriffsrelationen-Konfigurationen ermittelt werden.

---

[1] Die Grenzen 0 und n sind in jeder Dekomposition enthalten. Also kann man für die restlichen Positionen innerhalb einer Dekomposition noch irgendeine Teilmenge aus $\{1, \dots, n-1\}$ bilden, deren Anzahl genau 2^{n-1} ergibt.

anwendungs-spezifische Parameter		
Parameter	Bedeutung	Herleitung/Default
n	Pfadlänge	
c_i	Gesamtanzahl der Objekte vom Typ t_i	
d_i	Gesamtanzahl der Objekte vom Typ t_i, deren Attribut A_{i+1} definiert ist.	
fan_i	durchschnittliche Anzahl der Referenzen, die vom Attribut A_{i+1} eines Objekts o_i vom Typ t_i ausgehen	
$size_i$	durchschnittliche Größe eines Objekts vom Typ t_i	
system-spezifische Parameter		
$PageSize$	Seitengröße (netto)	$PageSize = 4056$
$OIDsize$	Größe eines Objektidentifikators	$OIDsize = 8$
$PPsize$	Größe eines Seitenzeigers	$PPsize = 4$
B^+_{fan}	Fan-out des B^+ Baums	$\dfrac{PageSize}{PPsize + OIDsize}$

Abb. 6.1. Anwendungs- und system-spezifische Parameter

6.1 Grundlagen

Im nachfolgenden wird stillschweigend immer nur der Pfadausdruck $t_0.A_1.\cdots.A_n$ vorausgesetzt. Weiterhin werden die folgenden Variablen ohne Einführung verwendet:

- X bezeichne eine Extension, also $X \in \{can, full, right, left\}$ und

- i und j seien zwei Laufvariablen, für die gilt: $0 \leq i < j \leq n$.

Die grundlegenen Parameter, die dazu dienen, den bezüglich des betrachteten Pfadausdrucks $t_0.A_1.\cdots.A_n$ relevanten Teils einer Ausprägung einer Objektbank zu beschreiben, sind in Abb. 6.1 dargestellt.

Einige abgeleitete Wahrscheinlichkeits-Größen

Mit $shar_i$ bezeichnen wir die durchschnittliche Anzahl von Objekten des Typs t_i, die dasselbe Objekt vom Typ t_{i+1} referenzieren. Falls kein Wert für $shar_i$ vom DBA[2] angegeben wurde, wird eine Normalverteilung der Referenzen von Objekten des Typs t_i auf Objekte des Typs t_{i+1} vorausgesetzt. In diesem Fall berechnet sich $shar_i$ wie nachfolgend gezeigt:

$$shar_i = \max(1, \frac{d_i * fan_i}{c_{i+1}}) \tag{1}$$

Mit e_i wird die Anzahl der Objekte des Typs t_i, die von mindestens einem Objekt vom Typ t_{i-1} (über das Attribut A_i) referenziert werden, bezeichnet. Dieser Wert berechnet sich als:

$$e_i = \frac{d_{i-1} * fan_{i-1}}{shar_{i-1}} \tag{2}$$

---

[2]DBA: Datenbankadministrator

Die Wahrscheinlichkeit P_{A_i}, daß ein Objekt o_i vom Typ t_i ein definiertes A_{i+1} Attribut hat, ist

$$P_{A_i} = \frac{d_i}{c_i} \tag{4}$$

Die Wahrscheinlichkeit P_{H_i}, daß ein bestimmtes Objekt o_i vom Typ t_i von einer Referenz, die von einem Objekt vom Typ t_{i-1} ausgeht, "getroffen" wird, ist:

$$P_{H_i} = \frac{e_i}{c_i} \tag{5}$$

Die Wahrscheinlichkeit, daß von den (durchschnittlich) fan_i Referenzen, die von einem Objekt o_i vom Typ t_i ausgehen, keine ein bestimmtes Objekt o_{i+1} vom Typ t_{i+1} "trifft", das zu den e_{i+1} referenzierten Objekten des Typs t_{i+1} gehört, kann wie folgt approximiert werden:

$$\left(1 - \frac{1}{e_{i+1}}\right)^{fan_i} \tag{6}$$

Allerdings enthält diese Formel eine kleine Ungenauigkeit: Sie geht von vollständig unabhängigen Referenzen aus. Dies ist aber nicht der Fall, da i.a. angenommen wird, daß nicht zwei Referenzen, die von dem gleichen Objekt o_i vom Typ t_i ausgehen, dasselbe Objekt o_{i+1} vom Typ t_{i+1} "treffen" dürfen. Wir gehen also von *echten* Mengen und nicht von Mehrfach-Mengen aus. Dieser Fehler macht sich allerdings erst bei großen fan_i und relativ kleinen e_{i+1} Werten bemerkbar.

Berücksichtigt man die oben dargelegte Abhängigkeit bei den Referenzen, erhält man nach Yao [Yao77] eine bessere Abschätzung, indem man ausgeht von der Anzahl der fan_i-elementigen Untermengen der e_{i+1} "getroffenen" Objekte des Typs t_{i+1}. Diese Anzahl berechnet sich als Binomialkoeffizient wie folgt:

$$\binom{e_{i+1}}{fan_i} = \frac{e_{i+1}!}{fan_i!(e_{i+1} - fan_i)!}$$

Dann ermittelt sich die Wahrscheinlichkeit, daß ein bestimmtes Objekt o_{i+1} nicht getroffen wird, als:

$$\frac{\binom{e_{i+1}-1}{fan_i}}{\binom{e_{i+1}}{fan_i}} = \frac{e_{i+1} - fan_i}{e_{i+1}} = 1 - \frac{fan_i}{e_{i+1}} \tag{7}$$

Die Wahrscheinlichkeit, daß o_{i+1} von keiner Referenz ausgehend von einer k-elementigen Untermenge $\{o_i^1, o_i^2, \ldots, o_i^k\}$ von Objekten des Typs t_i getroffen wird, von denen alle ein definiertes A_i Attribut haben, ermittelt sich als:

$$\left(1 - \frac{fan_i}{e_{i+1}}\right)^k \tag{8}$$

Für $0 \leq i < j \leq n$ definieren wir nun $RefBy(i,j)$ als die Anzahl der Objekte in t_j, die von mindestens einem Objekt o_i in t_i über einen (bezüglich $t_0.A_1.\cdots.A_n$ möglicherweise partiellen) Pfad $o_i.A_{i+1}.\ldots.A_j$ referenziert werden:

$$RefBy(i,j) = \begin{cases} d_i & j = i \\ e_{i+1} & j = i+1 \\ e_j * \left(1 - \left(1 - \frac{fan_{j-1}}{e_j}\right)^{RefBy(i,j-1)*P_{A_{j-1}}}\right) & \text{sonst} \end{cases} \tag{9}$$

Weiterhin wird die Wahrscheinlichkeit $P_{RefBy}(i,j)$, daß mindestens ein Pfad zwischen einem Objekt in t_i und einem bestimmten Objekt o_j in t_j existiert, wie folgt berechnet:

$$P_{RefBy}(i,j) = \begin{cases} 1 & i = j \\ \dfrac{RefBy(i,j)}{c_j} & \text{sonst} \end{cases} \tag{10}$$

Mit $Ref(i,j)$ bezeichnen wir die Anzahl der Objekte vom Typ t_i, von denen (mindestens) ein Pfad ausgeht, der bis zu irgend einem Objekt in t_j ($0 \leq i < j \leq n$) führt. Der Wert wird errechnet als:

$$Ref(i,j) = \begin{cases} c_j & j = i \\ d_i & j = i+1 \\ d_i * \left(1 - \left(1 - \dfrac{shar_i}{d_i}\right)^{Ref(i+1,j)*P_{H_{i+1}}}\right) & \text{sonst} \end{cases} \tag{11}$$

Analog zu $P_{RefBy}(i,j)$ sei $P_{Ref}(i,j)$ die Wahrscheinlichkeit, daß ein bestimmtes Objekt o_i vom Typ t_i mindestens einen "ausgehenden" Pfad besitzt, der bis zu einem Objekt in t_j führt. Dann gilt:

$$P_{Ref}(i,j) = \begin{cases} 1 & i = j \\ \dfrac{Ref(i,j)}{c_i} & \text{sonst} \end{cases} \tag{12}$$

Die Anzahl der Pfade zwischen den Objekten in t_i und den Objekten in t_j kann wie folgt berechnet werden:

$$path(i,j) = ref_i * \prod_{l=i+1}^{j-1} (P_{A_l} * fan_l) \tag{13}$$

6.2 Kardinalität der Zugriffsrelationen

Wir können jetzt geschlossene Formeln für die Abschätzung der Kardinalität der Zugriffsrelation für eine vorgegebene Extension und Dekomposition entwickeln. Diese Abschätzungen bilden die Grundlage für die weiteren Kostenabschätzungen.

6.2.1 Kanonische Extension

Keine Dekomposition   In diesem Spezialfall enthält die kanonische Extension der Zugriffsrelation die folgende Anzahl an Tupeln, die als $\#[\![t_0.A_1.\cdots.A_n]\!]_{can}$ bezeichnet wird:

$$\#[\![t_0.A_1.\cdots.A_n]\!]_{can} = path(0,n)$$

Allgemeine Dekomposition   Für eine allgemeine Dekomposition enthält $[\![t_0.A_1.\cdots.A_n]\!]_{can}^{(i,j)}$ die als $\#[\![t_0.A_1.\cdots.A_n]\!]_{can}^{(i,j)}$ bezeichnete Anzahl an Tupeln:

$$\#[\![t_0.A_1.\cdots.A_n]\!]_{can}^{(i,j)} = P_{RefBy}(0,i) * path(i,j) * P_{ref}(j,n)$$

6.2.2 Vollständige Extension

Allgemeine Dekomposition   Wir müssen jetzt erst noch zwei weitere Wahrscheinlichkeitsmaße einführen. Die probabilistische Größe $P_{lb}(i,j)$ bezeichnet[3] die Wahrscheinlichkeit, daß für $0 \leq i < j \leq n$ ein bestimmtes Objekt vom Typ t_j von keinem Pfad, der von irgend einem Objekt vom Typ t_i ausgeht, "getroffen" wird:

$$P_{lb}(i,j) = \begin{cases} 1 - P_{RefBy}(i,j) & i < j \\ 1 & \text{sonst} \end{cases} \tag{14}$$

---

[3] *lb*: left-bound

Auf analoge Weise sei $P_{rb}(i,j)$ die Wahrscheinlichkeit[4], daß ein bestimmtes Objekt vom Typ t_i *keinen* ausgehenden Pfad enthält, der bis zu irgendeinem Objekt vom Typ t_j führt:

$$P_{rb}(i,j) = \begin{cases} 1 - P_{Ref}(i,j) & i < j \\ 1 & \text{sonst} \end{cases} \tag{15}$$

Unter Benutzung dieser Wahrscheinlichkeitsgrößen können wir jetzt die Anzahl der Tupel in der vollständigen Extension ermitteln. Unter beliebiger Dekomposition bezeichne $\#[t_0.A_1.\cdots.A_n]_{full}^{(i,j)}$ die Anzahl der in $[t_0.A_1.\cdots.A_n]_{full}^{(i,j)}$ enthaltenen Tupel:

$$\#[t_0.A_1.\cdots.A_n]_{full}^{(i,j)} = \sum_{k=1}^{j-i}\sum_{l=i}^{j-k} P_{lb}(max(i,l-1),l) * path(l,l+k) * P_{rb}(l+k,min(j,l+k+1))$$

6.2.3 Linksvollständige Extension

Die Relation $[t_0.A_1.\cdots.A_n]_{left}^{(i,j)}$ enthält—erwartungsgemäß—die als $\#[t_0.A_1.\cdots.A_n]_{left}^{(i,j)}$ bezeichnete Anzahl an Tupeln, die sich wie folgt abschätzen läßt:

$$\#[t_0.A_1.\cdots.A_n]_{left}^{(i,j)} = \sum_{k=1}^{j-i} P_{RefBy}(0,i) * path(i,i+k) * P_{rb}(i+k,min(j,i+k+1))$$

6.2.4 Rechtsvollständige Extension

Schließlich wollen wir die Kardinalität der Partitionen rechtsvollständiger Zugriffsrelationen abschätzen. Wiederum bezeichne $\#[t_0.A_1.\cdots.A_n]_{right}^{(i,j)}$ die Anzahl der enthaltenen Tupel, die sich wie folgt berechnen läßt:

$$\#[t_0.A_1.\cdots.A_n]_{right}^{(i,j)} = \sum_{k=1}^{j-i} P_{lb}(max(i,j-k-1),j-k) * path(j-k,j) * P_{ref}(j,n)$$

6.3 Speicherkosten für Zugriffsrelationen

Die Größe der Tupel (in Byte) in der Zugriffsrelationen-Partition $[t_0.A_1.\cdots.A_n]_X^{(i,j)}$ ist durch folgende Formel abschätzbar (die Größe ist unabhängig von der Extension):

$$ats^{(i,j)} = OIDsize * (j-i+1) \tag{16}$$

Damit ergibt sich für die Anzahl der Tupel der Relation $[t_0.A_1.\cdots.A_n]_X^{(i,j)}$ pro Seite folgender Wert $atpp^{(i,j)}$:

$$atpp^{(i,j)} = \left\lfloor \frac{PageSize}{ats^{(i,j)}} \right\rfloor \tag{17}$$

Die Gesamtgröße der Zugriffsrelation $[t_0.A_1.\cdots.A_n]_X^{(i,j)}$ in Byte ergibt sich demnach als:

$$as_X^{(i,j)} = \#[t_0.A_1.\cdots.A_n]_X^{(i,j)} * ats^{(i,j)} \tag{18}$$

Somit ergibt sich die Anzahl der zur Speicherung benötigten Seiten als:

$$ap_X^{(i,j)} = \left\lceil \frac{\#[t_0.A_1.\cdots.A_n]_X^{(i,j)}}{atpp^{(i,j)}} \right\rceil \tag{19}$$

Man bedenke, daß dies der Anzahl der Seiten für die nicht-redundante Speicherung der Zugriffsrelationen-Partition entspricht. Nach unserem auf zweifacher Redundanz beruhenden Speichermodell muß man entsprechend einen doppelt so hohen Speicherbedarf veranschlagen.

---

[4]rb: right-bound

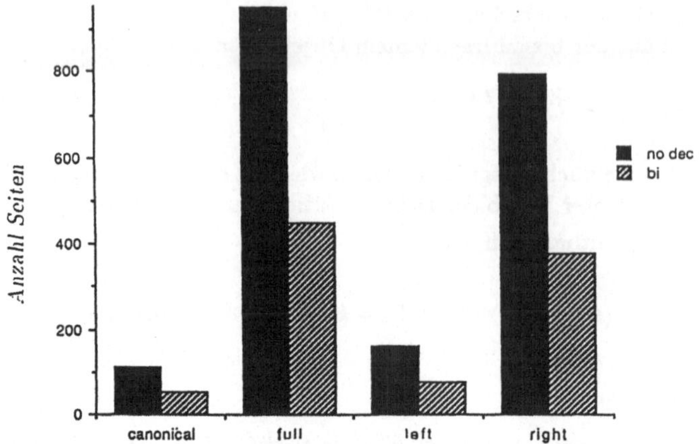

Abb. 6.2. Vergleich der Zugriffsrelationen-Größen

6.4 Einige Beispielauswertungen

Im folgenden werden Speicherkosten-Abschätzungen für einige—wie wir meinen—repräsentative ingenieurwissenschaftliche Anwendungsbeispiele graphisch dargestellt. Der Leser möge bitte bedenken, daß die Speicherkosten keine allzu große Aussagekraft bezüglich der Güte der Zugriffsunterstützung haben. Die Auswertungen werden hier nur durchgeführt, um ein "Gefühl" für die zu erwartende Größe dieser Strukturen zu vermitteln.

6.4.1 Verschiedene Extensionen und Dekompositionen

In diesem Experiment vergleichen wir verschiedene Extensionen und zugehörige Dekompositionen bezüglich ihres Speicherbedarfs für ein vorgegebenes Anwendungsprofil. Das Anwendungsprofil ist in der nachfolgenden Tabelle skizziert:

Anwendungsprofil					
n	4				
Anzahl der Objekte	c_0	c_1	c_2	c_3	c_4
	1000	5000	10000	50000	100000
Anzahl der Objekte mit	d_0	d_1	d_2	d_3	d_4
def. Attribut A_{i+1}	900	4000	8000	20000	—
Fan-Out	f_0	f_1	f_2	f_3	f_4
	2	2	3	4	—

Wir gehen also von einem (abstrakten) Pfadausdruck $t_0.A_1.A_2.A_3.A_4$ aus. Die die Objektbankausprägung beschreibenden Parameter sind der Tabelle zu entnehmen: Beispielsweise gibt es 1000 Objekte vom Typ t_0, 900 davon haben ein definiertes Attribut A_1. In der A_1 zugeordneten Menge gibt es im Mittel 2 Elemente.

Der Vergleich der Speicherkosten ist in Abb. 6.2 als Balkendiagramm dargestellt. In diesem Anwendungsprofil gibt es auf der "linken Seite" des Pfadausdrucks $t_0.A_1.\cdots.A_n$ relativ wenige Objekte. Dies führt dazu, daß die linksvollständige und die kanonische Extension drastisch weniger Information enthält als die vollständige oder die rechtsvollständige Extension. Weiterhin kann festgestellt werden, daß die *binäre* Dekomposition—für dieses Beispiel—die Speicherkosten um den Faktor 2 gegenüber der Dekomposition $(0, n)$—also der unzerlegten ASR—senkt. Dies liegt natürlich darin begründet, daß durch die Zerlegung der Zugriffsrelation die in der unzerlegten Zugriffsrelation enthaltene Redundanz eliminiert wird.

6.4.2 Variieren der Anzahl der nicht-NULL Attribute

Im nachfolgenden Experiment wird untersucht, welchen Effekt die Variation der Anzahl definierter Attribute, also die simultane Variation aller Parameter d_i für $(0 \leq i \leq 3)$, auf die Speicherkosten der Zugriffsrelation hat. Dazu haben wir ein Objektbankprofil gewählt, in dem es die gleiche Anzahl an Objekten vom Typ t_0, t_1, t_2, t_3 und t_4 gibt. Die Anzahl der Objekte des jeweiligen Typs und der Fan-Out werden hierbei konstant gehalten.

Anwendungsprofil					
n	4				
Anzahl der Objekte	c_0	c_1	c_2	c_3	c_4
	10000	10000	10000	10000	10000
Anzahl der Objekte mit	d_0	d_1	d_2	d_3	d_4
def. Attribut A_{i+1}	$2500 \cdots 10^4$	$2500 \cdots 10^4$	$2500 \cdots 10^4$	$2500 \cdots 10^4$	—
Fan-Out	f_0	f_1	f_2	f_3	f_4
	2	2	2	2	—

Die Parameter d_0, d_1, d_2 und d_3 werden simultan erhöht, d.h. die Werte aller d_i sind jeweils identisch. Der Graph in Abb. 6.3 zeigt die ermittelten Speicherkosten der Zugriffsrelation für verschiedene Extensionen ohne Dekomposition.

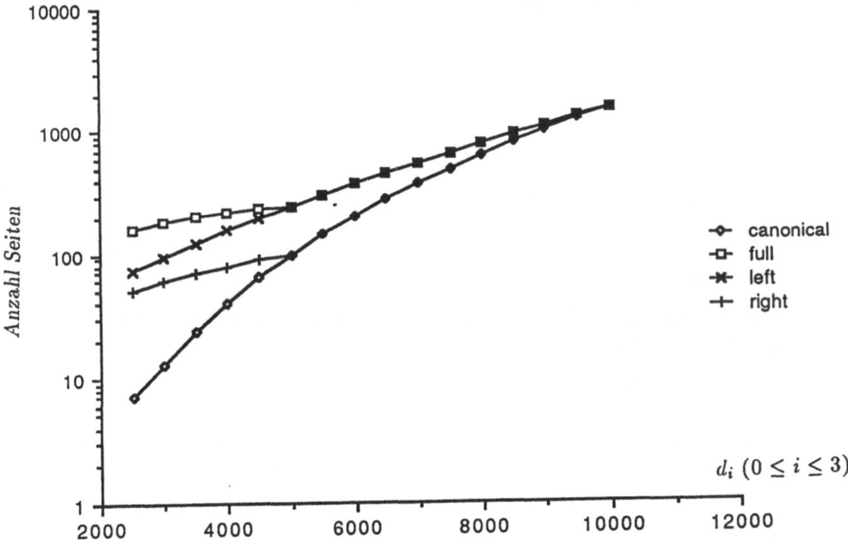

Abb. 6.3. Variation der Anzahl der nicht-NULL Attribute entlang des Pfadausdrucks

Die Speicherkosten steigen proportional zur Anzahl der nicht-NULL Attribute. Sobald die d_i-Werte sich den c_i-Werten nähern, liegen die Speicherkosten für die verschiedenen Extensionen sehr nahe beieinander, weil dann fast alle Pfade ihren Ursprung in t_0 haben und bis nach t_n—d.h., in diesem Beispiel bis nach t_4—durchgehen.

6.5 Anfragebearbeitung

In diesem Abschnitt werden nun die Zugriffsrelationen hinsichtlich ihrer "Güte" für die Anfragebearbeitung analytisch untersucht.

6.5.1 Anfragearten

Um die Anfragekosten zu evaluieren, führen wir zwei (abstrakte) Klassen von primitiven Anfragetypen ein.

Rückwärtsanfrage

In dieser Anfrage hat man ein (konstantes) Objekt o_j vom Typ t_j gegeben und möchte dazu die Objekte vom Typ t_i für $(0 \leq i < j \leq n)$ ermitteln, von denen ein Pfad nach o_j führt. In unserer Anfagesprache GOMql kann man dies wie folgt formulieren:

$$Q^{(i,j)}(bw) \equiv \textbf{range } v : t_i$$
$$\textbf{retrieve } v$$
$$\textbf{where } o_j \textbf{ in } v.A_{i+1}.\cdots.A_j$$

Diese Anfrage wird abstrakt als $Q^{(i,j)}(bw)$ bezeichnet.

Vorwärtsanfrage

Vorwärtsanfragen gehen von einem bestimmten (konstanten) Objekt o_i vom Typ t_i aus und ermitteln alle Objekte vom Typ t_j—wiederum gelte $(0 \leq i < j \leq n)$—, die über einen Pfad gemäß unseres Pfadausdrucks $t_0.A_1.\cdots.A_n$ von o_i aus erreichbar sind. In GOMql-Notation lautet diese Anfrage wie folgt:

$$Q^{(i,j)}(fw) \equiv \textbf{range } v : t_j$$
$$\textbf{retrieve } v$$
$$\textbf{where } v \textbf{ in } o_i.A_{i+1}.\cdots.A_j$$

Diese Anfrage wird—analogerweise—als $Q^{(i,j)}(fw)$ bezeichnet.

6.5.2 Anfrageauswertung

Nicht jede ASR-Extension erlaubt die Auswertung einer derartigen Rückwärts- oder Vorwärtsanfrage auf der Basis der Zugriffsrelation $[\![t_0.A_1.\cdots.A_n]\!]_X$.

kanonische Extension   Die kanonische Extension $[\![t_0.A_1.\cdots.A_n]\!]_{can}$ einer Zugriffsrelation für den Pfadausdruck $t_0.A_1.\cdots.A_n$ kann nur verwendet werden, um Pfade zu evaluieren, die am "linken Rand," also in t_0 anfangen[5] und bis nach t_n führen. Das heißt, sie eignen sich nur für die Auswertung der Anfragen $Q^{(0,n)}(bw)$ und $Q^{(0,n)}(fw)$. Für Anfragen der generellen Form $Q^{(i,j)}(bw)$ oder $Q^{(i,j)}(fw)$ enthält die kanonische Extension i.a. nicht genug Information, falls $i \neq 0$ oder $j \neq n$ gilt.

Rechtsvollständige Extension   Die rechtsvollständige Extension $[\![t_0.A_1.\cdots.A_n]\!]_{right}$ kann nur für die Auswertung der Anfragen $Q^{(i,n)}(fw)$ und $Q^{(i,n)}(bw)$ verwendet werden, also solchen Anfragen, deren Selektionsprädikat sich auf den rechten Rand—Objekte bzw. Werte vom Typ t_n—bezieht.

Linksvollständige Extension   Analogerweise, kann man die linksvollständige Extension, die mit $[\![t_0.A_1.\cdots.A_n]\!]_{left}$ gegeben ist, nur für die Auswertung der Anfragen $Q^{(0,j)}(fw)$ und $Q^{(0,j)}(bw)$ verwenden. Für die Auswertung von Anfragen, deren Selektionsprädikat nicht am linken Rand, also in t_0 anfängt, kann man sie nicht einsetzen, da dann ein Teil der für die Auswertung benötigten Information fehlen könnte.

---

[5]Oder aber in einem Objekt vom Typ s_0 wenn $s_0 \leq_T t_0$ gilt.

Vollständige Extension Die vollständige Extension $[\![t_0.A_1.\cdots.A_n]\!]_{full}$ ist universell einsetzbar; man kann sie zur Evaluierung allgemeiner Anfragen $Q^{(i,j)}(fw)$ und $Q^{(i,j)}(bw)$ verwenden, wobei nur gelten muß: $(0 \leq i < j \leq n)$.

Auswertung durch den Zugriffsrelationen-Manager Die Auswertung einer auf den Pfadausdruck $t_0.A_1.\cdots.A_n$ bezogenen Anfrage $Q^{(i,j)}(fw)$ oder $Q^{(i,j)}(fw)$ mittels der vom ASR-Manager angebotenen Schnittstellenfunktion $\mathcal{Q}$—vgl. Abschnitt 5.2.2—ist folgendermaßen möglich:

$$Q^{(i,j)}(fw) := \mathcal{Q}([\![t_0.A_1.\cdots.A_n]\!]_X, i, j, \{o_i\})$$

$$Q^{(i,j)}(bw) := \mathcal{Q}([\![t_0.A_1.\cdots.A_n]\!]_X, j, i, \{o_j\})$$

Diese Umsetzung setzt natürlich voraus, daß die Anfrage $Q^{(i,j)}(fw)$ bzw. $Q^{(i,j)}(bw)$ durch die jeweilige Zugriffsrelationen-Extension $[\![t_0.A_1.\cdots.A_n]\!]_X$ auswertbar ist.

Beispiel 6.1 Betrachten wir zur Erläuterung die folgende Beispielanfrage:

> **range** e : EMP
> **retrieve** e
> **where** e.WorksIn.Mgr $=$ *TopMgr*

In dieser Anfrage werden die Angestellten ermittelt, die unter Leitung des Managers, der über die Konstante *TopMgr* gegeben ist, arbeiten. Bezüglich des Pfadausdrucks

$$EMP.WorksIn.Mgr.Cars.Make$$

handelt es sich hierbei also um eine Anfrage des Typs $Q^{(0,2)}(bw)$. Diese Anfrage kann im allgemeinen nur in den Zugriffsrelationen

$$[\text{EMP.WorksIn.Mgr.Cars.Make}]_{full} \text{ und } [\text{EMP.WorksIn.Mgr.Cars.Make}]_{left}$$

ausgewertet werden. Zum Beispiel enthält die rechtsvollständige Extension der Zugriffsrelation $[\text{EMP.WorksIn.Mgr.Cars.Make}]_{right}$ nicht die Information, um—bezogen auf die Beispielausprägung aus Abb. 4.1 die Untergebenen des Managers namens "Chief" (das Objekt mit dem OID id_9) zu ermitteln. Dies liegt darin begründet, daß der Manager namens "Chief" keinen Firmenwagen hat und deshalb die rechtsvollständige und die kanonische Extension die Pfade, die in das Objekt id_9 hineinführen—aber dann abbrechen—nicht enthält.

6.5.3 Grundlagen der Kostenabschätzung

Die Anzahl der Objekte vom Typ t_i pro Seite kann—bei optimaler typspezifischer Ballung—wie folgt abgeschätzt werden:

$$opp_i = \left\lfloor \frac{PageSize}{size_i} \right\rfloor \tag{20}$$

Damit ergibt sich als Gesamtzahl der Seiten, die benötigt werden, um alle Objekte vom Typ t_i abzuspeichern, als:

$$op_i = \left\lceil \frac{c_i}{opp_i} \right\rceil \tag{21}$$

Die Höhe des B$^+$-Baums für die Speicherung der ASR-Partition $[\![t_0.A_1.\cdots.A_n]\!]_X^{(i,j)}$ ergibt sich als (hierbei werden die Blattknoten nicht berücksichtigt):

$$ht_X^{(i,j)} = \left\lceil \log_{B_{fan}^+}(ap_X^{(i,j)}) \right\rceil \tag{22}$$

Die Anzahl der Seiten (ohne Blätter) in dem B^+-Baum für $[\![t_0.A_1.\cdots.A_n]\!]_X^{(i,j)}$ berechnet sich zu:

$$pg_X^{(i,j)} = \begin{cases} ht_X^{(i,j)} & ht_X^{(i,j)} \leq 1 \\ 1 + \left\lceil \dfrac{ap_X^{(i,j)}}{B_{fan}^+} \right\rceil & ht_X^{(i,j)} = 2 \end{cases} \tag{23}$$

Die Anzahl der Blattseiten pro Wert (also pro OID der linken Spalte der ASR-Partition) in der Zugriffsrelation hängt sicherlich ab von der Extension, in der die Zugriffsrelation gehalten wird. Eine Abschätzung ist wie folgt gegeben, wobei $nlp_X^{(i,j)}$ diese Anzahl[6] für den vorwärts geclusterten B^+-Baum für die Extension X bezeichnet:

$$nlp_{full}^{(i,j)} = \left\lceil \frac{as_{full}^{(i,j)}}{PageSize * d_i} \right\rceil \tag{24}$$

$$nlp_{right}^{(i,j)} = \left\lceil \frac{as_{right}^{(i,j)}}{PageSize * Ref(i,n)} \right\rceil \tag{25}$$

$$nlp_{can}^{(i,j)} = \left\lceil \frac{as_{can}^{(i,j)}}{PageSize * Ref(i,n) * P_{RefBy}(0,i)} \right\rceil \tag{26}$$

$$nlp_{left}^{(i,j)} = \left\lceil \frac{as_{left}^{(i,j)}}{PageSize * RefBy(0,i)} \right\rceil \tag{27}$$

Für den "rückwärts" geclusterten B^+-Baum ergibt sich—auf analoge Weise—die Abschätzung:

$$Rnlp_{full}^{(i,j)} = \left\lceil \frac{as_{full}^{(i,j)}}{PageSize * e_j} \right\rceil \tag{28}$$

$$Rnlp_{left}^{(i,j)} = \left\lceil \frac{as_{left}^{(i,j)}}{PageSize * RefBy(0,j)} \right\rceil \tag{29}$$

$$Rnlp_{can}^{(i,j)} = \left\lceil \frac{as_{can}^{(i,j)}}{PageSize * Ref(j,n) * P_{RefBy}(0,j)} \right\rceil \tag{30}$$

$$Rnlp_{right}^{(i,j)} = \left\lceil \frac{as_{right}^{(i,j)}}{PageSize * Ref(j,n)} \right\rceil \tag{31}$$

6.5.4 Anfragekosten ohne Zugriffsunterstützung

In der Abschätzung der Anfragekosten werden wir uns auf die Ermittlung der Seitenzugriffe auf dem Hintergrundspeicher beschränken. Die CPU-Kosten werden hierbei gänzlich vernachlässigt. Dies ist bei heutigen und auch in der nahen Zukunft zu erwartenden Rechnerarchitekturen durchaus vertretbar, da der Zugriff auf eine Seite auf dem Hintergrundspeicher immer noch die weitaus größeren Kosten im Vergleich zu den Kosten des Zugriffs auf im Hauptspeicher vorhandene Daten ausmacht.

---

[6] *nlp*: number of leaf pages

Im folgenden werden wir vielfach eine von Yao [Yao77] entwickelte Formel verwenden. Darin wird die durchschnittliche Anzahl von Seitenzugriffen ermittelt, wenn man k Objekte aus einem "Pool" von n Objekten lesen will, die auf m Seiten verteilt sind, so daß jede Seite im Mittel n/m Objekte enthält. Die Anzahl der zu lesenden Seiten bezeichnen wir als $y(k, m, n)$, die sich wie folgt abschätzen läßt:

$$y(k, m, n) = \left\lceil m * \left(1 - \prod_{i=1}^{k} \frac{n * (1 - 1/m) - i + 1}{n - i + 1}\right)\right\rceil$$

Wir erweitern jetzt noch die Definitionen von *RefBy* und *Ref*, die schon in (9) und (11) eingeführt wurden. Für $0 \le i < j \le n$ und $0 \le k$ definieren wir die *drei*-Argument Funktion $RefBy(i, j, k)$, wodurch die Anzahl der Objekte vom Typ t_j abgeschätzt wird, die auf mindestens einem Pfad liegen, der von einer k-elementigen Menge von Objekten vom Typ t_i ausgeht:

$$RefBy(i, j, k) = \begin{cases} e_{i+1} * \left(1 - \left(1 - \dfrac{fan_i}{e_{i+1}}\right)^k\right) & j = i + 1 \\[4ex] e_j * \left(1 - \left(1 - \dfrac{fan_{j-1}}{e_j}\right)^{RefBy(i,j-1,k)*P_{A_{j-1}}}\right) & \text{sonst} \end{cases} \tag{32}$$

Analog definieren wir $Ref(i, j, k)$ als die Anzahl der Objekte vom Typ t_i, von denen ein Pfad ausgeht, der in eine k-elementige Menge von Objekten vom Typ t_j "mündet":

$$Ref(i, j, k) = \begin{cases} d_i * \left(1 - \left(1 - \dfrac{shar_i}{d_i}\right)^k\right) & j = i + 1 \\[4ex] d_i * \left(1 - \left(1 - \dfrac{shar_i}{d_i}\right)^{Ref(i+1,j,k)*P_{H_{i+1}}}\right) & \text{sonst} \end{cases} \tag{33}$$

Nachdem die Grundlagen ausgearbeitet wurden, wollen wir nun die Anfragekosten unter der Voraussetzung abschätzen, daß keine Zugriffsunterstützung vorhanden ist. Falls die Objektreferenzen nur innerhalb der Objektrepräsentation gespeichert sind, muß der bestmögliche Algorithmus—ohne Zugriffsunterstützung—jede Seite, auf der ein referenziertes Objekt liegt, mindestens einmal lesen. Daraus ergeben sich für die zwei verschiedenen Anfragetypen die folgenden Kostenabschätzungen:

Vorwärts-Anfage

Mit $Qnas^{(i,j)}(fw)$ bezeichnen wir die Kosten, die für die Auswertung der nicht-unterstützten (**no access support**) Vorwärtsanfrage anfallen:

$$Qnas^{(i,j)}(fw) = 1 + \sum_{l=i+1}^{j-1} y(\lceil RefBy(i, l, 1)\rceil, op_l, c_l) \tag{34}$$

Diese Kosten ermitteln sich wie folgt: ein Seitenzugriff, um das Objekt o_i zu lesen, dazu die Zugriffskosten, um alle Objekte vom Typ t_l für $(i < l < j)$ zu lesen, die auf einem Pfad, der von o_i ausgeht, liegen.

Rückwärts-Anfrage

Analog werden die Kosten der Rückwärts-Anfrage mit $Qnas^{(i,j)}(bw)$ bezeichnet:

$$Qnas^{(i,j)}(bw) = op_i + \sum_{l=i+1}^{j-1} y(\lceil RefBy(i, l, d_i)\rceil, op_l, c_l) \tag{35}$$

Im Grunde muß die Rückwärts-Anfrage durch eine erschöpfende Suche ("exhaustive search") innerhalb der Objektbank ausgewertet werden. Und zwar müssen alle Objekte vom Typ t_l ($i < l < j$) gelesen werden, um zu sehen, ob sie auf einem Pfad liegen, der nach o_j führt.

6.5.5 Anfragekosten mit Zugriffsrelationen

Wenn die Zugriffsrelation $[t_0.A_1.\cdots.A_n]_X$ für die Auswertung der beiden Anfragen $Q^{(i,j)}(fw)$ und $Q^{(i,j)}(bw)$ anwendbar ist, so muß ermittelt werden, welchen Aufwand die Auswertung des Relationenalgebra-Ausdrucks $Q([t_0.A_1.\cdots.A_n]_X, i, j, \{o_i\})$ bzw. des korrespondierenden Ausdrucks $Q([t_0.A_1.\cdots.A_n]_X, j, i, \{o_j\})$ verursacht. Dies ist zum einen von der Kardinalität und Größe der Zugriffsrelation $[t_0.A_1.\cdots.A_n]_X$ und zum anderen von der Dekomposition der Zugriffsrelationen abhängig.

Vorwärts-Anfrage

Die Kosten für eine unterstützte Vorwärts-Anfrage können wie folgt abgeschätzt werden:

$$
\begin{aligned}
Qsup_X^{(i,j)}(fw, dec) \; = & \sum_{\substack{i_\alpha, i_{\alpha+1} \in dec \\ (i_\alpha = i < i_{\alpha+1})}} \left(ht_X^{(i_\alpha, i_{\alpha+1})} + nlp_X^{(i_\alpha, i_{\alpha+1})} \right) + \sum_{\substack{i_\alpha, i_{\alpha+1} \in dec \\ (i_\alpha < i < i_{\alpha+1})}} \left(ap_X^{(i_\alpha, i_{\alpha+1})} \right) \\
& + \sum_{\substack{i_\alpha, i_{\alpha+1} \in dec \\ (i < i_\alpha < j)}} \Big(1.0 \; + \; y(\lceil RefBy(i, i_\alpha, 1) \rceil, pg_X^{(i_\alpha, i_{\alpha+1})} - 1, (pg_X^{(i_\alpha, i_{\alpha+1})} - 1) * B_{fan}^+) \\
& \qquad\qquad + \; y(\lceil RefBy(i, i_\alpha, 1) \rceil * nlp_X^{(i_\alpha, i_{\alpha+1})}, ap_X^{(i_\alpha, i_{\alpha+1})}, \#[t_0.A_1.\cdots.A_n]_X^{(i_\alpha, i_{\alpha+1})}) \Big)
\end{aligned}
\tag{36}
$$

Hierbei gehen wir von einer allgemeinen Dekomposition $dec = (0 = i_0, i_1, \ldots, i_k = n)$ aus. Abhängig von der Dekomposition verursacht die Abarbeitung der Vorwärtsanfrage unterschiedliche Kosten:

1. Die erste Summe deckt die Kosten ab für den Fall, daß $i = i_\alpha$ für $0 \leq \alpha < k$ gilt. Nur in diesem Fall hat man einen direkten "Einstieg" in die Zugriffsrelation über den linken B^+-Baum der Partition $[t_0.A_1.\cdots.A_n]_X^{(i_\alpha, i_{\alpha+1})}$. Dann braucht man in dieser Partition nur die wenigen Blattseiten, die von Einträgen mit dem Schlüsselwert $id(o_i)$ belegt sind, zu durchsuchen, wovon es $nlp_X^{(i_\alpha, i_{\alpha+1})}$ viele gibt.

2. Die zweite Summe behandelt den Fall, daß man "mitten" in der Partition anfängt zu suchen, d.h. es gibt kein $\alpha \in \{0, 1, \ldots, k-1\}$ für das $i_\alpha = i$ gilt. In diesem Fall müssen alle Seiten der Partition $[t_0.A_1.\cdots.A_n]_X^{(i_\alpha, i_{\alpha+1})}$, die i überdeckt, erschöpfend durchsucht werden. Die Anzahl der Seiten ist durch den Wert $ap_X^{(i_\alpha, i_{\alpha+1})}$ gegeben.

3. Die dritte Summe behandelt die Kosten für den Semi-Join, also das Traversieren der Pfade durch die weiteren Zugriffsrelationen-Partitionen bis hin zum Typ t_j. Innerhalb jeder Partition, d.h. des zugehörigen linken B^+-Baums fallen folgende Kosten an:

   - Lesen der Wurzelseite des B^+-Baums,

   - Lesen der Zwischenknoten des B^+-Baums, die die Intervalle der $RefBy(i, i_\alpha, 1)$ Objekt-Identifikatoren der Objekte des Typs t_{i_α} enthalten und

   - Lesen der Datenseiten der Zugriffsrelationen-Partition $[t_0.A_1.\cdots.A_n]_X^{(i_\alpha, i_{\alpha+1})}$, die die $RefBy(i, i_\alpha, 1)$ relevanten OIDs vom Typ t_{i_α} enthalten.

Rückwärts-Anfrage

Die Kosten für eine unterstützte Rückwärtsanfrage können wie folgt abgeschätzt werden:

$$
\begin{aligned}
Qsup_X^{(i,j)}(bw, dec) \; = & \sum_{\substack{i_\alpha, i_{\alpha+1} \in dec \\ (i_\alpha < j = i_{\alpha+1})}} \left(ht_X^{(i_\alpha, i_{\alpha+1})} + Rnlp_X^{(i_\alpha, i_{\alpha+1})} \right) + \sum_{\substack{i_\alpha, i_{\alpha+1} \in dec \\ (i_\alpha < j < i_{\alpha+1})}} \left(ap_X^{(i_\alpha, i_{\alpha+1})} \right) \\
& + \sum_{\substack{i_\alpha, i_{\alpha+1} \in dec \\ (i < i_{\alpha+1} < j)}} \Big(1.0 \; + \; y(\lceil Ref(i_{\alpha+1}, j, 1) \rceil, pg_X^{(i_\alpha, i_{\alpha+1})} - 1, (pg_X^{(i_\alpha, i_{\alpha+1})} - 1) * B_{fan}^+) \\
& \qquad\qquad + \; y(\lceil Ref(i_{\alpha+1}, j, 1) \rceil * Rnlp_X^{(i_\alpha, i_{\alpha+1})}, ap_X^{(i_\alpha, i_{\alpha+1})}, \#[t_0.A_1.\cdots.A_n]_X^{(i_\alpha, i_{\alpha+1})}) \Big)
\end{aligned}
\tag{37}
$$

Die Kosten für die Auswertung einer durch eine Zugriffsrelation unterstützten Rückwärtsanfrage ermitteln sich in analoger Weise wie die einer Vorwärtsanfrage. Der Hauptunterschied besteht lediglich darin, daß man jetzt die rückwärts geclusterten B^+-Bäume der Partitionen von rechts nach links durchläuft.

6.5.6 Allgemeine Kostenformel für Anfragen

Nachdem jetzt Kostenformeln für unterstützte und nicht-unterstützte Anfragen ermittelt wurden, können wir nun allgemein die Kosten $\mathcal{K}$ einer beliebigen (abstrakten) Anfrage berechnen:

$$\mathcal{K}\left[Q^{(i,j)}(kind, X, dec)\right] = \begin{cases} Qsup_X^{(i,j)}(kind, dec) & i = 0 \wedge j = n & X = can \\ Qnas^{(i,j)}(kind) & i \neq 0 \vee j \neq n & X = can \\ Qsup_X^{(i,j)}(kind, dec) & & X = full \\ Qsup_X^{(i,j)}(kind, dec) & i = 0 & X = left \\ Qnas^{(i,j)}(kind) & i \neq 0 & X = left \\ Qsup_X^{(i,j)}(kind, dec) & j = n & X = right \\ Qnas^{(i,j)}(kind) & j \neq n & X = right \end{cases} \tag{38}$$

Der Parameter $kind$ steht für bw oder fw, gibt also an ob es eine Vorwärts- oder eine Rückwärts-Anfrage ist. X bezeichnet die Extension der Zugriffsrelation $[\![t_0.A_1.\cdots.A_n]\!]_X$ und dec die existierende Dekomposition dieser Zugriffsrelation.

6.5.7 Einige Beispielauswertungen

Anfragekosten im Vergleich

Abb. 6.4 veranschaulicht die Kosten einer Rückwärtsanfrage der Form $Q^{(0,4)}(bw)$ auf der Grundlage des nachfolgend gezeigten Datenbankprofils:

Anwendungsprofil					
n	4				
Anzahl der Objekte	c_0	c_1	c_2	c_3	c_4
	100	500	1000	5000	10000
Anzahl der Objekte mit def. Attribut A_{i+1}	d_0	d_1	d_2	d_3	d_4
	90	400	800	2000	—
Fan-Out	f_0	f_1	f_2	f_3	f_4
	2	2	3	4	—
Größe der Objekte	$size_0$	$size_1$	$size_2$	$size_3$	$size_4$
	500	400	300	300	100

Die Zugriffsrelationen sind entweder in binärer Dekomposition (durch bi markiert) oder unzerlegt (durch $no\ dec$ markiert). Wie zu erwarten war, sind in diesem Spezialfall die Kosten für die unzerlegten Zugriffsrelationen niedriger als die für die in binäre Partitionen zerlegten Extensionen. Dies liegt darin begründet, daß die Anfrage vom äußersten linken Rand der Zugriffsrelation zum äußersten rechten Rand traversiert, so daß im Falle der binären Dekomposition alle Partitionen besucht werden müssen, um den Semi-Join zu berechnen. Im Fall der unzerlegten Abspeicherung der Zugriffsrelation muß man nur den einen rückwärts geclusterten B^+-Baum besuchen, der auch den optimalen "Einstieg" bietet. Somit entfallen in diesem Fall die Kosten für die Auswertung des Semi-Joins, der sozusagen schon in materialisierter Form vorliegt.

Anfragekosten in Abhängigkeit der Objektgrößen

Abb. 6.5 zeigt die Kosten der Evaluierung der Rückwärtsanfrage $Q^{(0,4)}(bw)$ in Abhängigkeit von der Größe der gespeicherten Objekte. Der Parameter $size_i$ wird hierbei *simultan* für $(0 \leq i \leq 4)$ variiert:

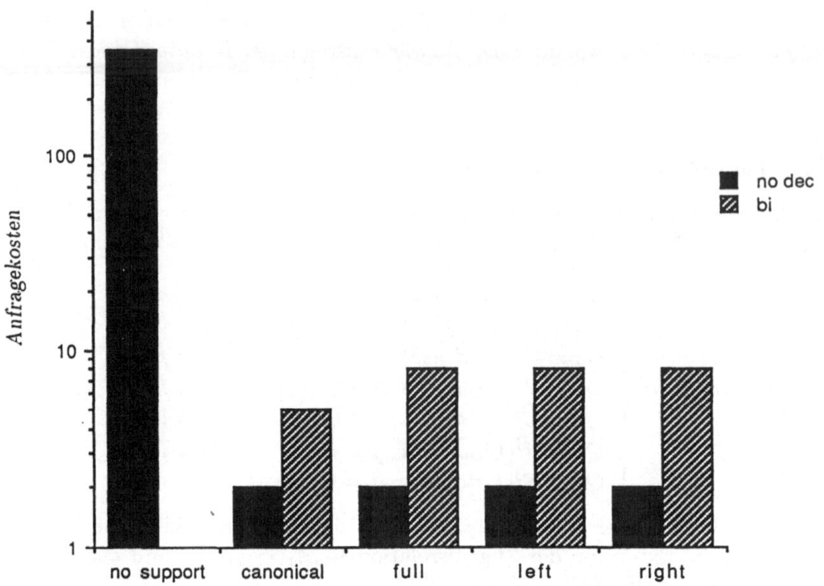

Abb. 6.4. Anfragekosten für eine Rückwärtsanfrage

Anwendungsprofil					
n	4				
Anzahl der Objekte	c_0	c_1	c_2	c_3	c_4
	100	500	1000	5000	10000
Anzahl der Objekte mit	d_0	d_1	d_2	d_3	d_4
def. Attribut A_{i+1}	90	400	800	2000	—
Fan-Out	f_0	f_1	f_2	f_3	f_4
	2	2	3	4	—
Größe der Objekte	$size_0$	$size_1$	$size_2$	$size_3$	$size_4$
	$100\cdots800$	$100\cdots800$	$100\cdots800$	$100\cdots800$	$100\cdots800$

Die Zugriffsrelationen seien hierbei in binäre Partitionen zerlegt. Wie aus der Abbildung ersichtlich—und auch nicht anders zu erwarten war—sind die Anfragekosten für eine durch Zugriffsrelationen unterstützte Anfrage nicht durch die Objektgröße beeinflußt—anders dagegen die Kosten für eine nicht unterstützte Anfrage. In unserem Kostenmodell wurde angenommen, daß Objekte gleichen Typs auf Seiten geclustert werden. Bei steigender Objektgröße passen weniger Objekte des jeweiligen Typs auf eine Seite, so daß mehr Seiten im Falle einer erschöpfenden Suche zu lesen sind. Deshalb steigen die Kosten der nicht-unterstützten Anfrage proportional zur steigenden Objektgröße. Die Kosten der Anfragebearbeitung für die Extensionen *full*, *left* und *right* fallen zusammen (durch die gefüllten Quadrate markiert).

Welche Anfragen werden unterstützt

Wie zuvor beschrieben, werden nicht alle Anfragen gleich gut oder überhaupt durch Zugriffsrelationen einer bestimmten Extension und Dekomposition unterstützt. Um dies zu illustrieren, legen wir folgendes Anwendungsprofil der Datenbank zugrunde:

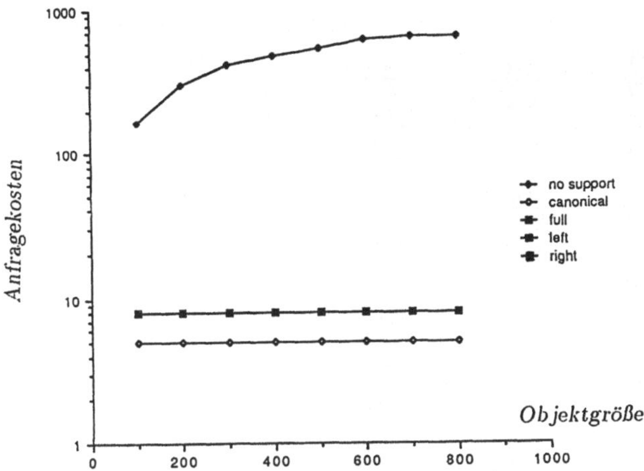

Abb. 6.5. Anfragekosten für eine Rückwärtsanfrage bei variierender Objektgröße

Anwendungsprofil					
n	4				
Anzahl der Objekte	c_0	c_1	c_2	c_3	c_4
	10^4	10^4	10^4	10^4	10^4
Anzahl der Objekte mit	d_0	d_1	d_2	d_3	d_4
def. Attribut A_{i+1}	$10\cdots10^4$	$10\cdots10^4$	$10\cdots10^4$	$10\cdots10^4$	—
Fan-Out	f_0	f_1	f_2	f_3	f_4
	2	2	2	2	—
Größe der Objekte	$size_0$	$size_1$	$size_2$	$size_3$	$size_4$
	120	120	120	120	120

Die Graphik in Abb. 6.6 zeigt die Kosten der Rückwärtsanfrage $Q^{(0,3)}(bw)$. Wir haben die Kosten für zwei unterschiedliche Dekompositionen berechnet:

1. die Dekomposition in binäre Partitionen: $D = (0, 1, 2, 3, 4)$

2. die unzerlegte Zugriffsrelation: $D = (0, 4)$

Der Leser möge bedenken, daß für die Auswertung dieser Anfrage ohnehin nur die Extensionen *full* und *left* in Betracht kommen.

Es zeigt sich, daß die Evaluierung der Anfrage in der unzerlegten vollständigen bzw. links-vollständigen Extension teurer ist als die direkte Evaluierung in der Objektbank. Dies liegt daran, daß der Einstiegspunkt an der Stelle S_3 in die unzerlegte Zugriffsrelation $[t_0.A_1.A_2.A_3.A_4]$ nicht durch einen B⁺-Baum unterstützt ist und deshalb die erschöpfende Suche in der sehr großen Zugriffsrelation $[t_0.A_1.A_2.A_3.A_4]^{(0,4)}_{full/left}$ erforderlich ist. Dies—so stellen die Ergebnisse heraus—ist aber sogar teurer als die direkte Auswertung in der Objektrepräsentation.

Wenn also eine Anfrage der Art $Q^{(0,3)}(bw)$ sehr häufig vorkommt, sollte der DBA tunlichst eine Dekomposition wählen, in der 3 als Partitionsgrenze enthalten ist—wie z.B. die binäre Dekomposition.

Eine Anwendung in der *can/left* besser ist als *full/right*

Die nachfolgenden Parameter beschreiben eine—durchaus realistische—Datenbankausprägung, in der bestimmte Anfragen durch die beiden Extensionen *can* und *left* wesentlich besser unterstützt werden als durch die Extensionen *full* und *right*.

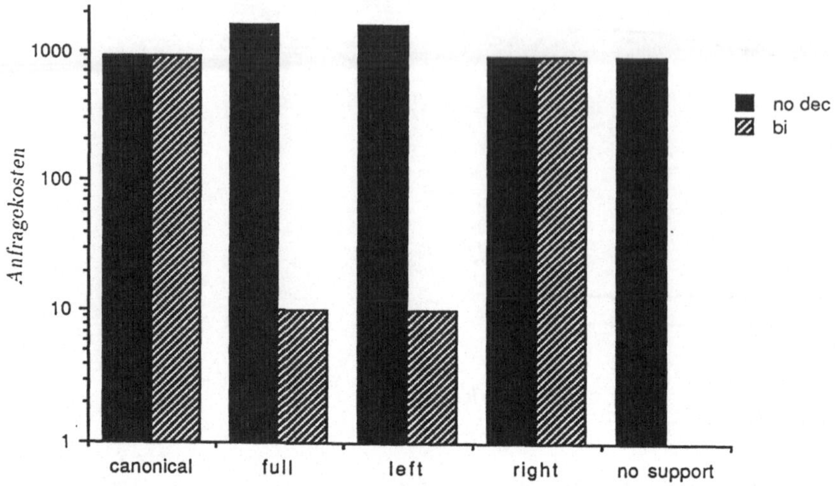

Abb. 6.6. Anfragekosten der Rückwärtsanfrage $Q^{0,3}(bw)$

Anwendungsprofil					
n	4				
Anzahl der Objekte	c_0	c_1	c_2	c_3	c_4
	400000	400000	400000	400000	400000
Anzahl der Objekte mit	d_0	d_1	d_2	d_3	d_4
def. Attribut A_{i+1}	10	100	1000	100000	—
Fan-Out	f_0	f_1	f_2	f_3	f_4
	$10\cdots100$	$10\cdots100$	$10\cdots100$	$10\cdots100$	—
Größe der Objekte	$size_0$	$size_1$	$size_2$	$size_3$	$size_4$
	120	120	120	120	120

Die Anfragekosten für $Q^{(0,4)}(bw)$ für simultan variierte "Fan-Out" Werte fan_i für ($0 \le i \le 4$) sind graphisch in Abb. 6.7 veranschaulicht.

6.6 Fortschreibung der Zugriffsrelationen

Leider sind Datenbanken aber im allgemeinen keine statischen Informationsmengen. Vielmehr sind sie dynamischen Änderungen unterworfen, die selbstverständlich in den Indexierungsstrukturen nachvollzogen werden müssen.Wir erweitern unser bisher entwickeltes Kostenmodell, um somit die durch die Fortschreibung der Zugriffsrelationen entstehenden Kosten in die Beurteilung eines Anwendungsprofils einfließen zu lassen.

Um die Darstellung möglichst einfach zu halten, berücksichtigen wir wiederum (siehe Abschnitt 5.4) nur zwei Basisoperationen, auf die man gleichwohl alle Änderungsoperationen zurückführen kann:

1. das Einfügen einer weiteren Objektreferenz in ein mengenwertiges Attribut

2. das Löschen einer Objektreferenz aus einem mengenwertigen Attribut

Bezüglich unseres Pfadausdrucks $t_0.A_1.\cdots.A_n$ können wir diese Operationen wie folgt darstellen:

$$ins^i \equiv o_i.insert\_A_{i+1}(o_{i+1});$$

Hier bezeichnet o_i ein vorgegebenes Objekt vom Typ t_i und o_{i+1} sei ein vorgegebenes Objekt vom Typ t_{i+1}.

Die zweitgenannte Änderungsoperation, nämlich das Löschen einer Objektreferenz, wird als del^i bezeichnet und läßt sich so formulieren:

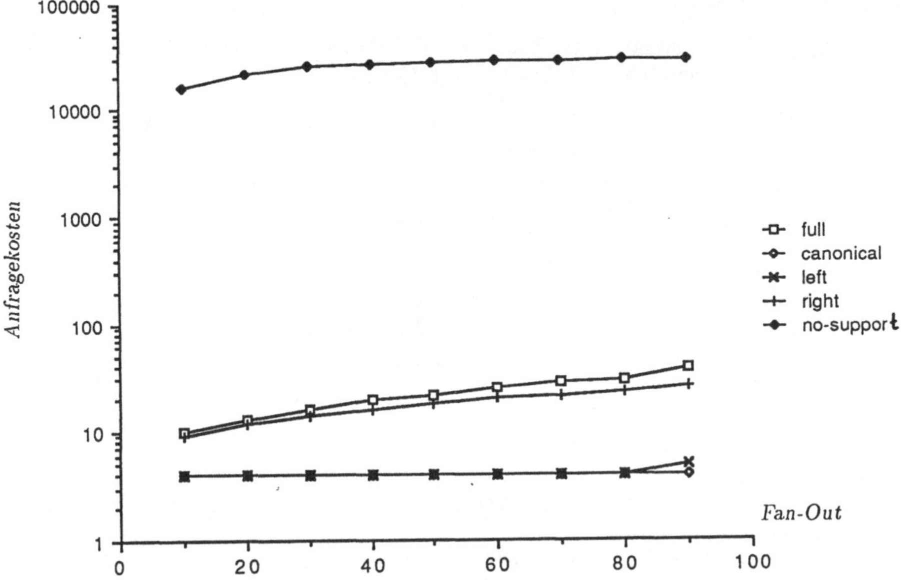

Abb. 6.7. Kosten der Rückwärtsanfrage $Q^{0,4}(bw)$

$$del^i \equiv o_i.remove\_A_{i+1}(o_{i+1});$$

Es gelten die gleichen Annahmen wie für die Einfügeoperation. Außerdem nehmen wir an, daß o_{i+1} tatsächlich in der Menge $o_i.A_{i+1}$ enthalten ist.

Wir wollen zunächst den Effekt einer Einfügeoperation ins^i auf die Zugiffsrelation des zugrundeliegenden Pfadausdrucks $t_0.A_1.\cdots.A_{i+1}.\cdots.A_n$ untersuchen. Der Einfachheit halber nehmen wir an, daß für $0 \leq k, i < n, i \neq k$ entweder o_i nicht vom Typ t_k ist oder $A_{k+1} \neq A_{i+1}$ gilt. Diese vereinfachende Annahme verhindert, daß eine Einfügeoperation einen Effekt auf unterschiedliche Positionen im selben Pfadausdruck $t_0.A_1.\cdots.A_n$ hat.

Die Gesamtkosten der Einfügeoperation setzen sich aus drei Teilen zusammen:

1. den Kosten für die Änderung des Objekts o_i, oder genauer der Fortschreibung der Menge $o_i.A_{i+1}$,

2. den Suchkosten für die Ermittlung der Vorgängerrelation zu o_i und der Nachfolgerrelation zu o_{i+1} und

3. den Kosten des Fortschreibens der Zugriffsrelationen-Partitionen.

Wir bezeichnen die Kosten für eine Einfügeoperation ins^i unter der Annahme, daß eine Zugriffsrelation $[\![t_0.A_1.\cdots.A_n]\!]_X$ in der Dekomposition $dec = (0 = i_0, i_1, \ldots, i_{k-1}, i_k = n)$ existiert, als $\mathcal{K}[ins^i, X, dec]$. Dieser Wert berechnet sich wie folgt:

$$\mathcal{K}[ins^i, X, dec] = 3.0 + search^i_X(dec) + aup^i_X(dec)$$

Die drei Summanden entsprechenden jeweils den drei oben aufgeführten Teilkosten.

Die Kosten für die Fortschreibung der Menge $o_i.A_{i+1}$ beträgt drei Seitenzugriffe; einen Zugriff, um o_i zu lesen, einen weiteren um die Menge $o_i.A_{i+1}$ zu lesen und einen Seitentransfer, um das geänderte Mengenobjekt zurückzuschreiben.

6.6.1 Suche nach neuen Pfaden

Für die Fortschreibung der Zugriffsrelation muß man die die Vorgängerrelation $VT^i(o_i)$ und die Nachfolgerrelation $NT^{i+1}(o_{i+1})$ ermitteln (vgl. Definition 5.18):

$$
\begin{aligned}
VT^i(o_i) \; &:= \; \{(NULL, \ldots, NULL, id(o_k), \ldots, id(o_{i-1}), id(o_i))| \\
& \qquad (k = 0 \text{ oder } DV(o_k) = \emptyset) \text{ und } o_{j-1} \in DV(o_j) \text{ für alle } k < j \le i\} \\
NT^{i+1}(o_{i+1}) \; &:= \; \{(id(o_{i+1}), id(o_{i+2}), \ldots, id(o_s), NULL, \ldots, NULL)| \\
& \qquad (s = n \text{ oder } DN(o_s) = \emptyset) \text{ und } o_j \in DN(o_{j-1}) \text{ für alle } i + 1 < j \le s\}
\end{aligned}
$$

Hierbei fallen insbesondere die Kosten ins Gewicht, die anfallen, wenn eine oder beide Relationen durch Inspektion der Objektbank ermittelt werden müssen. Dies ist immer dann nötig wenn die Zugriffsrelation nicht genug Information enthält, um $VT^i(o_i)$ und $NT^{i+1}(o_{i+1})$ zu berechnen.

Wenn die Zugriffsrelation in vollständiger (*full*) Extension gehalten wird, ist es immer möglich die beiden temporären Relationen aus der Zugriffsrelation zu berechnen.

Falls die Zugriffsrelation in linksvollständiger (*left*) Extension vorliegt, kann auf jeden Fall $VT^i(o_i)$ aus der Zugriffsrelation berechnet werden. Die Relation $NT^{i+1}(o_{i+1})$ kann dann aus der Zugriffsrelation $[t_0.A_1. \cdots .A_n]_{left}$ berechnet werden, wenn o_i schon vorher (also vor dem betrachteten Update) von einem Pfad ausgehend von t_0 referenziert wurde. Andernfalls muß $NT^{i+1}(o_{i+1})$ in der Objektrepräsentation ermittelt werden.

Die Kosten für die Suche im Falle der rechtsvollständigen (*right*) Extension der Zugriffsrelation berechnen sich analog. Zur Berechnung von $NT^{i+1}(o_{i+1})$ ist die Suche in der Objektrepräsentation nur dann notwendig, wenn o_{i+1} nicht schon in der Zugriffsrelation enthalten war und—gleichzeitig—o_i nicht enthalten ist. Nur unter dieser Bedingung können neue Pfade in die Zugriffsrelation $[t_0.A_1. \cdots .A_n]_{right}$ hinzukommen.

Im Falle der kanonischen Extension (*can*) müssen wir die Suche u. U. für beide Richtungen $(NT^{i+1}(o_{i+1})$ und $VT^i(o_i))$ in der Objektrepräsentation vornehmen. Da eine Vorwärtssuche i.a. weniger aufwendig ist, fangen wir damit an, um die Kosten für die Materialisierung von $NT^{i+1}(o_{i+1})$ zu berechnen. Die Vorwärtssuche von o_{i+1} nach t_n muß nur dann vollzogen werden, wenn nicht schon ein Pfad in der Zugriffsrelation $[t_0.A_1. \cdots .A_n]_{can}$ existierte, auf dem o_{i+1} liegt. Die Rückwärtssuche zur Materialisierung von $VT^i(o_i)$ braucht nur eingeleitet zu werden, falls die Nachfolger-Relation $NT^{i+1}(o_{i+1})$ mindestens ein Tupel enthält—andernfalls kann sowieso keine neue Information hinzukommen, und man kann sich die aufwendige Berechnung von $VT^i(o_i)$ sparen.

Aus den obigen Argumenten lassen sich nun folgende Kosten für die Materialisierung von $NT^{i+1}(o_{i+1})$ und $VT^i(o_i)$ ableiten:

$$
search_X^i = \begin{cases}
\begin{aligned}
& Qnas^{(i+1,n)}(fw) * P_{NoPath}(i + 1) + Qsup^{(i,i+1)}(bw, dec) \\
& \; + Qnas^{(0,i)}(bw) * P_{Ref}(i + 1, n) * P_{NoPath}(i) + Qsup^{(i,i+1)}(fw, dec)
\end{aligned} & \text{für } X = can \\[2ex]
min(Qsup^{(i,i+1)}(fw, dec), Qsup^{(i,i+1)}(bw, dec)) & \text{für } X = full \\[2ex]
\begin{aligned}
& Qnas^{(i+1,n)}(fw) * (1 - P_{RefBy}(0, i + 1)) * P_{RefBy}(0, i) \\
& \; + min(Qsup^{(i,i+1)}(fw, dec), Qsup^{(i,i+1)}(bw, dec))
\end{aligned} & \text{für } X = left \\[2ex]
\begin{aligned}
& (\textstyle\sum_{l=0}^{i} op_l) * (1 - P_{Ref}(i, n)) * P_{Ref}(i + 1, n) \\
& \; + min(Qsup^{(i,i+1)}(fw, dec), Qsup^{(i,i+1)}(bw, dec))
\end{aligned} & \text{für } X = right
\end{cases}
\tag{39}
$$

Hierbei bezeichnet $P_{NoPath}(l)$ die Wahrscheinlichkeit, daß kein vollständiger Pfad—ausgehend von t_0 und mündend in t_n—durch ein bestimmtes Objekt o_l vom Typ t_l existiert. Und $P_{Path}(l)$ ist das Wahrscheinlichkeitsmaß für den entgegengesetzten Fall, daß also ein solcher Pfad existiert. Diese Werte werden wie folgt berechnet:

$$
\begin{aligned}
P_{NoPath}(l) \; &= \; 1 - P_{Path}(l) & (40) \\
P_{Path}(l) \; &= \; P_{RefBy}(0, l) * P_{Ref}(l, n) & (41)
\end{aligned}
$$

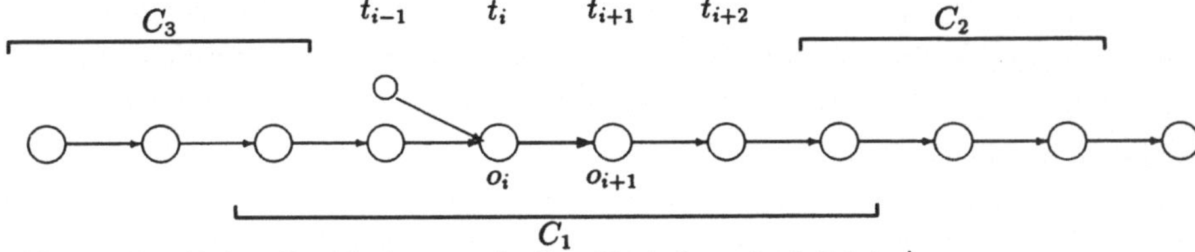

Abb. 6.8. Verschiedene Partitionierungen der Zugriffsrelationen bezüglich ins^i

Für $X = left$ oder $X = right$ müsen zwei Anfragen ausgewertet werden, um herauszufinden, ob die Suche erforderlich ist. Da beide Anfragen auf der gleichen Zugriffsrelation ausgewertet werden können, kann man das Maximum beider individuellen Suchvorgänge als Gesamtkosten ansetzen.

6.6.2 Fortschreibung der Zugriffsrelation

Als nächstes müssen wir die Kosten für die Fortschreibung der Zugriffsrelationen-Partition betrachten. Die allgemeine Formel sieht wie folgt aus:

$$
\begin{aligned}
aup^i_X(dec) = \sum_{(i_\alpha,i_{\alpha+1})\in dec} \Big(1 \; &+ \; y(qfw^i_X(i_\alpha,i_{\alpha+1}),pg_X^{(i_\alpha,i_{\alpha+1})} - 1,(pg_X^{(i_\alpha,i_{\alpha+1})} - 1) * B^+_{fan}) \\
&+ \; y(qfw^i_X(i_\alpha,i_{\alpha+1}),ap_X^{(i_\alpha,i_{\alpha+1})},\#[\![t_0.A_1.\cdots .A_n]\!]_X^{(i_\alpha,i_{\alpha+1})}) * 2 \\
+ 1 \; &+ \; y(qbw^i_X(i_\alpha,i_{\alpha+1}),pg_X^{(i_\alpha,i_{\alpha+1})} - 1,(pg_X^{(i_\alpha,i_{\alpha+1})} - 1) * B^+_{fan}) \\
&+ \; y(qbw^i_X(i_\alpha,i_{\alpha+1}),ap_X^{(i_\alpha,i_{\alpha+1})},\#[\![t_0.A_1.\cdots .A_n]\!]_X^{(i_\alpha,i_{\alpha+1})}) * 2 \Big)
\end{aligned}
$$

Der erste Summand in dieser Formel beinhaltet die Kosten für den Zugriff auf Nicht-Blatt-Seiten des vorwärts geclusterten B^+ Baums. Der zweite Summand berücksichtigt die Kosten für den Zugriff und das Zurückschreiben (auf den Hintergrundspeicher) der Blattseiten; der Faktor 2 kommt also durch das Zurückschreiben zustande. Insgesamt müssen $qfw^i_X(i_\alpha,i_{\alpha+1})$ Cluster fortgeschrieben werden, wobei ein Cluster eine Menge von Pfaden mit identischem ersten Objekt (Objekt-Identifikator) bezeichnet. Die Formel für die Berechnung von $qfw^i_X(i_\alpha,i_{\alpha+1})$ wird unten hergeleitet. In dieser Kostenanalyse haben wir zwei vereinfachende Annahmen gemacht:

- ein Cluster paßt immer auf eine Seite

- es werden keine Seitenüberläufe im B^+ Baum (weder Blatt- noch Zwischenknoten) berücksichtigt.

Der dritte und der vierte Summand behandeln auf analoge Weise den rückwärts geclusterten B^+ Baum, der ja zusätzlich auch immer fortgeschrieben werden muß. Hier wird die Anzahl der zu betrachtenden Cluster als $qbw^i_X(i_\alpha,i_{\alpha+1})$ bezeichnet.

Wir wollen nun die Formeln für die Berechnung der Anzahl der zu berücksichtigenden Cluster, also $qbw^i_X(i_\alpha,i_{\alpha+1})$ und $qfw^i_X(i_\alpha,i_{\alpha+1})$, die für die Partition $[\![t_0.A_1.\cdots .A_n]\!]_X^{(i_\alpha,i_{\alpha+1})}$ relevant sind, herleiten.

Anzahl der Cluster unter kanonischer Extension

$$
qfw^i_{can}(i_\alpha,i_{\alpha+1}) = \begin{cases} Ref(i_\alpha,i,1) * P_{RefBy}(0,i_\alpha) * P_{Ref}(i+1,n) & i_\alpha \le i \\ RefBy(i+1,i_\alpha,1) * P_{RefBy}(0,i) * P_{Ref}(i_\alpha,n) & i < i_\alpha \end{cases}
$$

$$
qbw^i_{can}(i_\alpha,i_{\alpha+1}) = \begin{cases} Ref(i_{\alpha+1},i,1) * P_{RefBy}(0,i_{\alpha+1}) * P_{Ref}(i+1,n) & i_{\alpha+1} \le i \\ RefBy(i+1,i_{\alpha+1},1) * P_{RefBy}(0,i) * P_{Ref}(i_{\alpha+1},n) & i < i_{\alpha+1} \end{cases}
$$

Wir wollen uns auf die Formel $qfw^i_{can}(i_\alpha, i_{\alpha+1})$ konzentrieren. Abhängig von der Position der Partitionsgrenzen $(i_\alpha, i_{\alpha+i})$ bezüglich der Einfügeposition i unterscheiden wir zwei Fälle:

1. $i_\alpha \le i$

   Dies entspricht den Fällen C_1 und C_3 in Abb. 6.8. Es gibt $Ref(i_\alpha, i, 1)$ Objekte des Typs t_{i_α}, die mit o_i verbunden sind. Allerding sind diese Cluster nur dann relevant, falls ein Pfad von t_{i+1} nach t_n führt, weil andernfalls keine Ergänzung der *kanonischen* Extension nötig ist. Die Wahrscheinlichkeitsgröße hierzu ist $P_{Ref}(i+1, n)$. Weiterhin ist für ein gegebenes Objekt o_{i_α} vom Typ t_{i_α} eine Fortschreibung nur erforderlich, falls dieses Objekt auf einem Pfad liegt, der seinen Ursprung in t_0 hat—die Wahrscheinlichkeit hierfür ist als $P_{RefBy}(0, i_\alpha)$ gegeben.

2. $i < i_\alpha$

   Dies entspricht dem Fall C_2 in Abb. 6.8. Der Fall 2 wird analog zu Fall 1 behandelt, außer daß wir nun die Objekte vom Typ t_{i_α} betrachten müssen, die auf einem Pfad ausgehend von dem Objekt o_{i+1} vom Typ t_{i+1} liegen. Davon gibt es gerade $RefBy(i+1, i_\alpha, 1)$ solcher Objekte. Allerdings sind diese Cluster nur dann relevant für die Fortschreibung der Zugriffsrelation, falls o_i von t_0 aus "erreichbar" ist und falls das Objekt vom Typ t_{i_α} mit mindestens einem Objekt vom Typ t_n "verbunden" ist.

Die Formel $qbw^i_X(i_\alpha, i_{\alpha+1})$ für den rückwärts geclusterten B$^+$-Baum berechnet sich analog.

Anzahl der Cluster bei vollständiger Extension

$$qfw^i_{full}(i_\alpha, i_{\alpha+1}) \;=\; \begin{cases} Ref(i_\alpha, i, 1) + \sum_{l=i_\alpha+1}^{i} P_{lb}(l-1, l) * Ref(l, i, 1) & i_\alpha \le i < i_{\alpha+1} \\ 0 & \text{sonst} \end{cases}$$

$$qbw^i_{full}(i_\alpha, i_{\alpha+1}) \;=\; \begin{cases} RefBy(i+1, i_{\alpha+1}, 1) \\ \quad\quad + \sum_{l=i+2}^{i_{\alpha+1}-1} P_{rb}(l, l+1) * RefBy(i+1, l, 1) & i_\alpha \le i < i_{\alpha+1} \\ 0 & \text{sonst} \end{cases}$$

Im Falle einer vollständigen Extension $[t_0.A_1.\cdots.A_n]_{full}$ brauchen wir nur die Partition mit den Grenzen $(i_\alpha, i_{\alpha+1})$ zu betrachten, für die gilt: $i_\alpha \le i < i_{\alpha+1}$. Dies entspricht dem Fall C_2 in Abb. 6.8. Alle anderen Partitionen brauchen nicht geändert zu werden, und deren Clusteranzahl wird demzufolge auf 0 gesetzt. Betrachten wir den vorwärts geclusterten B$^+$ Baum: es gibt $Ref(i_\alpha, i, 1)$ Objekte vom Typ t_{i_α}, von denen ein Pfad nach o_i ausgeht. Alle diese Objekte müssen berücksichtigt werden. Weiterhin muß neue Information in die Zugriffsrelation eingefügt werden für jene Objekte, von denen ein Pfad nach o_i ausgeht, die aber keinen durchgängigen Pfad nach t_{i_α} haben. Das Objekt, das durch den kleinen Kreis in Abb. 6.8 repräsentiert ist, stellt ein solches Beispiel dar. Die Anzahl dieser Objekte ist als die Summe $\sum_{l=i_\alpha+1}^{i} P_{lb}(l-1, l) * Ref(l, i, 1)$ berechnet. Die Anzahl der Cluster in dem rückwärts geclusterten B$^+$ Baum wird analog berechnet.

Anzahl der Cluster unter linksvollständiger und rechtvollständiger Extension

Die Berechnung der Anzahl der fortzuschreibenden Cluster unter links- und rechtsvollständiger Extension vollzieht sich analog und wird hier nicht weiter ausgeführt.

6.6.3 Beispiel-Auswertungen

Update-Kosten für feste Anwendungsprofile

Wir vergleichen Update-Kosten für verschiedene Extensionen und Dekompositionen der Zugriffsrelation $[t_0.A_1.A_2.A_3.A_4]_X$ auf der Basis des folgenden Anwendungsprofils:

Anwendungsprofil				
n	4			
Anzahl der Objekte	c_0	c_1	c_2	c_3	c_4
	1000	5000	10000	50000	100000
Anzahl der Objekte mit def. Attribut A_{i+1}	d_0	d_1	d_2	d_3	d_4
	900	4000	8000	20000	—
Fan-Out	f_0	f_1	f_2	f_3	f_4
	2	2	3	4	—
Größe der Objekte	$size_0$	$size_1$	$size_2$	$size_3$	$size_4$
	500	400	300	300	100

Die Kosten für die (abstrakte) Änderungsoperation ins^3 sind in Abb. 6.9 graphisch dargestellt. Die Zugriffsrelationen sind zum einen in binäre Partitionen (bi) und zum anderen in unzerlegter Form ($no\ dec$) gehalten.

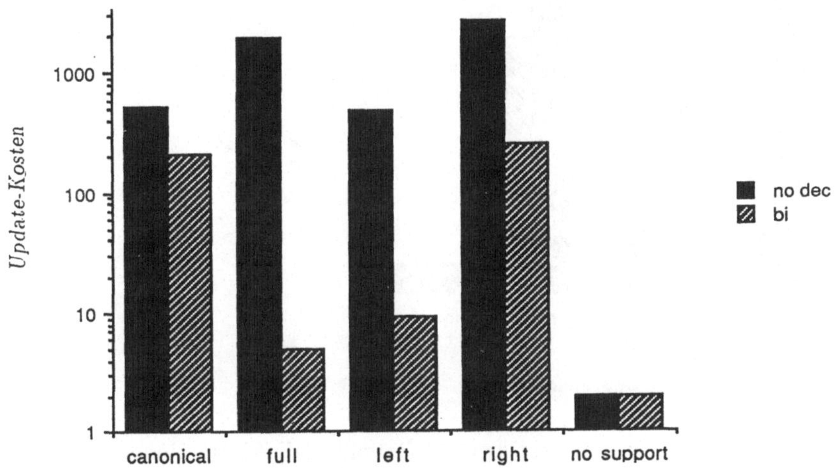

Abb. 6.9. Fortschreibungskosten für ein festes Objektbankprofil

Da die betrachtete Einfügeoperation sich auf die "rechte Seite" des Pfadausdrucks bezieht, ist die linksvollständige Extension unter binärer Dekomposition sehr viel günstiger fortzuschreiben als die rechtsvollständige. Für eine Änderungsoperation ins^0 wäre hingegen die rechtsvollständige Extension der linksvollständigen weit überlegen. Aus diesen Argumenten läßt sich schließen, daß die kanonische Extension bei fast allen Update-Operationen hohe Kosten verursacht—also deshalb wohl nur bei recht statischen Datenbankausprägungen zum Tragen kommt.

Ein weiteres Anwendungsprofil

Wir wollen nun ein weiteres, etwas modifiziertes Anwendungsprofil betrachten:

Anwendungsprofil				
n	4			
Anzahl der Objekte	c_0	c_1	c_2	c_3	c_4
	1000	5000	10000	50000	100000
Anzahl der Objekte mit def. Attribut A_{i+1}	d_0	d_1	d_2	d_3	d_4
	900	4000	8000	20000	—
Fan-Out	f_0	f_1	f_2	f_3	f_4
	2	1	1	4	
Größe der Objekte	$size_0$	$size_1$	$size_2$	$size_3$	$size_4$
	500	400	300	300	100

Die Fortschreibungskosten für die Änderungsoperation ins^3 sind in Abb. 6.10 graphisch aufgearbeitet.

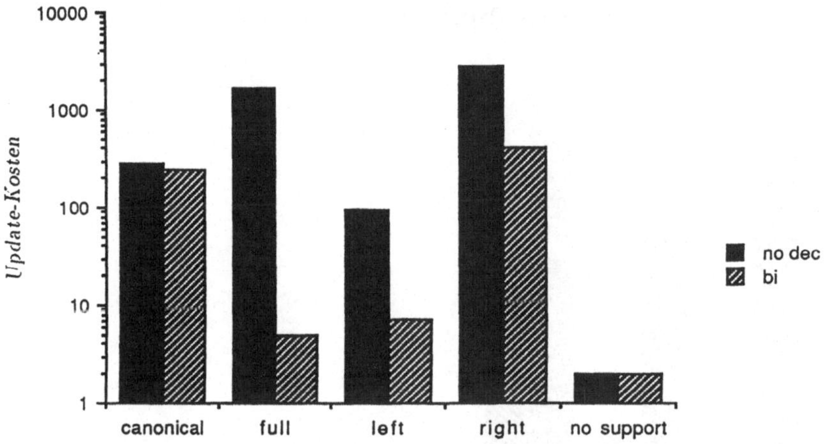

Abb. 6.10. Änderungskosten für ein weiteres Anwendungsprofil

Wiederum sind die Kosten für die linksvollständige und die vollständige Extension vergleichbar und sehr viel geringer als bei den anderen beiden Extensionen, also kanonisch und rechtsvollständig (*can/right*).

Fortschreibungskosten bei variierender Objektgröße

Betrachten wir nun das folgende Anwendungsprofil, bei dem wir gleichzeitig die durchschnittliche Größe der Objekte—$size_i$ für $(0 \leq i \leq 4)$—zwischen 100 und 800 simultan variieren.

Anwendungsprofil				
n	4			
Anzahl der Objekte	c_0	c_1	c_2	c_3	c_4
	1000	5000	10000	50000	100000
Anzahl der Objekte mit def. Attribut A_{i+1}	d_0	d_1	d_2	d_3	d_4
	900	4000	8000	20000	—
Fan-Out	f_0	f_1	f_2	f_3	f_4
	2	2	3	4	—
Größe der Objekte	$size_0$	$size_1$	$size_2$	$size_3$	$size_4$
	$100 \cdots 800$	$100 \cdots 800$	$100 \cdots 800$	$100 \cdots 800$	$100 \cdots 800$

Der Graph in Abb. 6.11 visualisiert den Effekt, der durch die Variation der Objektgröße hinsichtlich der Fortschreibungskosten für die Änderungsoperation ins^1 verursacht wird. Die Zugriffsrelationen sind in binärer Dekomposition gehalten.

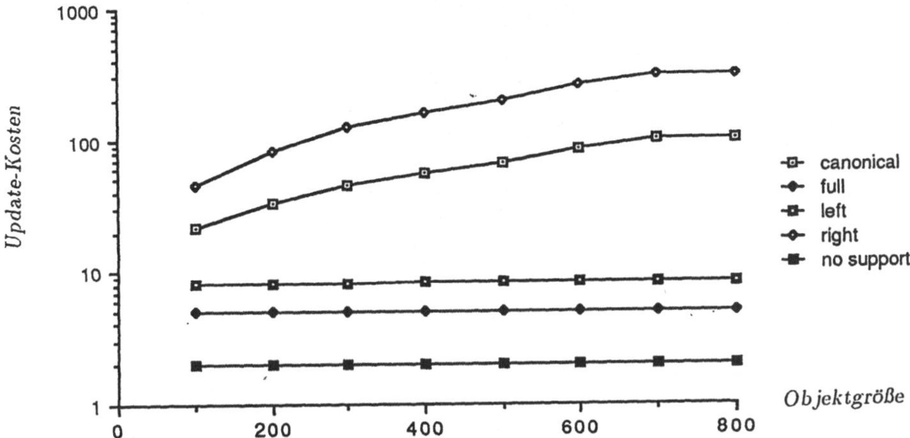

Abb. 6.11. Fortschreibungskosten unter variierender Objektgröße

Wir sehen, daß die Fortschreibungskosten für kanonische und rechtsvollständige Extension bei wachsender Objektgröße steigen. Dies wird durch die Suche innerhalb der Objektbank nach neu in die Zugriffsrelation einzufügenden Pfaden begründet—also der Ermittlung der Vorgängerrelation des Objekts o_1 vom Typs t_1 und der Nachfolgerrelation des Objekts o_2 vom Typ t_2.

Zu beachten ist, daß bei kanonischer bzw. rechtsvollständiger Extension unter Umständen eine erschöpfende Suche in der Objektbank für die Objekttypen, die links vom Einfügepunkt vorkommen, notwendig werden kann. Im Falle einer linksvollständigen Extension braucht man nur entlang der Objektreferenzen nach rechts zu suchen—was wesentlich "billiger" ist und deren Kosten deshalb durch die wachsende Objektgröße nur marginal beeinflußt wird.

6.6.4 Kosten eines typischen Operationen-Lastprofils

Wir wollen jetzt ein Modell erarbeiten, daß den Vergleich der Kosten verschiedener Zugriffsrelationen-Konfigurationen für beliebige Lastprofile gestattet, die sowohl aus Änderungsoperationen als auch aus Anfragen bestehen.

Beschreibung eines Operationen-Lastprofils

In unserem analytischen Kostenmodell wird ein *Operationen-Mix* M als Tripel beschrieben:

$$M = (Q_{mix}, U_{mix}, P_{up})$$

Hierbei ist Q_{mix} eine Menge gewichteter Anfragen der Form:

$$Q_{mix} = \{(w_1, q_1), \ldots, (w_p, q_p)\}$$

wobei für $(1 \leq i \leq p)$ die q_i abstrakte Anfragen spezifizieren und die w_i Gewichte sind, d.h. w_i repräsentiert die Wahrscheinlichkeit, daß q_i unter den aufgelisteten Anfragen in Q_{mix} bearbeitet wird. Es folgt, daß $\sum_{i=1}^{p} w_i = 1$ gelten muß.

Der "Update-Mix" U_{mix} ist analog beschrieben. Schließlich bestimmt der Wert P_{up} die Update-Wahrscheinlichkeit, d.h. die Wahrscheinlichkeit, daß eine Datenbank-Operation aus der Menge U_{mix} gewählt wird. Daraus folgt, daß mit der Wahrscheinlichkeit $1 - P_{up}$ eine Operation aus Q_{mix} gewählt wird.

Lastprofil unter binärer Dekomposition der Zugriffsrelation

Das folgende Anwendungsprofil wird verwendet:

Anwendungsprofil					
n	4				
Anzahl der Objekte	c_0	c_1	c_2	c_3	c_4
	1000	5000	10000	50000	100000
Anzahl der Objekte mit def. Attribut A_{i+1}	d_0	d_1	d_2	d_3	d_4
	900	4000	8000	20000	—
Fan-Out	f_0	f_1	f_2	f_3	f_4
	2	2	3	4	—
Größe der Objekte	$size_0$	$size_1$	$size_2$	$size_3$	$size_4$
	500	400	300	300	100

Der Anfrage-Mix Q_{mix} bestehe aus:

$$Q_{mix} = \{(1/2, Q^{(0,4)}(bw)), (1/4, Q^{(0,3)}(bw)), (1/4, Q^{(1,2)}(fw))\}$$

Der Update-Mix bestehe aus:

$$U_{mix} = \{(1/2, ins^2), (1/2, ins^3)\}$$

Dies bedeutet, daß die erste Anfrage mit Wahrscheinlichkeit 0.5 ausgewählt wird, die anderen beiden Anfragen mit der gleichen Wahrscheinlichkeit 0.25 ausgewählt werden. Die beiden Update-Operationen werden mit gleicher Wahrscheinlichkeit ausgeführt.

Abb. 6.12 zeigt die (normalisierten) Kosten für verschiedene Update-Wahrscheinlichkeiten P_{up} mit Werten aus dem Intervall $[0.1, 0.9]$.

Es zeigt sich, daß die linksvollständige Extension der vollständigen Extension bei einer Update-Wahrscheinlichkeit kleiner als 0.3 "ebenbürtig" ist. Der "Break-Even"-Punkt zwischen keiner Unterstützung und Zugriffsunterstützung durch die vollständige Extension liegt bei einer Update-Wahrscheinlichkeit von 0.998.

Nicht-binäre Dekomposition von Zugriffsrelationen

Das Experiment wurde mit der Dekomposition $(0, 3, 4)$ der Zugriffsrelationen wiederholt. Das Ergebnis ist in Abb. 6.13 graphisch aufgearbeitet.

Vergleich zwischen linksvollständiger und vollständiger Extension

Anwendungsprofil						
n	5					
Anzahl der Objekte	c_0	c_1	c_2	c_3	c_4	c_5
	1000	1000	5000	10000	100000	100000
Anzahl der Objekte mit def. Attribut A_{i+1}	d_0	d_1	d_2	d_3	d_4	d_5
	100	1000	3000	8000	100000	—
Fan-Out	f_0	f_1	f_2	f_3	f_4	f_5
	2	2	3	4	10	—
Größe der Objekte	$size_0$	$size_1$	$size_2$	$size_3$	$size_4$	$size_5$
	600	500	400	300	300	100

Für diese Anwendungsbeschreibung wurden die normalisierten Kosten für ein Datenbank-Lastprofil berechnet, das aus folgenden Anfragen und Änderungsoperationen besteht:

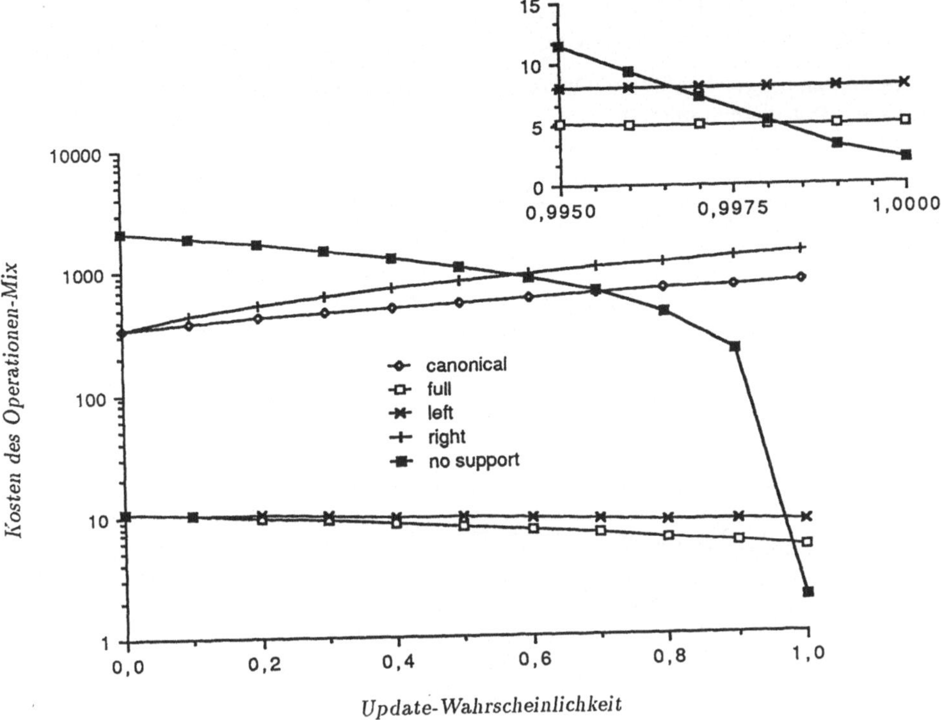

Abb. 6.12. Lastprofil unter binärer Dekomposition der Zugriffsrelation

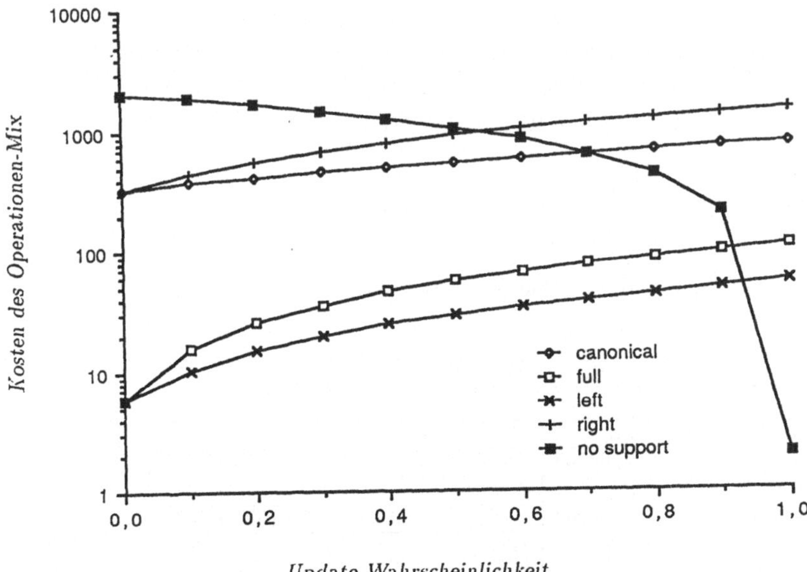

Abb. 6.13. Operationen-Mix für die Dekomposition $(0, 3, 4)$

$$Q_{mix} = \{(1/3, Q^{(0,5)}(bw)), (1/3, Q^{(0,4)}(bw)), (1/3, Q^{(0,5)}(fw))\}$$
$$U_{mix} = \{(1/3, ins^3), (1/3, ins^0), (1/3, ins^4)\}$$

In Abb. 6.14 werden die Kosten für den Operationen-Mix unter linksvollständiger und vollständiger Extension der Zugriffsrelationen für zwei verschiedene Dekompositionen gezeigt: (1) binäre Dekomposition $(0, 1, 2, 3, 4, 5)$ und (2) die Dekomposition $(0, 3, 4, 5)$.

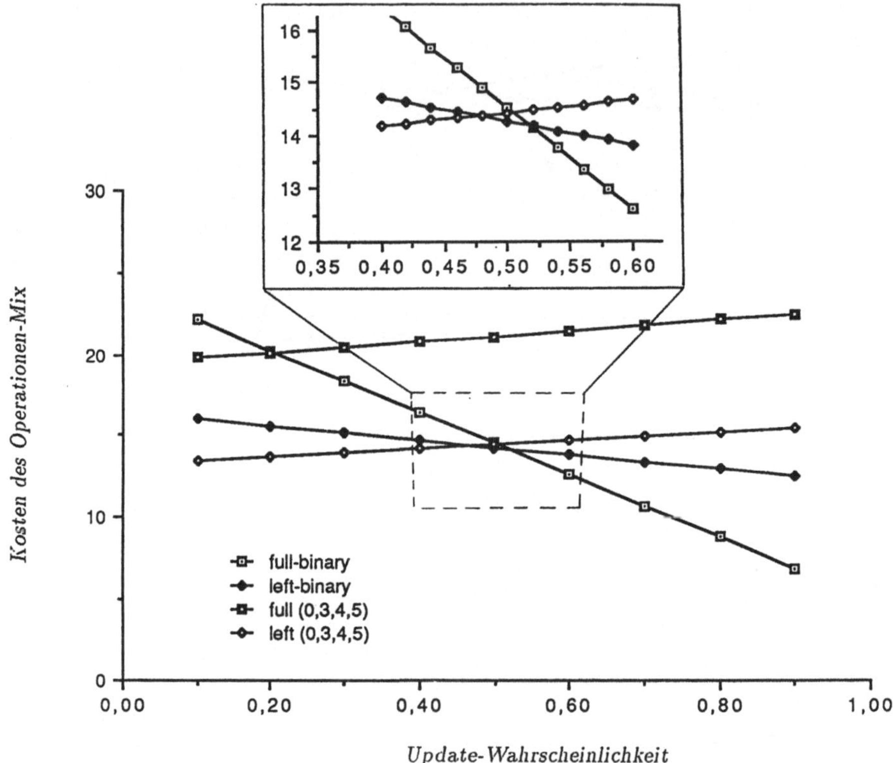

Abb. 6.14. Operationen-Mix für vollständige und linksvollständige Zugriffsrelationen

Vergleich von rechtsvollständiger und vollständiger Extension

Das folgende Anwendungsprofil wird verwendet:

Anwendungsprofil						
n	5					
Anzahl der Objekte	c_0	c_1	c_2	c_3	c_4	c_5
	100000	100000	50000	10000	1000	1000
Anzahl der Objekte mit	d_0	d_1	d_2	d_3	d_4	d_5
def. Attribut A_{i+1}	100000	10000	30000	10000	100	100
Fan-Out	f_0	f_1	f_2	f_3	f_4	f_5
	1	10	20	4	1	—
Größe der Objekte	$size_0$	$size_1$	$size_2$	$size_3$	$size_4$	$size_5$
	600	500	400	300	200	700

Für diese Anwendungsbeschreibung wurden die normalisierten Kosten für ein Lastprofil berechnet, das aus nachfolgend aufgeführten abstrakten Anfragen und Änderungsoperationen besteht:

$$Q_{mix} = \{(1/2, Q^{(0,5)}(bw)), (1/4, Q^{(1,5)}(bw)), (1/4, Q^{(2,5)}(bw))\}$$
$$U_{mix} = \{(1, ins^3))\}$$

Abb. 6.15 veranschaulicht die Kosten für den Operationen-Mix unter den folgenden Dekompositionen der rechtsvollständigen und vollständigen Extension:

1. der binären Dekomposition $(0, 1, 2, 3, 4, 5)$

2. der Dekomposition $(0, 3, 5)$

Es zeigt sich, daß die letztgenannte Dekomposition in jedem Fall günstiger ist. Bei Update-Wahrscheinlichkeiten kleiner als 0.005 ist die rechtsvollständige Extension unter dieser Dekomposition $(0, 3, 5)$ günstiger als die vollständige Extension. Dieser "Break-Even"-Punkt wird in der oberen Grafik von Abb. 6.15 besonders hervorgehoben.

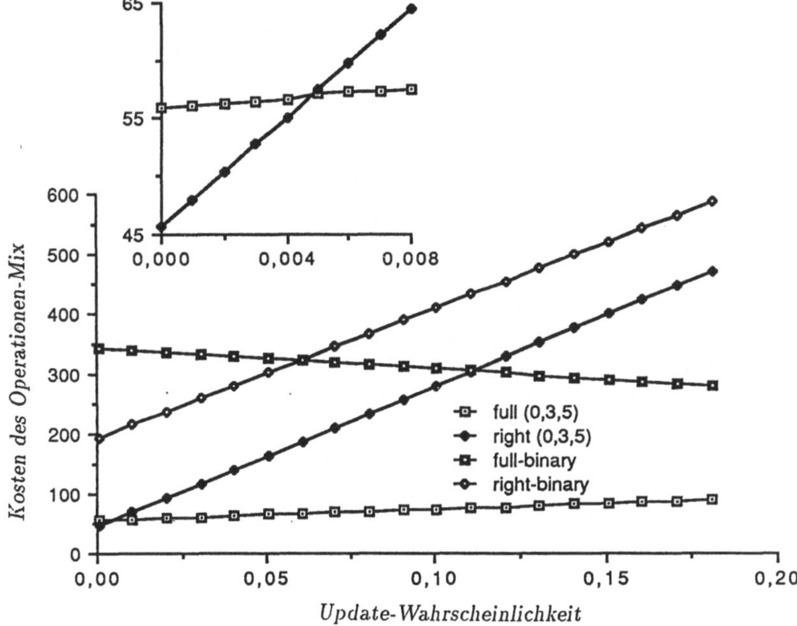

Abb. 6.15. Vergleich zwischen rechtsvollständiger und vollständiger Extension

6.7 Interpretation der Ergebnisse

Die Ergebnisse in diesem Kapitel zeigen, daß man keine grundsätzlichen Aussagen darüber machen kann, welche Zugriffsrelationen-Konfiguration generell zu wählen ist. Die optimale Konfiguration ist hochgradig abhängig von den charakteristischen Parametern der Objektbank und den darauf ausgeführten Anwendungsoperationen—also dem Lastprofil.

Es zeigt sich, daß es sehr große Leistungsunterschiede unterschiedlicher Extensionen und Dekompositionen für durchaus realistische Anwendungsprofile gibt. Deshalb sollte ein Objektbanksystem, von dem man die optimale Leistungsfähigkeit erwartet, das gesamte Konfigurationsspektrum abdecken, das wir in Kapitel 5 erarbeitet haben:

- Man sollte also alle vier Extensionsmöglichkeiten unterstützen und

- jede beliebige Dekomposition ermöglichen.

Gleichzeitig hat sich aber auch gezeigt, daß man dem Benutzer ein Hilfsmittel, d.h. ein computergestütztes Entwurfswerkzeug für den physikalischen Objektbank-Entwurf zur Verfügung stellen muß. Nur so kann man die hohe Komplexität des Entwurfsprozesses, die durch das große Spektrum möglicher Zugriffsrelationen-Konfigurationen begründet ist, in den Griff bekommen.

6.8 Bibliographie

Das hier vorgestellte Kostenmodell wurde von dem Autor in Zusammenarbeit mit G. Moerkotte erarbeitet [KM89]. Die kombinatorischen Grundlagen für die Kostenabschätzungen kann man z.B. in [Ber71] finden. Die Abschätzung der Seitenzugriffe basiert auf einer Kostenfunktion, die von S. B. Yao [Yao77] entwickelt wurde. Yao hat in [Yao79] auch ein umfassendes Kostenmodell für relationale Anfragebearbeitung entwickelt. Das hier vorgestellte Kostenmodell wurde von H. Ott im Rahmen seiner Studienarbeit—als C-Programm—realisiert [Ott90]. Es ist geplant, dieses Programm zu einem umfassenderen Entwurfswerkzeug auszubauen.

7. Der regelbasierte Optimierer

Es reicht natürlich nicht aus, ausgefeilte Indexstrukturen für ein objekt-orientiertes Datenbanksystem zu entwerfen. Man muß selbstverständlich auch sicherstellen, daß diese Indexstrukturen bei der Auswertung einer Anfrage verwendet werden. Dabei soll die Ausnutzung der zugriffsunterstützenden Maßnahmen für den Benutzer des Datenbanksystems gänzlich *transparent* bleiben, d.h. in der Formulierung der Anfragen wird kein Bezug auf die evtl. existierenden Indexstrukturen benötigt.

Zu diesem Zweck haben wir in GOM einen regelbasierten Anfrageoptimierer entwickelt. Die Vorteile regelbasierter Anfrageoptimierer liegen in deren Modularität begründet. Dadurch ist es relativ einfach, den Optimierer zu erweitern bzw. anzupassen, um

- weitere Indexstrukturen in die Anfragebearbeitung einzubeziehen,

- die Suchheuristiken des Optimierers zu variieren und

- ein Kostenmodell zur Bewertung alternativer Anfragebearbeitungspläne zu integrieren.

In dem folgenden Kapitel werden die Regeln des GOM-Anfrageoptimierers vorgestellt, die die Ausnutzung existierender Zugriffsrelationen in der Anfrageauswertung bewerkstelligen.

7.1 Überblick über die Architektur des GOM-Anfrageauswerters

In Abb. 7.1 ist die Architektur des GOM-Anfrageauswertungssystems skizziert. Derzeit unterstützt unser Optimierer nur Anfragen, die in der QUEL-ähnlichen Sprache GOMql deklarativ formuliert sind. In Zukunft beabsichtigen wir, sowohl andere deklarative Sprachen—wie z.B. eine SQL-Erweiterung—als auch prozedural spezifizierte Datenbankzugriffe mit Hilfe des hier vorgestellten Ansatzes zu optimieren.

Die deklarative Anfrage wird in der ersten Phase der Anfragebearbeitung zunächst in eine Term-Notation übersetzt, die dann auf semantische Konsistenz validiert wird. Die Term-Darstellung, die unserem Optimierungsvorgang zugrunde liegt, wird im nachfolgenden Abschnitt erläutert. In der nächsten Phase der Optimierung werden die Transformationsregeln, die einen Term in einen anderen, semantisch äquivalenten Term umformen, angewendet. Da das zugrundeliegende Termersetzungssystem i.a. nicht terminierend ist und auch der Suchraum, innerhalb dessen der optimale Anfragebearbeitungsplan zu suchen ist, sehr groß sein kann, muß der Termersetzungsvorgang durch eine Heuristik kontrolliert werden. Das Hauptziel der Optimierung besteht darin, die existierenden Zugriffsrelationen, die im ASR-Schema beschrieben sind, so gut wie möglich in der Anfragebearbeitung einzusetzen. Während der Regelanwendung werden im allgemeinen mehrere alternative Terme generiert, von denen in der nachfolgenden *Selektions-* und *Nachübersetzungs-Phase* der effizienteste ausgewählt wird. Die Auswahl erfolgt auf der Basis eines *Kostenmodells*[1], das es gestattet, die Auswertungskosten der einzelnen Terme abzuschätzen. Zu diesem Zweck ist das Kostenmodell an die Schema-Verwaltung angeschlossen, um Parameter, die die—zu diesem Zeitpunkt gültige—Datenbankausprägung charakterisieren, in die Berechnung mit einzubeziehen. Der ausgewählte Term wird—nach der Nachübersetzung, in der er in eine Normalform gebracht wird—an den *Code-Generator* übergeben, der daraus einen *ausführbaren Anfragebearbeitungsplan* (QEP: query evaluation plan) generiert.

---

[1] In der jetzigen Ausbaustufe ist die Integration des Kostenmodells—vgl. Kapitel 6—noch nicht abgeschlossen.

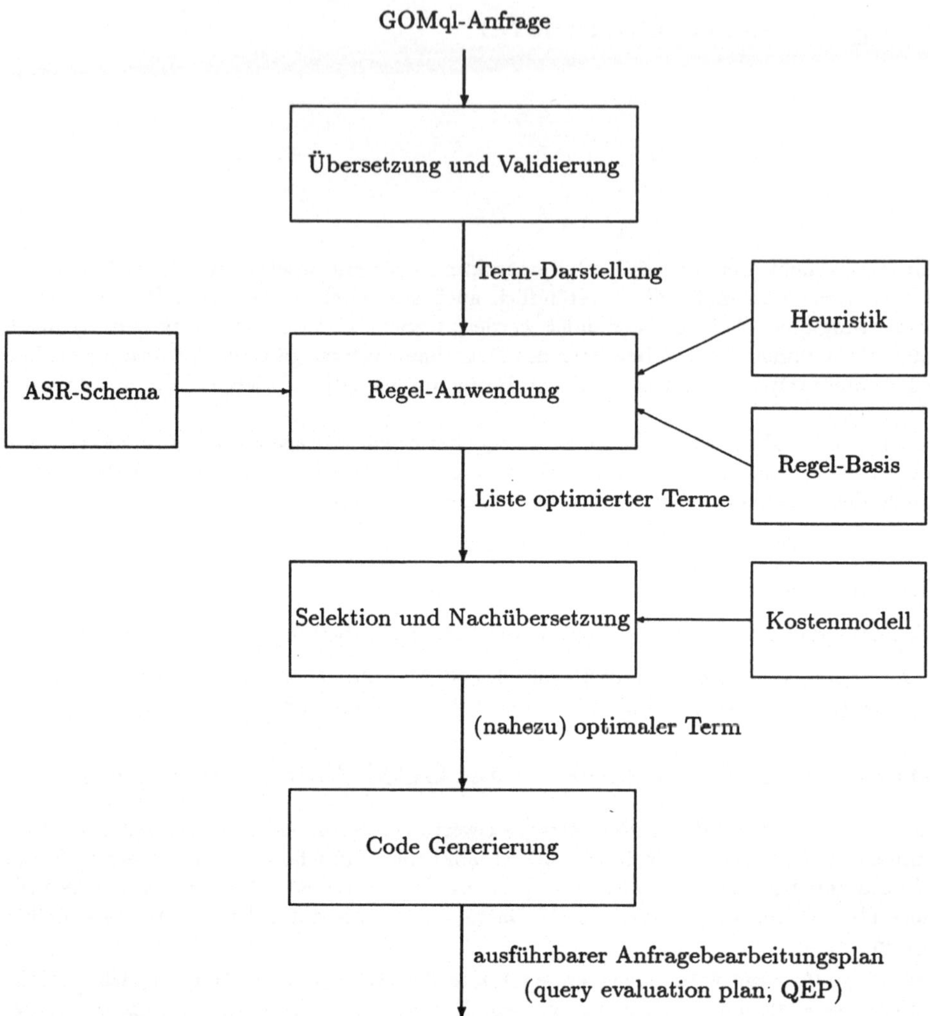

Abb. 7.1. Architektur des GOM-Anfrage-Optimierers und -Übersetzers

7.2 Die Term-Sprache: eine neutrale Anfragerepräsentations-Sprache

7.2.1 Die Term-Sprache

Eines der Hauptargumente für die Term-Sprache, die in GOM verwendet wird, ist die damit erzielte "auswertungsnahe" Darstellung der deklarativen Anfrage. Weiterhin wird durch die Term-Sprache eine von der Benutzersprache unabhängige Anfragedarstellung erzielt. Somit ließe sich der Optimierer auch für andere deklarative Anfragesprachen verwenden—man müßte nur den Übersetzungsschritt neu realisieren. Natürlich könnte diese Übersetzung für andere als die hier verwendete GOMql-Sprache komplexer sein. Aber zumindest können die anderen Moduln des Anfrageübersetzers ungeändert verwendet werden.

Im folgenden werden Terme in Präfix-Notation als Listen dargestellt, in denen der Operator jeweils das erste Element der Teil-Liste bildet; die weiteren Elemente sind die Argumente des Operators. Wir werden oft mnemonische Marken (dargestellt als :M für die Marke M) verwenden, um damit die Lesbarkeit der Terme zu erhöhen. Ohne die abstrakte Syntax unserer Term-Sprache hier umfassend darlegen zu wollen, werden wir nachfolgend die wichtigsten Operatoren der Term-Sprache erläutern. Wir möchten allerdings anmerken, daß die hier vorgestellten Operatoren nicht vollständig sind—wir führen hier nur jene Operatoren ein, die auch nachher in der—unvollständigen—Abhandlung des Optimierers Verwendung finden. Um dem Leser einen Eindruck von der Komplexität und dem Umfang des Optimierers zu geben, erwähnen wir hier, daß der gesamte Regelsatz 90 Regeln umfaßt, die auf 50 Seiten im Anhang von [Wau90] ausgearbeitet sind. Diese 90 Regeln enthalten noch nicht einmal die Regeln für die Quantoren-Elimination und die nach der "Hauptoptimierung" durchgeführten Optimierungen der Mengen-Operationen, die in [Pei90] behandelt wurden. Als Konsequenz aus diesem immensen Regelumfang müssen wir uns hier in der Diskussion auf den Kern des Optimierers, bestehend aus den Regeln, die die Ausnutzung der existierenden Zugriffsrelationen gewährleisten sollen, konzentrieren.

Der Retrieve-Operator

Der **retrieve** Operator ist der "Top-Level" Operator, in den jede GOMql-Anfrage zunächst übersetzt wird. Die Syntax ist folgendermaßen skizziert:

> (**retrieve :B** BINDING **:S** SELPRED **:P** PROJ)

Ein abstraktes Beispiel ist:

> (**retrieve :B** $((x_1\ t_1) \ldots (x_n\ t_n))$
> :S SELPRED
> :P x_i)

Dieser **retrieve**-Ausdruck stellt schon einen Abarbeitungsplan der Anfrage dar: nämlich die Abarbeitung nach dem *"nested loop"*-Prinzip. Dabei wird die :B-Klausel, die die Variablen $x_1, \ldots, x_n$ an Mengen (oder Typ-Extensionen) bindet, in eine n-fach verschachtelte Schleife umgewandelt—d.h., für jede Variable wird eine Schleife generiert. Für jede Variablen-Belegung wird das Selektionsprädikat *SELPRED* ausgewertet. Falls es erfüllt ist, wird die derzeitige Belegung von x_i, also der projizierten Variablen, der Ergebnismenge zugeordnet. Ein konkretes Beispiel dieser Auswertungsstrategie findet sich in Abschnitt 7.2.3.

Natürlich liefern unterschiedliche Permutationen der Bindeliste unterschiedliche Effizienz. Da dieses Problem aber sehr ausführlich in relationalen Optimierungsarbeiten untersucht wurde, brauchen wir uns in diesem Kontext nicht mehr damit zu beschäftigen.

Die nachfolgend diskutierten Operatoren, die die Zugriffsrelationen während der Anfragebearbeitung "ins Spiel bringen", werden vom Anfrageoptimierer durch sukzessive Umformung des Initial-Terms in den Anfrageterm eingebracht.

Ausnutzung einer Zugriffsrelation

> **(getasr** ASR **:R** RESTR **:S** SELPRED **:P** PROJ**)**

Dieser Operator extrahiert Tupel, die auf die Attribute in der $PROJ$-Liste projiziert sind, aus einer Zugriffsrelation ASR. Die Tupel der Zugriffsrelation ASR werden nur dann ausgewählt, wenn für sie sowohl das Selektionsprädikat $SELPRED$ als auch das Restriktionsprädikat $RESTR$ erfüllt ist; wenn also gilt: $RESTR \wedge SELPRED$. Die Restriktion—markiert mit :R—wird genutzt, um einen expliziten (und effizienten) Einstieg über einen der B^+-Bäume, die an den Partitionsgrenzen der Zugriffsrelation existieren, zu erzielen. Deshalb kann sich das Restriktionsprädikat nur auf solche Attribute der Zugriffsrelation beziehen, die an den Partitionsgrenzen liegen (man erinnere sich an unser Speichermodell für Zugriffsrelationen, das in Abschnitt 5.2 vorgestellt wurde).

Anlegen einer temporären Zugriffsrelation

> **(mkasr** ASRSPEC **:S** SELPRED **:P** PROJ**)**

Mit diesem Operator kann man—auf temporärer Basis—eine Zugriffsrelation erzeugen, die aber nur für die Dauer der Anfragebearbeitung (im Hauptspeicher) gehalten wird. Durch das Selektionsprädikat $SELPRED$ und die Projektionsliste $PROJ$ kann der Informationsgehalt dieser Zugriffsrelation, deren zugrundeliegender Pfadausdruck durch $ASRSPEC$ spezifiziert wird, noch weiter eingeschränkt werden.

Verbund zweier Zugriffsrelationen

Beide oben genannten Operatoren erzeugen eine interne Hauptspeicher-Darstellung der resultierenden Zugriffsrelation. Weitere nützliche Operatoren im Umgang mit Zugriffsrelationen stammen aus der Relationenalgebra, z.B. *Join*, *Semi-Join*, *Vereinigung*, etc. Der Join-Operator hat folgende Gestalt in unserer Term-Sprache:

> **(joinasr** ASR1 ASR2 **:J** JOINPRED **:P** PROJ**)**

Die Argumente des **joinasr**-Operators sind größtenteils selbsterklärend bzw. werden später bei Verwendung dieses Operators an Beispielen illustriert.

Der Semi-Join Operator hat die gleiche syntaktische Ausprägung:

> **(semijoinasr** ASR1 ASR2 **:J** JOINPRED **:P** PROJ**)**

Im letzteren Fall muß sich die Projektionsliste auf Attribute der ersten Zugriffsrelation $ASR1$ beschränken.

Der Scan von Typ-Extensionen

Der **scan**-Operator dient dazu, die Elemente einer Typ-Extension auf die Erfüllung des Selektionsprädikats $SELPRED$ zu überprüfen. Das Selektionsprädikat $SELPRED$ darf sich dabei nur auf Attribute der Objekte vom Typ $TYPE$ beziehen. Es ist also nicht erlaubt, andere Objekte als solche vom Typ $TYPE$ zu referenzieren.

> **(scan** TYPE **:S** SELPRED**)**

Terme

Terme, die in einem Selektionsprädikat, *SELPRED* oder *RESTR* benutzt werden, haben die allgemeine Form (**op** $T_1 \ldots T_n$), wobei $T_1, \ldots, T_n$ wieder Terme sind. Die Meta-Variable **op** steht für einen Boole'schen Operator, z.B. **and**, **or**, oder **not** (in diesem Fall gilt: $n = 1$). Die Terme T_i ($1 \leq i \leq n$) repräsentieren selbst wieder Selektionsprädikate oder sie bestehen aus Konstanten, Variablen oder Pfadausdrücken der Form (**path** v $A_1 \ldots A_m$), wobei v eine Variable ist und A_j ($1 \leq j \leq m$) Attribute sind. In diesem Fall muß **op** ein Vergleichsoperator aus der Menge $\{=, \neq, \textbf{seteq}, \textbf{in}, \textbf{notin}, <, \leq, >, \geq\}$ sein. Zusätzlich zu den Hauptoperatoren gibt es noch sogenannte "Hilfsoperatoren", die eher technischer Natur sind. Beispiele hierfür sind:

- **unset**: der Operator verwandelt eine einelementige Menge in gerade dieses Element

- **untuple**: der **untuple** Operator projiziert für eine Menge von Tupeln mit einem Attribut auf dieses eine Attribut; die Tupelmenge wird also in eine "flache" Menge verwandelt.

7.2.2 Übersetzung der GOMql-Ausdrücke in die Term-Darstellung

Der initiale Übersetzungsvorgang, der einen GOMql-Ausdruck in einen äquivalenten Term-Ausdruck überführt, ist relativ einfach: die **range**-Klausel wird in eine mit **:B** markierte Bindeliste umgeformt; die **retrieve**-Klausel in eine Projektionsliste—markiert mit **:P**—und die **where**-Klausel wird in eine äquivalente Selektionsklausel—mit **:S** markiert—umgesetzt. Die Selektionsklausel der Termdarstellung wird allerdings, wie oben beschrieben, in die Präfix-Notation transformiert.

Beispiel 7.1 Wir wollen diesen Übersetzungsvorgang anhand der Anfrage, die in Beispiel 4.3 formuliert wurde, illustrieren:

```
(retrieve :B ((e EMP) (m MANAGER))
         :S (and (= m (path e WorksIn Mgr))
                 (< (path e WorksIn Profit) 0)
                 (> (path e Salary) 200000))
         :P m)
```

$\Diamond$

Diese—noch nicht optimierte—Term-Darstellung deutet schon direkt auf eine sehr einfache Evaluierung hin: der *"nested loop"* Auswertung. Die Strategie besteht darin, die Terme der Bindeliste in geschachtelte Schleifen umzuformen und für jede Belegung der Variablen das Selektionsprädikat in der **:S**-Klausel zu überprüfen.

7.2.3 Auswertung der Term-Darstellung

In diesem kurzen Abschnitt wollen wir eine Vorausschau auf die Abarbeitung der Term-Darstellung anhand des oben dargestellten Beispiels geben. Diese Umsetzung erfolgt—wie bereits beschrieben—gemäß der *"nested loop"*-Strategie:

```
foreach e in EMP do
   foreach m in MANAGER do
      if
         m = e.WorksIn.Mgr and
         e.WorksIn.Profit > 0 and
         e.Salary > 200000
      then
         output(m);
```

Das Problem der Umsetzung der Term-Darstellung in einen ausführbaren Auswertungsplan wird eingehender in Abschnitt 7.7 behandelt.

7.3 Anwendbarkeit der Zugriffsrelationen

Um Zugriffsrelationen in der Auswertung einer Anfrage einsetzen zu können, muß man zunächst abklären, ob in der entsprechenden Extension der Zugriffsrelation ausreichend Information enthalten ist. Die formale Basis dazu liefert das Prädikat *Applicable*, das in der nachfolgenden Definition eingeführt wird—vgl. hierzu Abschnitt 6.5.2:

Definition 7.2 (Anwendbarkeit).
Eine Zugriffsrelation $[t_0.A_1.\cdots.A_n]_X$ *in der Extension* X *ist anwendbar (applicable) für die Auswertung eines Pfadausdrucks* $s.A_i.\cdots.A_j$ *für* $s \leq_T t_{i-1}$ *unter der folgenden—von der Extension* X *abhängigen—Bedingung:*

$$Applicable([t_0.A_1.\cdots.A_n]_X, s.A_i.\cdots.A_j) = \begin{cases} X = \textit{full} & \wedge & 1 \leq i \leq j \leq n \\ X = \textit{left} & \wedge & 1 = i \leq j \leq n \\ X = \textit{right} & \wedge & 1 \leq i \leq j = n \\ X = \textit{can} & \wedge & 1 = i \leq j = n \end{cases}$$

Hierbei bezeichnet $s \leq_T t_{i-1}$, *daß* s *ein Untertyp von* t_{i-1} *sein muß (was einschließt, daß* s *und* t_{i-1} *identisch sein können).* $\qquad\square$

7.4 Terminologie und Notation

Die Anfrageoptimierungsschritte werden als Transformationsregeln eines Termersetzungssystems beschrieben. Eine Regel hat die Form $l \to r$, wodurch spezifiziert wird, daß der Term l durch den Term r ersetzt wird. Da unsere Termsprache nur aus Listen[2] besteht, werden die grundlegenden Definitionen, die in der Ausarbeitung von Huet [Hue80] enthalten sind, auf Listen umdefiniert.

Zunächst wollen wir dazu einige notationelle Konventionen einführen. $I\!N$ bezeichne die natürlichen Zahlen (einschließlich 0), dann bezeichne $I\!N^*$ die Menge der endlichen Sequenzen natürlicher Zahlen. Diese Sequenzen werden benutzt, um Positionen in den Listen zu bezeichnen. Konsequenterweise nennen wir Elemente aus $I\!N^*$ *Positionen*; sie werden als $\overset{*}{a}, \ldots, \overset{*}{z}$ oder ε bezeichnet, wobei ε für die leere Sequenz steht. Für ein Element $\overset{*}{a} \in I\!N^*$ bezeichnet $|\overset{*}{a}|$ die *Länge* von $\overset{*}{a}$; $a, \ldots, z$ bezeichnen Sequenzen der Länge 1.

Konkatenation von zwei Elementen $\overset{*}{v}$ und $\overset{*}{w} \in I\!N^*$ wird als $\overset{*}{v}\overset{*}{w}$ notiert. Wir definieren weiterhin eine partielle Ordnung ($\cdot \succeq$) auf den Elementen aus $I\!N^*$ durch

$$\overset{*}{u} \succeq \overset{*}{w} \Leftrightarrow \exists \overset{*}{v} \in I\!N^* : \overset{*}{u}\overset{*}{v} = \overset{*}{w}.$$

Somit gilt $\overset{*}{u} \succeq \overset{*}{w}$ genau dann, wenn $\overset{*}{u}$ ein Präfix von $\overset{*}{w}$ ist.

Als nächstes definieren wir den Infix-Operator $/$ für eine Liste und eine Position. D.h., falls $I\!L$ die Menge aller Listen darstellt, so ist $/$ eine Funktion folgender Art:

$$/ : I\!L \times I\!N^* \to I\!L \cup \{\uparrow\}$$

Intuitiv liefert $L/\overset{*}{v}$ als Resultat die Unterliste von L an der Position $\overset{*}{v}$—oder das Fehler-Symbol $\uparrow$, falls diese Unterliste nicht existiert. Formal ist $/$ für eine Liste $L = (L_0 \ldots L_n)$ mit Unterlisten $L_j \in I\!L$ für $(0 \leq j \leq n)$ folgendermaßen definiert:

$$L/\overset{*}{v} := \begin{cases} L & \text{falls } \overset{*}{v} = \varepsilon \\ (L_i)/\overset{*}{w} & \text{falls } 0 \leq i \leq n \text{ und } \overset{*}{v} = i\overset{*}{w} \\ \uparrow & \text{andernfalls} \end{cases}$$

Wir bezeichnen $L/\overset{*}{v}$ als L an der Position $\overset{*}{v}$.

---

[2] Auch jedes Element—selbst wenn es atomar ist—einer Liste wird in diesem Zusammenhang als Liste aufgefaßt.

Um die weitere Notation anschaulicher zu gestalten, benutzen wir die folgenden Konstanten: B steht für 1, S für 2 und P für 3. Diese Konstanten werden jeweils benutzt, um die Position der **:B**, **:S** und **:P**-Klauseln in einem **retrieve**-Term zu bezeichnen. Also steht zum Beispiel $Q/\overset{*}{v}S\overset{*}{w}$ für $Q/\overset{*}{v}2\overset{*}{w}$ und bezeichnet die Position $\overset{*}{w}$ innerhalb des Selektionsprädikats des **retrieve**-Terms an der Position $\overset{*}{v}$ des Terms (d.h., der Anfrage) Q. Man beachte, daß wir die Marken (z.B. **:P**, **:S**, **:R**) bei der Positionsspezifikation vernachlässigen—sie sind sozusagen "Luft".)

Es ist manchmal mühsam (und gefährlich), den Termersetzungsvorgang durch die einfache Notation $L \to L'$ zu spezifizieren, da wir oftmals Funktionen mit spezifischen Seiteneffekten auf unseren Termen benötigen. Deshalb definieren wir spezielle, mnemonisch benannte Funktionen, die wir nachfolgend einführen:

Für zwei Listen L und L', wobei $L = (L_0 \dots L_n)$ gilt, und einer Position $\overset{*}{v}$ definieren wir als erstes die Funktion *replace*:

$$replace(L, \overset{*}{v}, L') := \begin{cases} L' & \text{falls } \overset{*}{v} = \varepsilon \\ (L_0 \dots L_{i-1} \; replace(L/i, \overset{*}{w}, L') \; L_{i+1} \dots L_n) & \text{falls } \overset{*}{v} = i\overset{*}{w} \end{cases}$$

Die Funktion $replace(L, \overset{*}{v}, L')$ wird normalerweise als $L/\overset{*}{v} \to L'$ abgekürzt.

Die Funktion *remove* wird definiert als:

$$remove(L/\overset{*}{v}) := \left(L/\overset{*}{w} \to (L_0 \dots L_{i-1} \; L_{i+1} \dots L_n) \right)$$

genau dann wenn $\overset{*}{v} = \overset{*}{w}i$ und $L/\overset{*}{w} = (L_0 \dots L_n)$.

Mittels *append* fügt man eine Unterliste an das Ende einer Liste an:

$$append(L/\overset{*}{v}, L') := L/\overset{*}{v} \to (L_1 \dots L_n \; L')$$

wobei $L/\overset{*}{v} = (L_1 \dots L_n)$ angenommen wird.

Eine weitere, technische Funktion namens *flattenList* wird manchmal benötigt, um ineinandergeschachtelte Listen zu entschachteln. Sei L eine Liste der Gestalt

$$L = (T_1 \dots T_{i-1} \; L' \; T_{i+1} \dots T_n)$$

wobei L' wiederum eine Liste ist, die folgendermaßen zusammengesetzt ist:

$$L' = (T_1' \dots T_m')$$

Dann ist *flattenList* wie folgt definiert:

$$flattenList(L/i) = (T_1 \dots T_{i-1} \; T_1' \dots T_m' \; T_{i+1} \dots T_n)$$

Für die Anwendung einer Regel müssen gewisse Vorbedingungen gelten, um die semantische Korrektheit der Transformation eines Anfrageterms zu garantieren. Deshalb haben Regeln folgende Form:

FALLS condition-part DANN rewrite-part

Der *condition-part* besteht aus einer Liste von Vorbedingungen, die logisch durch ein **and** verbunden sind. Der *rewrite-part* besteht aus einer Liste von Transformationsspezifikationen, die alle ausgeführt werden, falls die Regel auf einen Term angewendet wird. Dies darf aber nur dann geschehen, wenn der *condition-part* erfüllt ist.

Die folgenden zusätzlichen Funktionen werden häufig für die Spezifikation der Vorbedingungen benötigt. Analog zu den Transformationsfunktionen werden sie in kursiver Schrift dargestellt. Die Anzahl des Auftretens einer Liste L' in einer Liste L spielt eine wichtige Rolle in der Definition der Vorbedingungen. Diese Funktion hat die Signatur

$$nrOccurrences : \mathbb{L} \times \mathbb{L} \to \mathbb{N}$$

und ist definiert als

$$nrOccurrences(L, L') := |\{\overset{*}{v} \mid L/\overset{*}{v} = L'\}|$$

wobei—wie bereits gesagt—$I\!\!L$ die Menge aller Listen bezeichnet.

Die Kollektion der evaluierbaren Funktionen enthält weiterhin

1. *Applicable*(a, p), die *true* ergibt, falls die Zugriffsrelation a für die Auswertung des Pfadausdrucks p anwendbar ist (vergleiche Definition 7.2).

2. *single-valued*(p), ergibt *true*, falls der Pfad p einzelwertig (linear) ist.

3. *set-valued*(p), ergibt *true*, falls der Pfad p mengenwertig ist.

4. *type*(x) liefert den Typ des Ausdrucks x.

5. *FlatTargetType*(p) liefert für einen mengenwertigen Pfadausdruck p den Typ der Elemente der Ergebnismenge.

6. *isConst*(c) liefert *true*, falls c eine Konstante oder eine Menge von Konstanten ist.

7. *range*(p) bestimmt die Ergebnismenge, die durch Evaluierung des Pfadausdrucks p zu erhalten ist. Allerdings wird die *range* Funktion in unserem Termersetzungssystem nur in Vergleichen der Art

$$range(p) \subseteq range(p')$$

verwendet, wobei die Gültigkeit des Prädikats immer statisch aus der Unter-/Obertyp-Hierarchie ableitbar ist, ohne daß der *range* eines der Pfadausdrücke überhaupt berechnet werden muß.

8. analog, *flatRange*(p) bestimmt die ge-"flachte" Menge eines mengenwertigen Pfadausdrucks p.

Die in den Transformationsregeln vorkommenden Infix-Operatoren $+, -$, usw. werden schon zum Zeitpunkt der Regelanwendung evaluiert, sofern sie auf Spaltennummern der Zugriffsrelationen angewendet werden.

7.5 Transformationsregeln für die Optimierung von Term-Ausdrücken

Jeder der nachfolgenden Unterabschnitte repräsentiert eine Regelgruppe—außer dem ersten Abschnitt. Jede Regelgruppe wird durch eine konkrete, sozusagen charakteristische Regel repräsentiert, die—wann immer möglich—durch Anwendung auf unser laufendes Beispiel illustriert wird.

7.5.1 Vorübersetzung

In der ersten Phase der Optimierung wird der Anfrageterm durch einen Präprozessor in eine sogenannte vereinfachte Form gebracht; dann werden die Regeln in der Hauptphase der Optimierung angewendet.

Zuerst werden die Negationen—unter Anwendung der de Morgan'schen Gesetze—eliminiert. Weiterhin gibt es zwei Regelgruppen, die dazu dienen, die Termausdrücke zu vereinfachen. Die eine dient der Vereinfachung Boole'scher Ausdrücke, die andere wird für die Vereinfachung der Mengenausdrücke verwendet. Diese Regelgruppen fallen (in gewisser Weise) aus dem Rahmen des Hauptregelsystems und werden immer dann angewendet, wenn der Anfrageterm während der Optimierung in eine "Normalform" gebracht werden muß, um die Hauptregeln anwenden zu können (siehe Kapitel 7.6.2).

Wir wollen die Vereinfachungsregeln an einem Beispiel demonstrieren. Hierzu nehmen wir an, daß in der Selektionsklausel geschachtelte **and**-Terme vorkommen, die entweder im Verlauf unserer

Optimierung oder aber schon bei der Initial-Übersetzung eingefügt wurden. Das Selektionsprädikat habe demnach folgende Form:

$$(\textbf{and } T_1 \ldots T_{i-1} \ (\textbf{and } T_{i_1} \ldots T_{i_m}) \ T_{i+1} \ldots T_n)$$

Hierbei seien die T_j für $j \in \{1, \ldots, i-1, i+1, \ldots, n, i_1, \ldots, i_m\}$ beliebige Terme.
Dann ist die obige Konjunktion natürlich äquivalent zu der Konjunktion

$$(\textbf{and } T_1 \ldots T_{i-1} \ T_{i_1} \ldots T_{i_m} \ T_{i+1} \ldots T_n)$$

in der die Schachtelung der beiden **and**-Terme entfernt wurde.

Die allgemeine Regel hierfür ist als T1 formuliert. Hierbei wurde berücksichtigt, daß das Prädikat beliebig tief in einer Anfrage Q geschachtelt sein kann. In unserer Notation befinde sich der betrachtete **retrieve**-Term an der Position $Q/\overset{*}{r}$ und die Konjunktion an der Position $Q/\overset{*}{r}S\overset{*}{a}$.

FALLS

1. $Q/\overset{*}{r}0 = \textbf{retrieve}$

2. $Q/\overset{*}{r}S\overset{*}{a}0 = \textbf{and}$

3. $Q/\overset{*}{r}S\overset{*}{a}i = \textbf{and}$

DANN   [T1]

1. $remove(Q/\overset{*}{r}S\overset{*}{a}i)$

2. $flattenList(Q/\overset{*}{r}S\overset{*}{a}i)$

7.5.2 Verlängerung von Pfadausdrücken

Um eine existierende Zugriffsrelation $[\![t_0.A_1.\cdots.A_n]\!]_X$ für die Evaluierung einer Anfrage einsetzen zu können, mag es nötig sein, mehrere Pfadausdrücke in der Selektionsklausel miteinander zu kombinieren. Dies kann—je nach Extension X—essentiell sein, um das Prädikat *Applicable*$([\![t_0.A_1.\cdots.A_n]\!]_X, p)$ für einen Pfadausdruck p aus der Selektionsklausel zu erfüllen (siehe Definition 7.2). Der Leser möge sich erinnern, daß z.B. die kanonische Zugriffsrelation $[\![t_0.A_1.\cdots.A_n]\!]_{can}$ nur dann ausgenutzt werden kann, wenn der Pfad in t_0 anfängt und über die Attributkette $A_1.\cdots.A_n$ bis nach t_n verläuft.

Verlängerung eines linearen Pfadausdrucks

Sei T ein **retrieve**-Term, in dessen Selektionsklausel ein linearer Pfadausdruck der folgenden Form vorkomme (alle großgeschriebenen Worte stehen für Term-Metavariablen, e und v stehen für Bereichsvariablen):

$$T \equiv \left[\begin{array}{l} (\textbf{retrieve } :\textbf{B } ((e \text{ BINDING}) \text{ BINDING\_LIST}) \\ \qquad\quad :\textbf{S } (\textbf{and } (= e \ (\textbf{path } v \ A_i \ \ldots \ A_j)) \\ \qquad\qquad\qquad \text{SEL\_PRED}) \\ \qquad\quad :\textbf{P } \text{PROJ\_LIST}) \end{array} \right]$$

Dann kann man die folgende Transformation überall im Term *SEL_PRED* anwenden, ohne jedoch geschachtelte **retrieve**-Terme zu modifizieren, in denen e nicht frei vorkommt:

$$(\textbf{path } e \ A_{j+1} \ldots A_l) \ \longrightarrow \ (\textbf{path } v \ A_i \ldots A_j \ A_{j+1} \ldots A_l)$$

Eine weitere Vereinfachung ist möglich, falls—nach der Transformation—die Bereichsvariable e nicht weiter in T qualifiziert wird. In diesem Fall kann der Term "$(e\ BINDING)$" aus der Bindeklausel entfernt werden und außerdem der Term "$(=\ e\ (path\ v\ A_i \ldots A_j))$" aus der :S-Klausel gelöscht werden, falls sichergestellt ist, daß $BINDING$ nicht restriktiver ist als $range(v.A_i. \cdots .A_j)$. Wenn e an eine Typ-Extension gebunden ist, so ist dies auf jeden Fall sichergestellt.

Nachdem wir die Verlängerungsregel an obigem (abstrakten) Beispiel motiviert haben, wollen wir nun die generelle Regel T2 formulieren, die den allgemeinen Fall linearer Pfadausdrücke behandelt—d.h., in der Notation unseres abstrakten Beispiels ist die Bereichsvariable e selbst wieder zu einem linearen Pfadausdruck $(path\ x\ A_1 \ldots A_m)$ verallgemeinert. Weiterhin ist T2 im Gegensatz zu unserem Beispiel dahingehend verallgemeinert, daß auch geschachtelte **retrieve**-Terme bearbeitet werden können.

FALLS

1. $Q/\overset{*}{r}0 = $ **retrieve**

2. $Q/\overset{*}{r}S\overset{*}{a}0 = $ **and**

3. $Q/\overset{*}{r}S\overset{*}{a}i = (=\ (\mathbf{path}\ x\ A_1 \ldots A_m)\ (\mathbf{path}\ y\ B_1 \ldots B_e))$

4. $Q/\overset{*}{r}S\overset{*}{a}j = (\Phi\ arg_1\ arg_2)$ mit $\Phi \in \{\ =,\ \mathbf{in},\ <,\ \leq,\ >,\ \geq, \ldots\}$

5. $i \neq j$

6. $arg_p = (\mathbf{path}\ y\ B_1 \vdots \ldots B_e\ A_{m+1} \ldots A_{m+k})$ mit $p \in \{1,2\}$

DANN   [T2]

1. $Q/\overset{*}{r}S\overset{*}{a}jp \longrightarrow (\mathbf{path}\ x\ A_1 \ldots A_m\ A_{m+1} \ldots A_{m+k})$

In der Anwendung dieser Regel wird der Pfadausdruck

$$(\mathbf{path}\ y\ B_1 \ldots B_e\ A_{m+1} \ldots A_{m+k})$$

wobei y eine Metavariable für irgendeine Bereichsvariable und $B_1, \ldots, B_e$ und $A_{m+1}, \ldots, A_{m+k}$ Metavariablen für Attributnamen darstellen, ersetzt durch den äquivalenten Pfadausdruck

$$(\mathbf{path}\ x\ A_1 \ldots A_m\ A_{m+1} \ldots A_{m+k})$$

Die Äquivalenz dieser beiden Ausdrücke leitet sich aus dem Term

$$(=\ (\ \mathbf{path}\ x\ A_1 \ldots A_m)\ (\mathbf{path}\ y\ B_1 \ldots B_e))$$

an Position $Q/\overset{*}{r}S\overset{*}{a}i$ ab. Die Motivation hinter dieser Termersetzungsregel wird durch die Namenswahl der Metavariablen für die Attribute angedeutet, also $A_1, \ldots, A_m, A_{m+1}, \ldots, A_{m+k}$. Man benutzt T2 um die Segmente eines Pfades $t_0.A_1. \cdots .A_n$ "aneinanderzureihen", um die nachfolgende Nutzung der Zugriffsrelation $[\![t_0.A_1. \cdots .A_n]\!]_X$ vorzubereiten.

Verlängern eines mengenwertigen Pfadausdrucks

Die Formulierung der analogen Regel für die Verlängerung mengenwertiger Pfadausdrücke erfordert größte Sorgfalt, um die semantische Äquivalenz des transformierten Ausdrucks mit dem ursprünglichen Ausdruck zu gewährleisten. Wir wollen die Problematik an folgendem (Gegen-)Beispiel illustrieren:

(retrieve :B $((m$ MANAGER$)$ $(c$ CAR$))$
    :S **(and (in** c **(path** m Cars$))$
        $(=$ "Jaguar" **(path** c Make$))$ $\not\equiv$
        $(= 150$ **(path** c HorsePower$)))$
    :P $m)$

(retrieve :B $((m$ MANAGER$))$
    :S **(and (in** "Jaguar" **(path** m Cars Make$))$
        (in 150 **(path** m Cars HorsePower$)))$
    :P $m)$

Der linke Ausdruck ermittelt alle Manager, die einen "Jaguar" mit 150 PS (*HorsePower*) fahren. Im rechten Suchausdruck werden hingegen die Manager ermittelt, die einen "Jaguar" fahren und zusätzlich ein Auto—dasselbe oder ein anderes als der "Jaguar"—mit 150 PS fahren. Deshalb muß die Regel T2, die für lineare Pfadausdrücke sehr allgemein formuliert werden konnte, sorgfältig für mengenwertige Pfadausdrücke eingeschränkt werden. Nur bestimmte Spezialfälle erlauben die Verlängerung unter Beibehaltung semantischer Äquivalenz. Dementsprechend benötigt man mehrere Regeln, um ein möglichst großes Spektrum dieser Spezialfälle abzudecken. Wir werden in dieser Darstellung nur einen dieser Fälle detailliert abhandeln können.

Die Verlängerung ist auf jeden Fall möglich, wenn die Bereichsvariable e nur zweimal in der Selektionsklausel qualifiziert wird. Ein abstraktes Beispiel ist wie folgt:

(retrieve :B ($\boxed{(e \text{ BINDING})}$ **BINDING_LIST)**
    :S (and $\boxed{(\textbf{in } e \ (\textbf{path } v \ A_i \ldots A_j))}$
        (in T (path e $A_{j+1} \ldots A_l$)) $\longrightarrow$
        SEL_PREDICATE)
    :P PROJ)

(retrieve :B (BINDING_LIST)
    :S (and $\boxed{(\textbf{in } T \ (\textbf{path } v \ A_i \ldots A_j \ A_{j+1} \ldots A_l))}$
        SEL_PREDICATE)
    :P PROJ)

Diese Substitution darf nur angewendet werden, falls e nicht frei in *SEL_PREDICATE*, *T* (für einen Term stehend) und *PROJ* vorkommt. Dieser Spezialfall der Verlängerung wird in der Ersetzungsregel T3 allgemein formuliert—wiederum ist die Regel so generalisiert, daß sie auf geschachtelte **retrieve**-Terme anwendbar ist. Vorbedingung (7) verlangt, daß e genau dreimal in dem Anfrageterm $Q/\overset{*}{r}$ vorkommt: einmal in der Bindeliste, und dann noch an den Positionen $Q/\overset{*}{r}S\overset{*}{a}p$ und $Q/\overset{*}{r}S\overset{*}{a}q$ in der Selektionsklausel. In Vorbedingung (5) wird verlangt, daß der "entschachtelte" Ergebnisbereich des Pfadausdrucks eine Untermenge des Bereichs der Variablen e darstellt. Dies wird—wie oben bereits beschrieben—statisch aus den Unter/Obertyp-Beziehungen des Datenbankschemas abgeleitet.

FALLS

1. $Q/\overset{*}{r} = $ **retrieve**

2. $Q/\overset{*}{r}S\overset{*}{a}0 = $ **and**

3. $Q/\overset{*}{r}S\overset{*}{a}p = (\textbf{in } e \ (\textbf{path } v \ A_i \ldots A_j))$

4. $Q/\overset{*}{r}S\overset{*}{a}q = (\textbf{in } arg_1 \ (\textbf{path } e \ A_{j+1} \ldots A_l))$

5. $flatRange((\textbf{path } v \ A_i \ldots A_j)) \subseteq range(e)$

6. $Q/\overset{*}{r}Bb = (e \ BINDING)$

7. $nrOccurrences(Q/\overset{*}{r}, e) = 3$

DANN   [T3]

1. $Q/\overset{*}{r}S\overset{*}{a}q \longrightarrow (\textbf{in } arg_1 \ (\textbf{path } v \ A_i \ldots A_j \ A_{j+1} \ldots A_l))$

2. $remove(Q/\overset{*}{r}S\overset{*}{a}p)$

3. $remove(Q/\overset{*}{r}Bb)$

Es gibt eine weitere Regel, die die Substitution der "verbindenden" Bereichsvariablen e erlaubt, wenn diese nur in einer Disjunktion der Form

$$(\textbf{or } TERM_1 \ TERM_2 \ \ldots)$$

weiter qualifiziert wird.

In diesem Fall kann die Bereichsvariable e ersetzt werden, selbst wenn sie in mehreren der Terme $TERM_i$ vorkommt. Ein konkretes Beispiel läßt sich leicht wie folgt konstruieren:

(retrieve :B $((m$ MANAGER$)$ $(c$ CAR$))$
$\quad$ **:S (and (in** c **(path** m Cars**))**
$\quad\quad$ **(or** $(=$ "Jaguar" **(path** c Make**))** $\quad \equiv$
$\quad\quad\quad$ $(= 150$ **(path** c HorsePower**))))**
$\quad$ **:P** m**)**

$\quad\quad\quad\quad\quad\quad\quad\quad\quad\quad\quad$ **(retrieve :B** $((m$ MANAGER$))$
$\quad\quad\quad\quad\quad\quad\quad\quad\quad\quad\quad\quad\quad$ **:S (or (in** "Jaguar" **(path** m Cars Make**))**
$\quad\quad\quad\quad\quad\quad\quad\quad\quad\quad\quad\quad\quad\quad$ **(in** 150 **(path** m Cars HorsePower**)))**
$\quad\quad\quad\quad\quad\quad\quad\quad\quad\quad\quad\quad\quad$ **:P** m**)**

In beiden Fällen werden die Manager ermittelt, die entweder einen "Jaguar" oder ein Auto mit 150 PS fahren.

7.5.3 Aufspaltung von Pfadausdrücken

Diese Regelgruppe stellt sozusagen die Inverse zu der Regelgruppe zur Pfadverlängerung dar. Das Aufspalten von Pfadausdrücken mag nötig sein, um den Teilpfad herauszufaktorisieren, der durch eine existierende Zugriffsrelation $[t_0.A_1.\cdots.A_n]_X$ unterstützt wird. Wir werden hier nur die Regel für lineare Pfade darstellen—eine analoge Regel existiert für mengenwertige Pfade. Diesmal gibt es im Gegensatz zur Pfadverlängerung keine grundsätzlichen Unterschiede zwischen linearen und mengenwertigen Pfaden.

Das "Werkzeug" zur Spaltung eines Pfadausdrucks liefert Regel T4. Sei y eine neue Bereichsvariable, die noch nirgendwo in dem Anfrageterm Q vorkommt. Dann wird diese neue Bereichsvariable sozusagen als "Platzhalter" an die Stelle gesetzt, wo der Pfadausdruck aufgespalten wird.

FALLS

1. $Q/\overset{*}{r}0 \;=\;$ **retrieve**

2. $Q/\overset{*}{r}S0 \;\neq\;$ **or**

3. $Q/\overset{*}{r}Si \;=\; (\Phi\ arg_1\ arg_2)$

4. $arg_p \;=\;$ **(path** $x\ A_1\ldots A_m B_1\ldots B_n)$ $\quad$ mit $\quad m \geq 1,\ n \geq 0, \quad p \in \{1,2\}$

5. $nrOccurrences(Q,\ y) \;=\; 0$

DANN $\hspace{40em}$ [T4]

1. $append(Q/\overset{*}{r}B,\ (y\ type(($**path** $x\ A_1\ldots A_m))))$

2. $Q/\overset{*}{r}Sip \;\longrightarrow\;$ **(path** $y\ B_1\ldots B_n)$

3. $Q/\overset{*}{r}Si \;\longrightarrow\;$ **(and** $Q/\overset{*}{r}Si$
$\quad\quad\quad\quad\quad\quad\quad\quad$ **(in** y **(path** $x\ A_1\ldots A_m)))$

Wir mußten den Term

$$(y\ type(($**path** $x\ A_1\ldots A_m)))$$

in die Bindeliste des **retrieve**-Terms, der den gespaltenen Pfadausdruck beinhaltet, einfügen. Danach kann in weiteren Transformationsschritten die neue Variable y für weitere Vorkommen des Pfadausdrucks

$$(\textbf{path}\ x\ A_1\ldots A_m)$$

mit Hilfe der Regeln T2 und T3 substituiert werden. Dies wird im folgenden (abstrakten) Beispiel illustriert:

$\ldots$
$$
\begin{array}{ll}
\textbf{(and} \ (= y \ (\textbf{path} \ x \ A_1 \ldots A_m)) & \qquad \textbf{(and} \ (= y \ (\textbf{path} \ x \ A_1 \ldots A_m)) \\
\quad (\Phi \ \textit{TERM} \ (\textbf{path} \ x \ A_1 \ldots A_m \ D_r \ldots D_q)) \ \longrightarrow & \qquad \quad (\Phi \ \textit{TERM} \ (\textbf{path} \ y \ D_r \ldots D_q)) \\
\quad \ldots) & \qquad \quad \ldots)
\end{array}
$$
$\ldots$

Die Kombination von T4 (Aufspaltung) und T2 und T3 (Substitution von Pfad-Präfixen bzw. Pfadverlängerung) kann jetzt sehr allgemein benutzt werden, um gemeinsame Pfad-Präfixe herauszufaktorisieren. Dadurch kann das mehrfache Auswerten des gleichen Pfad-Präfixes vermieden werden. Dies ist auch ein Teil der Optimierungsheuristik, die in Kapitel 7.6 beschrieben ist.

Beispiel 7.3 Wir wollen fortfahren in der Optimierung unseres laufenden Beispiels, das in den nachfolgenden Abschnitten schrittweise transformiert wird. Dabei setzen wir voraus, daß die beiden folgenden Zugriffsrelationen existieren:

- $[\text{EMP.Salary}]_{can}$ und

- $[\text{EMP.WorksIn.Mgr}]_{can}$

Dann besteht unser erster Optimierungsschritt darin, den in zwei Pfadausdrücken vorkommenden gemeinsamen Präfix "$e \ \textit{WorksIn}$" herauszufaktorisieren. Dazu werden die Regeln T4 und T2 in Verbindung mit der zwischengeschalteten Vereinfachungsregel T1, um das geschachtelte **and** zu entfernen, angewendet:

$$
\begin{aligned}
&\textbf{(retrieve} \ \textbf{:B} \ ((e \ \text{EMP}) \ (m \ \text{MANAGER})) \\
&\qquad \textbf{:S} \ (\textbf{and} \ (= \ m \ (\textbf{path} \ \boxed{e \ \text{WorksIn}} \ \text{Mgr})) \\
&\qquad\qquad\qquad (< \ (\textbf{path} \ \boxed{e \ \text{WorksIn}} \ \text{Profit}) \ 0) \qquad \xrightarrow{\ \text{T4,T1,T2}\ } \\
&\qquad\qquad\qquad (> \ (\textbf{path} \ e \ \text{Salary}) \ 200000)) \\
&\qquad \textbf{:P} \ m)
\end{aligned}
$$

$$
\begin{aligned}
&\textbf{(retrieve} \ \textbf{:B} \ ((e \ \text{EMP}) \ (m \ \text{MANAGER}) \ \boxed{(d \ \text{DEPT})}) \\
&\qquad \textbf{:S} \ (\textbf{and} \ \boxed{(= \ d \ (\textbf{path} \ e \ \text{WorksIn}))} \\
&\qquad\qquad\qquad (= \ m \ (\textbf{path} \ \boxed{d} \ \text{Mgr})) \\
&\qquad\qquad\qquad (< \ (\textbf{path} \ \boxed{d} \ \text{Profit}) \ 0) \\
&\qquad\qquad\qquad (> \ (\textbf{path} \ e \ \text{Salary}) \ 200000)) \\
&\qquad \textbf{:P} \ m)
\end{aligned}
$$

Man beachte, daß diese Transformation tatsächlich in einem weniger effizienten Anfrageterm resultiert—würde man zu diesem Zeitpunkt die Optimierung abbrechen. Durch das Einführen einer neuen Bereichsvariable d wurde nämlich eine weitere Schachtelung eingeführt. Solche "Rückschritte" in der Optimierung werden von der Heuristik kontrolliert eingeführt; sie werden nur dann "committed", falls in nachfolgenden Transformationsschritten hierdurch eine durchschlagende Effizienzsteigerung—z.B. durch das Einführen einer entsprechenden Zugriffsrelationen-Operation— ermöglicht wird. $\Diamond$

7.5.4 Ausnutzung von Zugriffsrelationen

Ein Selektionsprädikat, das auf einem Pfadausdruck basiert, für den eine anwendbare (*applicable*) Zugriffsrelation existiert, sollte auf der Basis dieser Zugriffsrelation ausgewertet werden. Hierzu liefert Regel T5 die notwendige Transformationsmöglichkeit.

Die Bedingung (1) impliziert, daß der betrachtete Pfadausdruck $(\textbf{path} \ x \ A_i \ldots A_j)$ linear sein muß—wegen der Beschränkung des Vergleichsoperators Φ.

FALLS

1. $Q/\overset{*}{v} = (\Phi \ (\textbf{path} \ x \ A_i \ldots A_j) \ c)$ mit $\Phi \in \{ =, >, \geq, <, \leq \}$

2. $isConst(c)$

3. $Applicable([s_0.A_1.\cdots.A_m]_X, \ type(x).A_i.\cdots.A_j)$

DANN   [T5]

1. $Q/\overset{*}{v} \longrightarrow$ (**in** (x) (**getasr** $[s_0.A_1.\cdots.A_m]_X$
$\qquad\qquad\qquad\qquad$ **:R** $true$
$\qquad\qquad\qquad\qquad$ **:S** $(\Phi \ \#j \ c)$
$\qquad\qquad\qquad\qquad$ **:P** $(\#(i-1))))$

In den **getasr**-Termen werden Attribute einer Zugriffsrelation nach ihrer Position referenziert. So steht z.B. $\#j$ für eine Referenz auf das $(j+1)$-te Attribut; das erste Attribut einer Zugriffsrelation hat die Nummer $\#0$.

Beispiel 7.4 Die Anwendung der obigen Transformationsregel T5 auf unser Beispiel ergibt folgende Optimierung:

(**retrieve :B** $((e$ EMP$)$ $(m$ MANAGER$)$ $(d$ DEPT$))$
$\qquad$ **:S** (**and** $(= d$ (**path** e WorksIn$))$
$\qquad\qquad\qquad$ $(= m$ (**path** d Mgr$))$ $\qquad\qquad$ T5
$\qquad\qquad\qquad$ $(< $ (**path** d Profit$)$ $0)$ $\qquad\qquad \longrightarrow$
$\qquad\qquad\qquad$ $\boxed{(> \text{(\textbf{path} } e \text{ Salary) } 200000))}$
$\qquad$ **:P** $m)$

$\qquad\qquad\qquad\qquad\qquad$ (**retrieve :B** $((e$ EMP$)$ $(m$ MANAGER$)$ $(d$ DEPT$))$
$\qquad\qquad\qquad\qquad\qquad\qquad$ **:S** (**and** $(= \ d$ (**path** e WorksIn$))$
$\qquad\qquad\qquad\qquad\qquad\qquad\qquad\qquad$ $(= \ m$ (**path** d Mgr$))$
$\qquad\qquad\qquad\qquad\qquad\qquad\qquad\qquad$ $(< \ $ (**path** d Profit$)$ $0)$
$\qquad\qquad\qquad\qquad\qquad\qquad\qquad$ $\boxed{\begin{array}{l} (\textbf{in} \ (e) \ (\textbf{getasr} \ [\text{EMP.SALARY}]_{can} \\ \quad \textbf{:R} \ true \\ \quad \textbf{:S} \ (> \ \#1 \ 200000) \\ \quad \textbf{:P} \ \#0))) \end{array}}$
$\qquad\qquad\qquad\qquad\qquad\qquad$ **:P** $m)$

$\qquad\qquad\qquad\qquad\qquad\qquad\qquad\qquad\qquad\qquad\qquad\qquad\qquad$ $\Diamond$

7.5.5 "Multi-Target"-Ausdrücke

Bislang haben wir Zugriffsrelationen nur für einfache Pfadausdrücke, die in einen Vergleich mit einer Konstanten c eingingen, ausgenutzt. Wir wollen nun Vergleiche mit einer weiteren Bereichsvariablen oder sogar mit einem anderen Pfadausdruck berücksichtigen.

Vergleich mit zwei Bereichsvariablen

Ein Prädikat könnte z.B. die Form

$$(\textbf{in} \ y \ (\textbf{path} \ x \ A_i \ldots A_j))$$

haben, wobei x und y Bereichsvariablen sind. Zunächst sollte der Optimierer versuchen, dieses Vergleichsprädikat, das 2 Bereichsvariablen einbezieht, durch Anwendung von Regeln der Art T2 und T3 (Pfadverlängerung) so umzuformen, daß eine Bereichsvariable eliminiert wird. Dies ist jedoch nicht immer möglich. Deshalb wird die nächste Regel (T6) so formuliert, daß sie eine existierende Zugriffsrelation auf ein derartiges Prädikat anwendet. In der Termersetzung T6 werden die Bereichsvariablen x und y zu einem Tupel gruppiert, das dann gegen die Tupelmenge, die durch die **getasr**-Operation ermittelt wird, abgeglichen wird. Durch die Projektionsklausel :**P** im **getasr**-Term werden die entsprechenden Spalten der Zugriffsrelation projiziert.

FALLS

1. $Q/\overset{*}{v} = (\Phi\ y\ (\textbf{path}\ x\ A_i \ldots A_j))$ mit $\Phi \in \{=, \textbf{in}\}$

2. $Applicable([s_0.A_1.\cdots.A_n]_X,\ type(x).A_i.\cdots.A_j)$

DANN   [T6]

1. $Q/\overset{*}{v} \longrightarrow$ (**in** $(x\ y)$ (**getasr** $[s_0.A_1.\cdots.A_n]_X$
 :**R** *true*
 :**S** *true*
 :**P** $(\#(i-1)\ \#j)))$

Mehrfach verbundene Pfade

Die Regel T6 kann zu "mehrfach verbundenen" Pfadausdrücken verallgemeinert werden. Unter einem mehrfach verbundenen Pfadausdruck verstehen wir z.B. folgende abstrakte Selektionsklausel:

$$(\textbf{and}\ (\Phi_1\ e_1\ (\textbf{path}\ e_0\ A_{i_0+1} \ldots A_{i_1}))$$
$$(\Phi_2\ e_2\ (\textbf{path}\ e_1\ A_{i_1+1} \ldots A_{i_2}))$$
$$\ldots$$
$$(\Phi_k\ e_k\ (\textbf{path}\ e_{k-1}\ A_{i_{k-1}+1} \ldots A_{i_k}))$$
$$SELPRED)$$

In dieser Selektionsklausel "spannen" die Variablen $e_0, \ldots, e_k$ den Pfadausdruck $t_{i_0}.A_{i_0+1}.\cdots.A_{i_k}$ "stückchenweise" auf. Wegen möglicher weiterer Qualifizierungen einer Bereichsvariablen e_i ($1 \leq i \leq k$) im Selektionsprädikat $SELPRED$ kann eine Pfadverlängerung mit einhergehender Eliminierung der Bereichsvariable nicht in Frage kommen, wenn $\Phi_i = \textbf{in}$ gilt. Deshalb ist die Regel T7 essentiell, um trotzdem eine existierende Zugriffsrelation $[s_0.A_1.\cdots.A_n]_X$ überhaupt anwenden zu können—dies hängt von der Extension X ab. In dieser Regel wird die Zugriffsrelation innerhalb eines einzigen Transformationsschritts auf alle $k+1$ Bereichsvariablen angewendet. Es werden die $(k+1)$-stelligen Tupel $(e_0\ e_1 \ldots e_k)$ gruppiert und gegen die Tupelmenge, die die **getasr**-Operation liefert, abgeglichen. Damit können nur solche Belegungen für die Bereichsvariablen $e_0, \ldots, e_k$ gültig sein, die als Tupel in der Zugriffsrelation $[s_0.A_1.\cdots.A_n]_X$ enthalten sind.

Beispiel 7.5 Regel T7 kann auf unser Beispiel angewendet werden, um die Bereichsvariablen e, d und m gegen die Tupel der Zugriffsrelation $[EMP.WorksIn.Mgr]_{can}$ abzugleichen. Die ersten beiden Konjunktionen im Selektionsprädikat sind nämlich nur für solche Belegungen von e, d und m gültig, für die ein entsprechendes Tupel in der Zugriffsrelation $[EMP.WorksIn.Mgr]_{can}$ existiert.

```
(retrieve :B ((e EMP) (m MANAGER) (d DEPT))
      :S (and  (= d (path e WorksIn))
               (= m (path d Mgr))
               (< (path d Profit) 0)                        T7
               (in (e) (getasr [EMP.SALARY]can         ⟶
                        :R true
                        :S (> #1 200000)
                        :P #0)))
      :P m)
```

FALLS

1. $Q/\overset{*}{r}0 = $ **retrieve**

2. $Q/\overset{*}{r}\overset{*}{S}a0 = $ **and**

3. Die folgenden Terme existieren für $l_j \in I\!N$ mit $\Phi_j \in \{=, \mathbf{in}\}$ $(1 \le j \le k)$:

   (1) $Q/\overset{*}{r}\overset{*}{S}al_1 = (\Phi_1\ e_1\ (\mathbf{path}\ e_0\ A_{i_0+1} \ldots A_{i_1}))$

   (2) $Q/\overset{*}{r}\overset{*}{S}al_2 = (\Phi_2\ e_2\ (\mathbf{path}\ e_1\ A_{i_1+1} \ldots A_{i_2}))$

   $\vdots$

   (k) $Q/\overset{*}{r}\overset{*}{S}al_k = (\Phi_k\ e_k\ (\mathbf{path}\ e_{k-1}\ A_{i_{k-1}+1} \ldots A_{i_k}))$

4. $Applicable([s_0.A_1.\cdots.A_n]_X,\ type(e_0).A_{i_0+1}.\cdots.A_{i_k})$

DANN   [T7]

1. $Q/\overset{*}{r}\overset{*}{S}al_1 \longrightarrow (\mathbf{in}\ (e_0\ e_1 \ldots e_k)\ (\mathbf{getasr}\ [s_0.A_1.\cdots.A_n]_X$
$$\text{:R}\ true$$
$$\text{:S}\ true$$
$$\text{:P}\ (\#i_0\ \#i_1 \ldots \#i_k)))$$

2. $remove(Q/\overset{*}{r}\overset{*}{S}al_j)$ für $2 \le j \le k$

$(\mathbf{retrieve}\ \text{:B}\ ((e\ \text{EMP})\ (m\ \text{MANAGER})\ (d\ \text{DEPT}))$

$\quad\text{:S}\ (\mathbf{and}$

> $(\mathbf{in}\ (e\ d\ m)\ (\mathbf{getasr}\ [\text{EMP.WorksIn.Mgr}]_{can}$
> $\quad\text{:R}\ true$
> $\quad\text{:S}\ true$
> $\quad\text{:P}\ (\#0\ \#1\ \#2)))$

$\qquad\qquad (<\ (\mathbf{path}\ d\ \text{Profit})\ 0)$
$\qquad\qquad (\mathbf{in}\ (e)\ (\mathbf{getasr}\ [\text{EMP.SALARY}]_{can}$
$\qquad\qquad\qquad \text{:R}\ true$
$\qquad\qquad\qquad \text{:S}\ (>\ \#1\ 200000)$
$\qquad\qquad\qquad \text{:P}\ \#0)))$

$\quad\text{:P}\ m)$

Nunmehr ist das Selektionsprädikat nur dann erfüllbar, wenn die aktuelle Belegung der Bereichsvariablen e, d und m als Tupel in der Zugriffsrelation $[\text{EMP.WorksIn.Mgr}]_{can}$ enthalten ist. Dadurch wird sichergestellt, daß der Angestellte e in der Abteilung d beschäftigt ist und m als Manager diese Abteilung d leitet.

Man erinnere sich (Beispiel 7.3), daß für die Auswertung des Pfadausdrucks (**path** d *Profit*) keine Zugriffsrelation existiert—deshalb kann dieser Term nicht durch eine (effizientere) **getasr**-Operation ersetzt werden.   ◇

7.5.6 Weitere Operatoren auf Zugriffsrelationen

Anlegen temporärer Zugriffsrelationen

Falls das Selektionsprädikat einen Pfadausdruck beinhaltet, für den keine Zugriffsrelation existiert, kann diese temporär mit dem **mkasr**-Operator angelegt werden. Eine repräsentative Regel dieser Form ist hier als T8 formuliert.

In dieser Regel wird die Zugriffsrelation $[type(x).A_1.\cdots.A_m]_{can}$ temporär angelegt, wobei aber gleich bei der Generierung schon das Selektionsprädikat beachtet wird, um den Informationsgehalt der temporären ASR so gering wie möglich zu halten. Dieses Selektionsprädikat besagt, daß man nur an den Pfaden interessiert ist, die in dem Objekt x anfangen. Auch wird in dieser Regel T8 schon die Projektion auf die letzte Spalte der Zugriffsrelation durchgeführt.

Die weiteren Regeln für die Nutzung dieser temporär erzeugten Zugriffsrelation sind analog zu den Regeln der vorangegangenen Unterabschnitte.

FALLS

1. $Q/\overset{*}{v} = (\textbf{path } x\ A_1 \ldots A_m)$

2. $\textit{set-valued}((\textbf{path } x\ A_1 \ldots A_m))$

DANN   [T8]

1. $Q/\overset{*}{v} \longrightarrow (\textbf{untuple } (\textbf{mkasr } [\textit{type}(x).A_1.\cdots.A_m]$
$:\textbf{S } (= \ \#0\ x)$
$:\textbf{P } \#m))$

Verbund (Join) über Zugriffsrelationen

Ein Selektionsprädikat, das auf dem Vergleich zweier Pfadausdrücke basiert, für die jeweils eine anwendbare Zugriffsrelation existiert, kann durch eine Join-Operation dieser beiden ASRs ausgewertet werden. Die Termersetzungsregel für diesen Optimierungsvorgang ist allgemein in Regel T9 formuliert.

FALLS

1. $Q/\overset{*}{r}0 = \textbf{retrieve}$

2. $Q/\overset{*}{r}S\overset{*}{v} = (\Phi\ (\textbf{path } x\ A_i \ldots A_j)\ (\textbf{path } y\ B_k \ldots B_l))$ with $\Phi \in \{=, \neq, \leq, <, >, \geq\}$

3. $\textit{Applicable}([s_0.A_1.\cdots.A_m]_X,\ \textit{type}(x).A_i.\cdots.A_j)$

4. $\textit{Applicable}([t_0.B_1.\cdots.B_n]_{X'},\ \textit{type}(y).B_k.\cdots.B_l)$

DANN   [T9]

1. $Q/\overset{*}{r}S\overset{*}{v} \longrightarrow (\textbf{in } (x\ y)\ (\textbf{joinasr } [s_0.A_1.\cdots.A_m]_X$
$[t_0.B_1.\cdots.B_n]_{X'}$
$:\textbf{J } (\Phi\ \#j\ \#(m+1+l))$
$:\textbf{P } (\#(i-1)\ \#(m+1+k))))$

Die :J-Klausel stellt das Join-Prädikat dar, in dem—in diesem Fall—die Gleichheit der j-ten Spalte mit der $(m+1+l)$-ten Spalte gefordert wird. Bei der **joinasr**-Operation wird logisch gesehen zuerst das Kreuzprodukt gebildet, so daß die Spaltennummern der zweiten ASR entsprechend umgerechnet werden müssen.

Da der Join eine sehr teure Operation darstellt, sollte die die Transformation kontrollierende Suchheuristik versuchen, den Join zu erreichen, wann immer dies möglich ist. Wird er aber benötigt, so sollte versucht werden, den Join weiter zu optimieren. Wenn der umschließende **retrieve**-Term eine selektive Bindung für x und y enthält, z.B.

$$:\textbf{B } (\ldots (x\ C_1) \ldots (y\ C_2) \ldots)$$

so sollten diese in die **joinasr**-Operation hineinpropagiert werden, indem man die ASR-Argumente durch entsprechende **getasr**-Operationen ersetzt, in denen die Einschränkung durch die Bindung dann in der :S-Klausel ausgenutzt wird. Dadurch kann die Anzahl der zu "joinenden" Tupel eingeschränkt werden. In der Notation von Regel T9 hätte man dann folgende Ersetzung durchzuführen:

$$Q/\overset{*}{r}S\overset{*}{v} \longrightarrow (\text{in } (x\ y)\ (\textbf{joinasr}\ (\textbf{getasr}\ [s_0.A_1.\cdots.A_m]_X$$

$$:\textbf{R}\ true$$
$$:\textbf{S}\ (\text{in } \#(i-1)\ C_1)$$
$$:\textbf{P}\ (\#(i-1)\ \#j))$$
$$(\textbf{getasr}\ [t_0.B_1.\cdots.B_n]_{X'}$$
$$:\textbf{R}\ true$$
$$:\textbf{S}\ (\text{in } \#(k-1)\ C_2)$$
$$:\textbf{P}\ (\#(k-1)\ \#l))$$
$$:\textbf{J}\ (\Phi\ \#1\ \#3)$$
$$:\textbf{P}\ (\#0\ \#2)))$$

Durch die innere Projektion innerhalb der **getasr**-Operationen, die die Argumente für die **joinasr**-Operation bilden, werden die Spaltennummern modifiziert, so daß die Join-Operation eine Zugriffsrelation mit nur vier Spalten generiert. Dies mußte bei der Formulierung des Joinsprädikats in der :J-Klausel und bei der äußeren Projektion in der :P-Klausel berücksichtigt werden.

7.5.7 Einführung der Vereinigung

Falls "nichts anderes funktioniert" kann man ein disjunktives Selektionsprädikat auswerten, indem man jede Disjunktion separat auswertet und die ermittelten Ergebnismengen miteinander vereinigt. Zu diesem Zweck sollte man das Selektionsprädikat erst in die disjunktive Normalform überführen, damit man in nachfolgenden Optimierungsschritten nicht nochmals mit inneren Disjunktionen zu "kämpfen" hat. Regel T10 stellt eine solche "letzte Rettung" zur Evaluierung einer Disjunktion dar.

FALLS

   1. $Q/\overset{*}{r}0$ = **retrieve**

   2. $Q/\overset{*}{r}S$ = (**or** $orArg_1 \ldots orArg_n$)

DANN [T10]

   1. $Q/\overset{*}{r}$ $\longrightarrow$ (**union** (**retrieve** :B $Q/\overset{*}{r}B$
                                     :S $orArg_1$
                                     :P $Q/\overset{*}{r}P$)

        ...

        (**retrieve** :B $Q/\overset{*}{r}B$
                                     :S $orArg_n$
                                     :P $Q/\overset{*}{r}P$)

7.5.8 Propagation von Selektionsprädikaten "nach innen"

In der Optimierung relationenalgebraischer Ausdrücke gibt es eine altbekannte Technik, die darin besteht, Selektionen so früh wie möglich durchzuführen. Dadurch kann man vermeiden, daß nachfolgende Operationen, wie z.B. der Join, die sehr viel Aufwand verursachen, nur noch eingeschränkte Datenmengen bearbeiten müssen. Bildhaft kann man sich diese Optimierung an der Operatorbaum-Repräsentation eines Relationenalgebra-Ausdrucks so vorstellen, daß die Selektionsoperationen so tief wie möglich in Richtung der Blätter des Baums verschoben werden.

In der Optimierung unserer Termsprache für Objektmodelle haben wir eine analoge Optimierungsmethode herausgearbeitet, die darin besteht, Selektionsbedingungen möglichst weit "nach innen" zu propagieren. Die folgende Regelgruppe kann angewendet werden, um Selektionsprädikate basierend auf einem Vergleich einer Bereichsvariablen mit einer konstanten Menge in einen **getasr**-Term zu propagieren. In Regel T11 stellt die Meta-Variable C einen mengenwertigen Ausdruck dar, z.B. eine **getasr**-Operation, die zu einer Konstanten evaluiert werden kann. Das Prädikat, das die

---

FALLS

1. $Q/\overset{*}{r}$ = **retrieve**

2. $Q/\overset{*}{r}S\overset{*}{a}0$ = **and**

3. $Q/\overset{*}{r}S\overset{*}{a}i$ = (**in** $(e_1 \ldots e_l \ldots e_k)$ (**getasr** $[t_0.A_1.\cdots.A_n]_X$
   :**R** $RESTR$
   :**S** $ASRselect$
   :**P** $(\#i_1 \ldots \#i_l \ldots \#i_k)))$

4. $Q/\overset{*}{r}S\overset{*}{a}j$ = (**in** e_l C)

DANN   [T11]

1. $Q/\overset{*}{r}S\overset{*}{a}i \longrightarrow$ (**in** $(e_1 \ldots e_l \ldots e_k)$ (**getasr** $[t_0.A_1.\cdots.A_n]_X$
   :**R** $RESTR$
   :**S** (**and** (**in** $\#i_l$ C)
                $ASRselect$)
   :**P** $(\#i_1 \ldots i_l \ldots \#i_k)))$

2. $remove(Q/\overset{*}{r}S\overset{*}{a}j)$

Bereichsvariable e_l gegen diese konstante Menge C vergleicht, wird in den **getasr**-Ausdruck hineinverlagert, in dem e_l zusätzlich qualifiziert wird. Dies hat zwei grundsätzliche Vorteile:

1. der *Zugriffsrelationen-Manager* muß während der Laufzeit weniger Tupel bewegen und

2. ein Vorkommen der Bereichsvariablen e_l wird hierdurch eliminiert. Dies kann uns u.U. dem Ziel, die Bereichsvariable e_l ganz aus dem Anfrageterm Q zu eliminieren, einen Schritt näherbringen.

In der Formulierung der Regel T11 werden zwei Meta-Variablen benutzt, die bislang noch nicht vorkamen: $RESTR$ steht allgemein für ein Restriktionsprädikat und $ASRselect$ für ein Selektionsprädikat innerhalb einer **getasr**-Operation.

7.5.9 Entfernung von Bereichsvariablen

Es gibt mehrere mögliche Transformationen, nach denen eine Bereichsvariable obsolet werden kann. Beispiele hierfür sind die Regeln zur Pfadverlängerung (T2 und T3) sowie die vorhergehende Regel T11 zur Propagation von Selektionsbedingungen in die **getasr**-Ausdrücke. Falls dieses propagierte Prädikat die vorletzte Referenz auf e_l innerhalb des umschließenden **getasr**-Ausdrucks darstellte—die Bindeklausel enthält immer die letzte Referenz auf eine Bereichsvariable—kann man e_l ganz löschen: zum einen aus der **in**-Klausel des **getasr**-Ausdrucks, wobei gleichzeitig die Projektion auf die Spalte $\#i_l$ aus der :**P**-Klausel entfernt werden muß, und zum anderen aus der Bindeliste des **retrieve**-Ausdrucks. Die Regel ist allgemein in T12 formuliert.

Streng genommen muß man vor Anwendung dieser Regel noch sicherstellen, daß die Bindung $(e_l\ BINDING)$ nicht restriktiver ist als die in dem **getasr**-Ausdruck enthaltene Einschränkung der Variablen e_l—wenn e_l an die entsprechende Typ-Extension gebunden ist, ist das aber sicher nicht der Fall.

Analoge Regeln zur Eliminierung von Bereichsvariablen existieren für andere Zugriffsrelationen-Operationen wie **mkasr**, **appendasr** und **joinasr**.

FALLS

1. $Q/\overset{*}{r}0 = $ **retrieve**

2. $Q/\overset{*}{r}Bb = (\boxed{e_l}\ BINDING)$

3. $Q/\overset{*}{r}S0 \neq $ **or**

4. $Q/\overset{*}{r}Si = ($**in** $(e_1 \ldots \boxed{e_l} \ldots e_k)$ (**getasr** $[\![t_0.A_1.\cdots.A_n]\!]_X$
   :**R** $RESTR$
   :**S** $ASRselect$
   :**P** $(\#i_1 \ldots \boxed{\#i_l} \ldots \#i_k)))$

5. $nrOccurrences(Q/\overset{*}{r}, e_l) = 2$

DANN   [T12]

1. $Q/\overset{*}{r}Si \longrightarrow ($**in** $(e_1 \ldots e_{l-1}\ e_{l+1} \ldots e_k)$ (**getasr** $[\![t_0.A_1.\cdots.A_n]\!]_X$
   :**R** $RESTR$
   :**S** $ASRselect$
   :**P** $(\#i_1 \ldots \#i_{l-1}\ \#i_{l+1} \ldots \#i_k)))$

2. $remove(Q/\overset{*}{r}Bb)$

Beispiel 7.6 Betrachten wir jetzt den folgenden Transformationsschritt an unserem laufenden Beispiel, in dem nacheinander die Regeln T11 und T12 angewendet werden.

(**retrieve** :**B** $(\boxed{(e\ \text{EMP})}\ (m\ \text{MANAGER})\ (d\ \text{DEPT}))$
    :**S** (**and** (**in** $(\boxed{e}\ d\ m)$ (**getasr** $[\![\text{EMP.WorksIn.Mgr}]\!]_{can}$
                  :**R** $true$
                  :**S** $true$
                  :**P** $(\boxed{\#0}\ \#1\ \#2)))$ $\xrightarrow{\text{T11,T12}}$
        (**in** $\boxed{(e)}$ (**getasr** $[\![\text{EMP.SALARY}]\!]_{can}$
              :**R** $true$
              :**S** $(>\ \#1\ 200000)$
              :**P** $\#0)))$
    $(<\ (\textbf{path}\ d\ \text{Profit})\ 0)$
    :**P** $m)$

        (**retrieve** :**B** $((m\ \text{MANAGER})\ (d\ \text{DEPT}))$
            :**S** (**and** (**in** $(d\ m)$ (**getasr** $[\![\text{EMP.WorksIn.Mgr}]\!]_{can}$
                      :**R** $true$
                      :**S** (**in** $(\#0)$ (**getasr** $[\![\text{EMP.SALARY}]\!]_{can}$
                            :**R** $true$
                            :**S** $(>\ \#1\ 200000)$
                            :**P** $\#0))$
                      :**P** $(\#1\ \#2)))$
                $(<\ (\textbf{path}\ d\ \text{Profit})\ 0))$
            :**P** $m)$

Man beachte, daß dieser Optimierungsschritt die Entfernung der Bereichsvariablen e (durch Anwendung von T12) aus der Bindeliste und aus der **getasr**-Operation beinhaltet, da e nach der Anwendung von T11 nicht weiter qualifiziert wurde und e an die Extension von EMP gebunden war—somit war sichergestellt, daß die Bindung von e in der Bindeklausel auf jeden Fall weniger restriktiv war als die Einschränkung in der Selektionsklausel.   ◇

7.5.10 Propagation von Prädikaten in die Bindeliste

Ein Prädikat, das zu einer Konstanten, wie z.B. einer **getasr**-Operation, evaluiert, sollte in die Bindeliste des umschließenden **retrieve**-Ausdrucks propagiert werden. Dies vermeidet bei der später auszuführenden "*nested loop*"-Auswertung die laufzeit-aufwendige Bindung der Bereichsvariablen an die vollständigen Typ-Extensionen. Die allgemeine Transformationsregel T13 kann zu diesem Zweck angewendet werden. Die Meta-Variable $ASRexpr$ dient als Platzhalter für irgendeine beliebige Zugriffsrelationen-Operation, wie z.B. einen **getasr** oder **joinasr**-Ausdruck.

FALLS

1. $Q/\overset{*}{r}0 = $ **retrieve**

2. $Q/\overset{*}{r}S0 \neq $ **or**

3. $Q/\overset{*}{r}Si = ($**in** $(x_1 \ldots x_n)\ ASRexpr)$

4. $Q/\overset{*}{r}Bb_j = (x_j\ type_j) \quad$ für $1 \leq j \leq n$

DANN   [T13]

1. $append(Q/\overset{*}{r}B, ((x_1 \ldots x_n)\ ASRexpr))$

2. $remove(Q/\overset{*}{r}Si)$

3. $remove(Q/\overset{*}{r}Bb_j) \quad$ für $1 \leq j \leq n$

Beispiel 7.7 Die folgende Transformation, die die Regel T13 anwendet, ist der vorletzte Schritt in der Optimierung unserer Beispielanfrage:

```
(retrieve :B ((m MANAGER) (d DEPT))
         :S (and (in (d m) (getasr [EMP.WorksIn.Mgr]_can
                          :R true
                          :S (in (#0) (getasr [EMP.SALARY]_can
                                      :R true
                                      :S (> #1 200000)
                                      :P #0))

                          :P (#1 #2)))
                 (< (path d Profit) 0))
         :P m)
```

$\overset{T13}{\longrightarrow}$

```
(retrieve :B ((d m) (getasr [EMP.WorksIn.Mgr]_can
                    :R true
                    :S (in (#0) (getasr [EMP.SALARY]_can
                                :R true
                                :S (> #1 200000)
                                :P #0))

                    :P (#1 #2)))
         :S (and (< (path d Profit) 0))
         :P m)
```

Vor diesem Optimierungsschritt war es nowendig, die Bereichsvariablen m und d unabhängig voneinander an alle Elemente der Extensionen $MANAGER$ bzw. $DEPT$ zu binden. Dies führt zu einer Laufzeit, die proportional zu $\#(MANAGER) * \#(DEPT)$ ist, wenn $\#(MANAGER)$ die

Kardinalität der Typ-Extension $MANAGER$ und $\#(DEPT)$ die Kardinalität der Typ-Extension $DEPT$ bezeichnet. Nach Durchführung des Transformationsschritts werden die beiden Bereichsvariablen abhängig voneinander an Tupel der Zugriffsrelation $[\text{EMP.WorksIn.Mgr}]_{can}$ gebunden, die noch dazu auf die Attribute $\#1$ und $\#2$ projiziert sind. Dadurch erreicht man eine Laufzeit proportional zur Anzahl der Abteilungen, also $\#(DEPT)$, wenn man voraussetzt, daß jede Abteilung von nur einem Manager geleitet wird. $\Diamond$

7.5.11 Einführung von Restriktionsprädikaten

Die folgende Regelgruppe führt Restriktionsprädikate in die Zugriffsrelationen-Operationen ein. Eine solche Regel kann nur jeweils einmal angewendet werden, da nur ein Restriktionsterm erlaubt ist. Deshalb werden diese Transformationen erst gegen Ende des Optimierungsprozesses ausgeführt, damit sichergestellt wird, daß das selektivste Prädikat für die Restriktion zur Verfügung steht. Die Regel T14 kann angewendet werden, falls der Term nur das Einstiegsattribut der **getasr**-Operation betrifft (für die Erläuterung der **:R**-Klausel siehe Abschnitt 7.2.1 auf Seite 120). In der Formulierung der Regel bezeichnet $Q/\overset{*}{r}3$ die Position des Selektionsprädikats des **getasr**-Ausdrucks, der sich an der Position $Q/\overset{*}{r}0$ befindet. Demgemäß stellt $Q/\overset{*}{r}2$ die Position des Restriktionsprädikats dar.

FALLS

1. $Q/\overset{*}{r}0 = $ **getasr**

2. $Q/\overset{*}{r}30 \neq $ **or**

3. $Q/\overset{*}{r}3j = (\Phi \ \#i \ TERM)$

4. i ist ein Einstiegspunkt der ASR $Q/\overset{*}{r}1$, d.h., es gibt eine Partitionsgrenze i innerhalb der Dekomposition der ASR.

DANN [T14]

1. $Q/\overset{*}{r}2 \longrightarrow Q/\overset{*}{r}3j$

2. $Q/\overset{*}{r}3j \longrightarrow true$

Die Ausnutzung des Restriktionsprädikats für die effiziente Auswertung einer **getasr**-Operation auf der Basis des Speichermodells (2 redundante B^+-Bäume für jede Zugriffsrelationen-Partition) ist die Aufgabe des *ASR-Managers* und wird deshalb hier nicht weiter abgehandelt.

Beispiel 7.8 Diese Regel T14 wird jetzt benutzt um den letzten Optimierungsschritt an unserer Beispielanfrage durchzuführen.

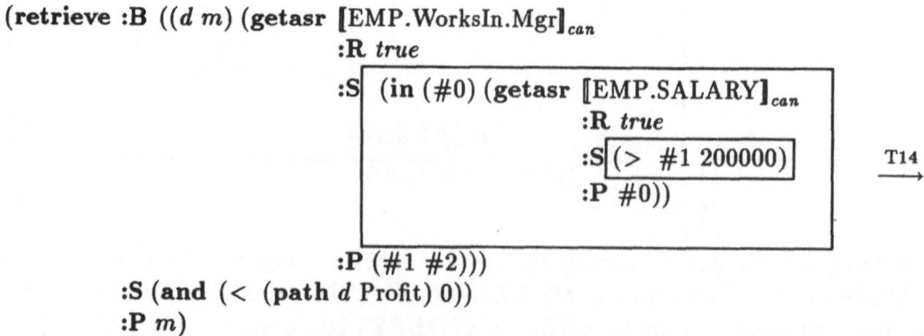

```
(retrieve :B ((d m) (getasr [EMP.WorksIn.Mgr]_can
                  :R true
                  :S  (in (#0) (getasr [EMP.SALARY]_can
                               :R true
                               :S (> #1 200000)        T14
                               :P #0))                  ―→
                  :P (#1 #2)))
       :S (and (< (path d Profit) 0))
       :P m)
```

(retrieve :B (($d\ m$) (getasr [EMP.WorksIn.Mgr]$_{can}$

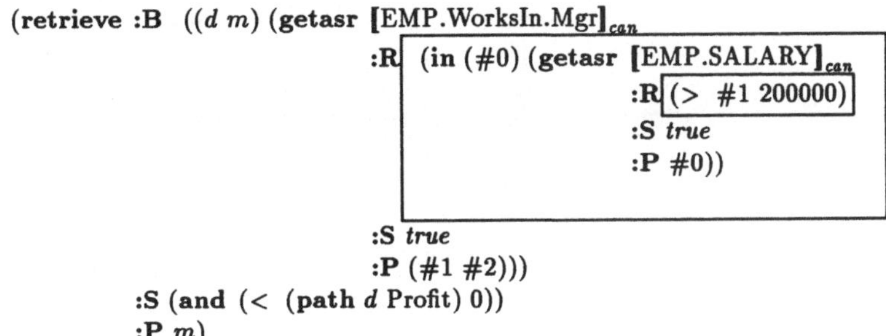

:S true
:P (#1 #2)))
:S (and (< (path d Profit) 0))
:P m)

◇

Streng genommen wurde T14 in dieser Umformung zweimal angewendet: einmal auf den inneren **getasr**-Ausdruck und einmal auf den äußeren **getasr**-Ausdruck.

7.5.12 Elimination des Retrieve-Operators

Falls das Selektionsprädikat durch die Transformationen leer wird und nur eine Bereichvariable in der Bindeliste übriggeblieben ist, kann man sogar noch den äußeren **retrieve**-Operator eliminieren. Formal ist dies in Regel T15 gefaßt. Diese Regel kann jedoch nur—in dem seltenen Fall— angewendet werden, daß die Anfrage vollständig auf existierende Zugriffsrelationen auswertbar ist—und der Optimierer dies auch erkennt.

FALLS

1. $Q/\overset{*}{r}0\ =\ $ **retrieve**

2. $Q/\overset{*}{r}B\ =\ ((x)\ ASRexpr)$

3. $Q/\overset{*}{r}S\ =\ true$

4. $Q/\overset{*}{r}P\ =\ x$

DANN   [T15]

1. $Q/\overset{*}{r}\ \longrightarrow ASRexpr$

7.6 Der Regelinterpretierer und die Suchheuristik

In diesem Abschnitt werden die Kontrollstrategien unseres Anfrageoptimierers beschrieben. Dies ist ein sehr wichtiger Aspekt, da die unkontrollierte Anwendung der Transformationsregeln zwar äquivalenzerhaltend ist, aber zu einer erschöpfenden—und u.U. nicht einmal terminierenden—Suche nach der optimalen Auswertung der Anfrage führen würde. Dies würde dann zu einer exponentionellen "Explosion" des Suchraums führen. Deshalb ist eine Heuristik nötig, die die Anwendung der Transformationsregeln gezielt in die richtige Richtung lenkt. Hierzu haben wir mehrere Techniken entwickelt, von denen zwei in diesem Abschnitt skizziert werden.

Die Architektur des Regelinterpretierers ist in Abb. 7.2 dargestellt. Der Anfrageoptimierer wurde als äußerst modulares Programmsystem entwickelt, wodurch er sehr leicht erweiterbar ist. Zu diesem Zweck wurden sowohl die Heuristiken als auch die Termersetzungsregeln als änderbare Parameter in dieses System integriert, so daß beide anpaßbar und ausbaubar sind. Dies ist in unserem Schaubild dadurch gekennzeichnet, daß beide als Eingabegrößen in die *"black box"* des Optimierers eingehen.

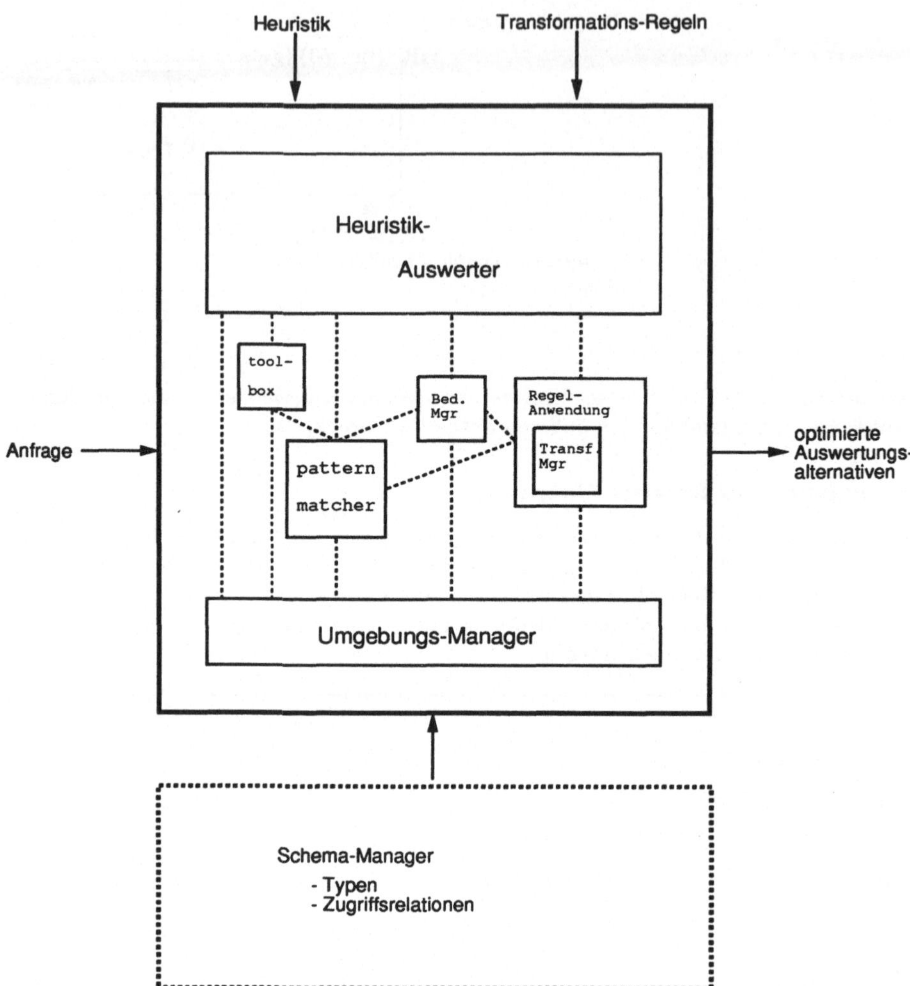

Abb. 7.2. Die Modulstruktur des Regelinterpretierers

Der Anfrageoptimierer enthält einen generischen Heuristik-Interpretierer, der allgemeine Heuristiken, die in entsprechender Form spezifiziert vorliegen, auswerten kann. Dadurch sind wir in der Lage mit verschiedensten Strategien zu experimentieren, um somit die optimale Heuristik für unseren Optimierer zu bestimmen.

Der Heuristik-Interpretierer kontrolliert den Optimierungsvorgang. Für die Steuerung besitzt er Schnittstellen zu folgenden drei Modulen:

- der "*tool box*", die eine umfassende Menge an Funktionen bereitstellt, mit denen man den Anfrageterm analysieren kann. Die Algorithmen zur Umformung der Selektionsklausel in einen gerichteten Graphen, die nachfolgend vorgestellt werden, sind z.B. Bestandteil der "*tool box*".

- dem "*pattern matcher*", der dazu benutzt wird, vorgegebene Muster gegen den Anfrageterm abzugleichen.

- dem Bedingungs-Manager ("*condition manager*"), mit dem man gezielt die Anwendbarkeit der Transformationsregeln überprüfen kann.

Generell muß der Optimierungsvorgang natürlich im Kontext der existierenden Objekttypen und Zugriffsrelationen durchgeführt werden. Zu diesem Zweck hat der Anfrageoptimierer einen Anschluß an die GOM-Schemaverwaltung.

Der *Umgebungs-Manager*, der intern vom Anfrageoptimierer aufgebaut wird, dient dazu, die Charakteristiken des zu optimierenden Terms aufzuzeichnen. Weiterhin werden im *Umgebungs-Manager* gewisse Verwaltungsinformationen geführt, die intern für die Anwendung der Transformationsregeln benötigt werden. Auch werden die Alternativen, die im Rahmen des Termersetzungsvorgangs erzeugt werden, vom Umgebungs-Manager verwaltet.

Das Modul *Regel-Anwendungsmanager* kontrolliert, wie der Name schon andeutet, die Durchführung der Termersetzungsschritte. Er sorgt dafür, daß die im Anschluß an eine Ersetzung notwendigen "Aufräumarbeiten" und Vereinfachungen durchgeführt werden.

Um den Leser nicht über Gebühr mit technischen Details zu beanspruchen, werden wir uns in dieser Darstellung auf zwei wesentliche Konzepte in der Durchführung des Optimierungsvorgangs konzentrieren:

1. der Erkennung von anwendbaren Zugriffsrelationen

2. der Gruppierung der Regeln in Regelgruppen und deren Ablaufsteuerung

7.6.1 Ortung von "nützlichen" Zugriffsrelationen

Das vordringlichste Ziel der Optimierungsheuristik muß die effektive Nutzung der existierenden Zugriffsrelationen sein. Zu diesem Zweck muß das Selektionsprädikat der zu optimierenden Anfrage im Kontext der aus der Schemaverwaltung zu ermittelnden ASR-Spezifikationen analysiert werden. Für diese Analyse wird aus dem Selektionsprädikat eines **retrieve**-Ausdrucks ein gerichteter Graph geformt, in dem man gezielt die Anwendbarkeit der von der Schemaverwaltung vorgegebenen Zugriffsrelationen überprüfen kann.

In unserer Beschreibung dieser Analyse-Phase machen wir zwei vereinfachende Annahmen:

1. Attribute unterschiedlicher Tupel-Typen sind auch unterschiedlich benannt. Diese Annahme vereinfacht hier nur die Notation; sie wäre sehr leicht zu umgehen, indem man zu den Attributen jeweils den Typ als Präfix führt.

2. das Selektionsprädikat des Anfrageterms besteht aus einer nicht-geschachtelten Konjunktion. Auch diese Einschränkung wurde in unserer Implementierung durch entsprechende Verallgemeinerungen der hier vorgestellten Konzepte aufgehoben.

Die Darstellung des Selektionsprädikats als gerichteter Graph ist wie folgt definiert:

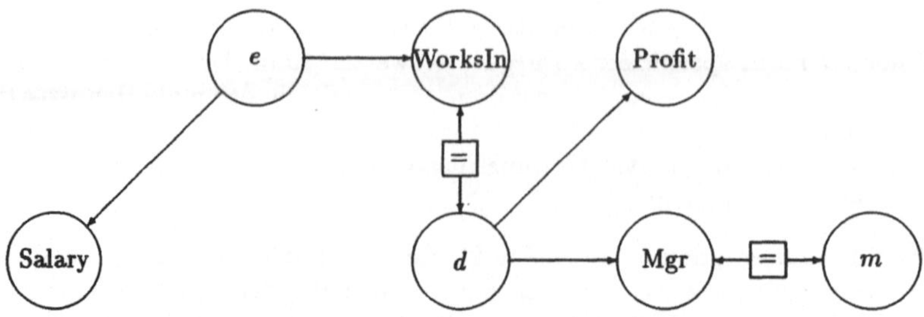

Abb. 7.3. Graphische Repräsentation des Selektionsprädikats

1. für jede Bereichsvariable und für jedes Attribut, das in einem Pfadausdruck vorkommt, wird
   ein Knoten mit dem Namen der Bereichsvariablen bzw. des Attributs als Markierung eingeführt.

2. für jeden Pfadausdruck (**path** x $A_i \ldots A_j$) werden gerichtete Kanten von dem Knoten (mit
   der Markierung) x zu dem Knoten (mit der Markierung) A_i eingeführt, sowie von A_l nach
   A_{l+1} für $i \le l < j$.

3. für jeden Term (Φ (**path** y $B_r \ldots B_q$) (**path** x $A_i \ldots A_j$)) führe—abhängig vom Vergleichsoperator Φ—die folgende(n) Kante(n) ein:

   - **falls $\Phi \in \{=, \text{seteq}\}$, dann**
     führe eine gerichtete Kante von B_q nach A_j und von A_j nach B_q ein.

   - **falls $\Phi = \text{in}$, dann**
     führe eine gerichtete Kante von A_j nach B_q ein.

Beispiel 7.9 Wir wollen nochmals eine der Termdarstellungen unseres laufenden Beispiels betrachten:

```
(retrieve :B ((e EMP) (m MANAGER) (d DEPT))
        :S (and (= d (path e WorksIn))
                (= m (path d Mgr))
                (< (path d Profit) 0)
                (> (path e Salary) 200000))
        :P m)
```

Die Darstellung des Selektionsprädikats dieses Term-Ausdrucks als gerichteter Graph ist in
Abb. 7.3 gezeigt. Der Übersichtlichkeit halber haben wir einige Kanten, die infolge eines Vergleichs
von Pfadausdrücken bzw. Bereichsvariablen eingeführt wurden, mit dem jeweiligen Vergleichsoperator Φ markiert. $\Diamond$

Für die Aufdeckung nützlicher Zugriffsrelationen benötigen wir folgende Definition:

Definition 7.10 (Verbindungs-Pfad).
*Wir bezeichnen eine Sequenz von Knoten $N_0, N_1, \ldots, N_{m-1}, N_m$ in einem derartigen gerichteten
Graph als Verbindungs-Pfad zwischen dem Anfangs-Knoten N_0 und dem Ziel-Knoten N_m falls es
gerichtete Kanten zwischen den Knoten N_i und N_{i+1} für $(0 \le i < m)$ gibt.* $\Box$

Zum Beispiel gibt es in dem Graphen in Abb. 7.3 einen Verbindungs-Pfad zwischen *WorksIn*
und *Profit*, nämlich die Sequenz *WorksIn, d, Profit*.

Für jede existierende Zugriffsrelation $[t_0.A_1. \cdots .A_n]_x$ analysieren wir jetzt auf der Grundlage
des gerichteten Graphen, ob sie möglicherweise in der Auswertung der Anfrage verwendbar ist. Dies

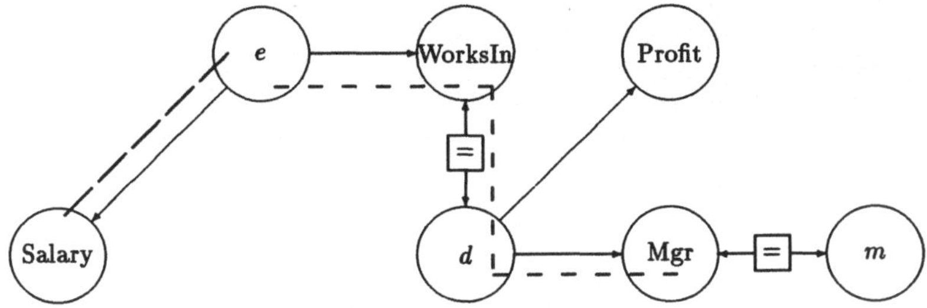

— — [EMP.Salary]$_{can}$

– – – [EMP.WorksIn.Mgr]$_{can}$

Abb. 7.4. Überlagerung der Zugriffsrelationen im Selektionsprädikat

ist i.a. sicherlich von den in der Selektionsklausel vorkommenden Pfadausdrücken und den Vergleichen zwischen Pfadausdrücken sowie der vorliegenden Extension X der Zugriffsrelation abhängig.

Der Algorithmus für die Erkennung der Anwendbarkeit einer existierenden Zugriffsrelation
$[t_0.A_1.\cdots.A_n]_X$ wird wie folgt skizziert:

falls $X = can$, dann
finde eine Bereichsvariable y vom Typ t_0—man bemerke, daß dies voraussetzt, daß y an eine Menge vom Typ t_0 oder eines Subtyps von t_0
gebunden ist—und Verbindungs-Pfade von y zu A_1 und von A_i zu A_{i+1}
für $(1 \leq i < n)$

falls $X = left$, dann
finde eine Bereichsvariable y vom Typ t_0 und den größten Wert $p \leq n$, so
daß Verbindungs-Pfade von y zu A_1 und von A_i zu A_{i+1} für $(1 \leq i < p)$
existieren.

falls $X = right$, dann
finde den kleinsten Wert $q < n$, so daß eine Bereichsvariable y vom Typ t_q
und Verbindungs-Pfade von y zu A_{q+1} und von A_i zu A_{i+1} für $(q < i < n)$
existieren.

falls $X = full$, dann
finde den kleinsten Wert q und den größten Wert p für $(0 \leq q < p \leq n)$ so
daß eine Bereichsvaraible y vom Typ t_q und Verbindungspfade von y zu
A_{q+1} und von A_i zu A_{i+1} für $(q < i < p)$ existieren.

Der obige Algorithms spiegelt die Definition des *Applicable* Prädikats aus Definition 7.2 wider.

Beispiel 7.11 Die Analyse der beiden kanonischen Zugriffsrelationen $[EMP.WorksIn.Mgr]_{can}$ und
$[EMP.Salary]_{can}$ ist graphisch in Abb. 7.4 dargestellt.

In diesem Fall mußten wir vollständige Überlagerungen der den Zugriffsrelationen zugrundeliegenden Pfadausdrücke in dem Selektionsprädikat finden. Dies ist—wie aus der Abbildung an den
unterschiedlich dargestellten Linien ersichtlich—in beiden Fällen gelungen, so daß beide Zugriffsrelationen in der Auswertung der Anfrage anwendbar sind.   ◇

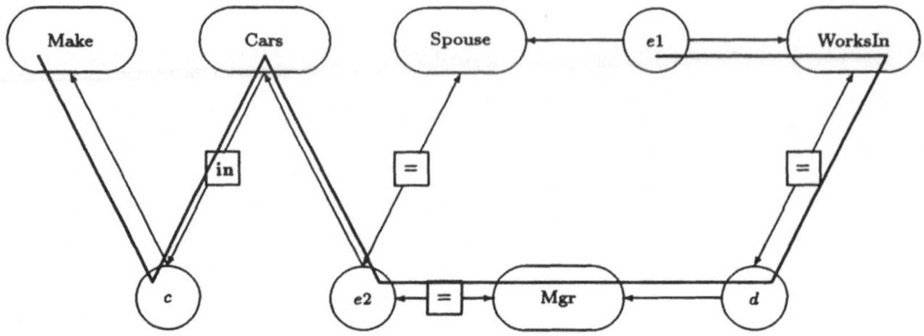

—— [EMP.WorksIn.Mgr.Cars.Make]$_{can}$

Abb. 7.5. Darstellung des Selektionsprädikats als gerichteter Graph

Der oben skizzierte Algorithmus stellt nur eine Vorselektion der anwendbaren Zugriffsrelationen dar; in welcher Form sie letzendlich eingesetzt werden, hängt von der Reihenfolge der Termersetzungsschritte ab. Auf jeden Fall kann man den Suchraum der zu betrachtenden Zugriffsrelationen damit drastisch einschränken.

Beispiel 7.12 Wir wollen den Algorithmus zur Erkennung anwendbarer Zugriffsrelationen an einem weiteren, etwas komplexeren Beispiel illustrieren. Dazu nehmen wir an, daß wir die Zugriffsrelation [EMP.WorksIn.Mgr.Cars.Make]$_{can}$ in unserer Datenbank vorliegen haben. Dann betrachten wir folgenden Anfrage-Term:

```
(retrieve  :B ((e1 EMP) (e2 EMP) (d DEPT) (c CAR))
           :S (and  (= e2 (path e1 Spouse))
                    (= d (path e1 WorksIn))
                    (= e2 (path d Mgr))
                    (in c (path e2 CARS))
                    (= "Jaguar" (path c MAKE)))
           :P e1)
```

Die oben genannte Zugriffsrelation kann in der Auswertung des Selektionsprädikats dieser Anfrage eingesetzt werden. Dies wird an der graphischen Darstellung in Abb. 7.5 deutlich.   ◇

7.6.2 Regel-Anwendung und -Gruppierung

Die Basis für die Strukturierung und auch die Optimierung des Termersetzungsvorgangs bildet die Organisation der (mehr als 90) einzelnen Transformationsregeln in Regelgruppen. Regeln, die einer ähnlichen Intention dienen, werden hierzu in einer gemeinsamen Gruppe zusammengefaßt.

Für jede dieser Regelgruppen gibt es einen *Anwendungsmodus*. Zur Zeit unterscheiden wir zwei Anwendungsmodi:

- **all**: in diesem Modus werden alle Regeln der jeweiligen Gruppe sukzessive angewendet—falls die Vorbedingung ihrer Anwendung erfüllt ist—bis keine weitere Regel mehr anwendbar ist.

- **single**: falls der Modus *single* für eine Regelgruppe spezifiziert ist, wird nur jeweils eine Regel dieser Gruppe zur Anwendung gebracht. Danach wird die Regelgruppe wieder "verlassen".

Innerhalb der Regelgruppen können die individuellen Regeln wiederum prioritisiert werden, um sie dadurch gemäß ihrer *Güte* zu ordnen. Dadurch wird sichergestellt, daß immer erst die Individualregel auf ihre Anwendbarkeit überprüft wird, die die effektivste Optimierung des Anfrageterms verspricht. Nur wenn diese nicht anwendbar ist, werden die weniger günstigen Regeln in Betracht gezogen.

Die Regelgruppen sind durch ein *Regelgruppen-Netz* geordnet, wodurch zu jeder Gruppe eine Nachfolgergruppe spezifiziert wird. Wenn mindestens eine der Regeln in der Gruppe angewendet wurde, geht die Kontrolle über zu der Nachfolgergruppe. Eine alternative Nachfolgergruppe kann für den Fall angegeben werden, daß keine Regel der betrachteten Regelgruppe anwendbar war.

Wir wollen dieses Prinzip an einem konkreten Beispiel beleuchten. Die Nachfolgergruppe der Regelgruppe, die die Einführung der **getasr**-Operation (Regel T5) durchführt, wird gefolgt von der Regelgruppe zur Propagation von Selektionsprädikaten nach innen (Regel T11). Falls keine weitere Möglichkeit bestand, **getasr**-Operationen einzuführen, sollte man zu der Regelgruppe übergehen, die die Verlängerung bzw. Aufspaltung von Pfadausdrücken durchführt, um danach einen erneuten Versuch zu starten, Zugriffsrelationen ins Spiel zu bringen.

Es gibt zwei Regelgruppen für die Vereinfachung von Ausdrücken: eine für die Vereinfachung Boole'scher Ausdrücke und eine für die Normalisierung von Mengen-Ausdrücken. Da die Anwendungen dieser Regelgruppen nicht mit der Durchführung der anderen Termersetzungsregeln konkurrieren, können sie jederzeit bei Bedarf angewendet werden, ohne daß dadurch die Nachfolgerregelung beeinflußt wird. Dies wird dadurch spezifiziert, daß innerhalb der Regelgruppe die Transformationen zur Vereinfachung aufgerufen werden, wo deren Anwendung sinnvoll erscheint.

Manchmal stellt sich während der Ausführung der Termersetzungen heraus, daß die strikte Befolgung des statischen Regelnetzes nicht sinnvoll ist. Statt dessen mag die Heuristik eine andere Regelgruppe zur Anwendung bringen wollen oder sogar die Anwendung einer ganz spezifischen Regel. Als Beispiel betrachte man die Regelgruppe "*Verlängerung*" (u.a. mit den beiden Regeln T2 und T3). Die standardmäßige Nachfolgergruppe für diese Regelgruppe ist die Gruppe, die Zugriffsrelationen einführt (Regel T5 und ähnliche). Wenn allerdings die Pfadverlängerung "übers Ziel hinweggeschossen" hat, d.h., wenn der Pfad über den von einer Zugriffsrelation abgedeckten Pfadausdruck hinaus verlängert wurde, ist es sinnvoller, erst gezielt die Regelgruppe zur Pfadaufspaltung zur Anwendung zu bringen. Dadurch kan man viele unnötige Überprüfungen der Regelvorbedingungen vermeiden und zielgerichteter in der Optimierung vorgehen. Die Nachfolgergruppe kann u.U. auch von der Historie der Transformation abhängig sein.

Die primäre Vorgehensweise der Heuristik besteht natürlich darin, zunächst die in der Selektionsklausel enthaltenen Pfadausdrücke zu verlängern und dann die Teile herauszuspalten, die durch Zugriffsrelationen abgedeckt werden. Für die so extrahierten Pfadausdrücke werden dann **getasr**-Operationen eingeführt. Danach wird versucht, Selektionsprädikate in die **getasr**-Ausdrücke zu propagieren. Zuletzt werden die **getasr**-Operationen in die Bindeliste des umschließenden **retrieve**-Ausdrucks verlagert. Wenn möglich, d.h., wenn das Selektionsprädikat hierdurch zu der Konstanten *true* geworden ist, kann man evtl. noch den **retrieve**-Ausdruck gänzlich entfernen.

Falls die oben skizzierte Strategie mißlingt, weil keine anwendbaren Zugriffsrelationen existieren, kann man dazu übergehen, temporäre Zugriffsrelationen anzulegen. Hierzu kann man entweder schon existierende Zugriffsrelationen mit **appendasr** verlängern oder aber mit **mkasr** gänzlich neue Zugriffsrelationen generieren. Die Anwendung der Join-Operation wird so lange wie möglich hinausgezögert.

Jede Strategie benötigt ein individuell abgestimmtes Regelgruppen-Netz. Deshalb gibt es nicht nur ein globales Regelgruppen-Netz, sondern für jede eingebaute Strategie ein spezielles Netz, das den besonderen Anforderungen der Strategie angepaßt ist. Jeder Term, der sich in der Optimierungsphase befindet, unterliegt genau einer gerade gültigen Strategie mit dem dazugehörigen Regelgruppennetz. Sobald keine Regeln gemäß der gerade gültigen Strategie mehr anwendbar sind, geht die Heuristik in eine andere Strategie über oder aber es wird entschieden, daß die Optimierung beendet ist.

Wir wollen nun noch kurz die Verwaltung der Terme betrachten, die sich in der Optimierungsphase befinden. Am Anfang der Optimierung existiert gerade ein Term, nämlich der Term, der durch die Initialübersetzung der GOMql-Anfrage erstellt wurde. Dieser Term wird in die vom *Umgebungsmanager* kontrollierte Liste der aktiven Terme eingebracht. Nach einer erfolgreichen Regelanwendung wird der aktive Term durch den neuen Term, der durch den Termersetzungsvorgang entstanden ist, ersetzt. Dies ist die Default-Strategie, die bei den meisten Regeln angewendet wird. Es gibt aber auch Transformationsregeln, bei denen Alternativen erzeugt werden. Ein Beispiel bilden die Regeln, die die Operationen **mkasr** und **appendasr** einführen. In diesen Fällen wird der durch die Transformationsregeln gewonnene Term an den Anfang der Liste aktiver Terme gestellt, ohne daß der Ausgangsterm überschrieben wird. Dies resultiert in einer "depth first" Suchstrategie. Man kann aber auch andere Suchstrategien spezifizieren, was dann günstiger ist, wenn die Optimierung einer Alternative unterbrochen werden soll bevor sie zu ihrem (gemäß der Regelanwendungsstrategie) Ende gelangt ist. Sobald eine Term-Alternative zu Ende optimiert ist, wird sie in die Liste der optimierten Terme eingefügt. Vorher wird jedoch noch die "Politur" des Terms durchgeführt: Die Dekomposition der Zugriffsrelationen muß noch berücksichtigt werden, gleiche Unter-Terme werden eliminiert, Entschachtelung von Konjunktionen, etc. Falls sich am Schluß der Termersetzungsphase mehr als ein Term in der Liste der optimierten Terme befindet, wird das Kostenmodell (siehe Kapitel 6) angewendet, um die für die derzeit aktuelle Datenbankausprägung effizienteste Alternative zu ermitteln. Dieser Term wird sodann in einen ausführbaren Anfragebearbeitungsplan (query evaluation plan) übersetzt.

7.7 Auswertung optimierter Terme

7.7.1 Übersetzung des Terms in eine Graphenrepräsentation

Um die "*nested loop*"-Auswertung eines optimierten Terms durchführen zu können, wird der ausgewählte Term erst in einen azyklisch gerichteten Graphen $G = (\Gamma, <)$ umgeformt. Dieser Graph wird erstellt, indem ein Knoten für jeden Unterterm eingefügt wird. Somit existieren **retrieve-**, Variablen-, Konstanten-, **and-**, **getasr-**, **joinasr-**Knoten, etc. Die Knoten Γ des Graphen werden dann gemäß der partiellen Ordnung $<$ sortiert, wobei $n_1 < n_2$ bedeutet, daß n_1 vor n_2 ausgewertet werden muß. Besondere Behandlung ist für die **getasr-**Knoten vonnöten. Bislang haben wir nur Zugriffsrelationen ohne Dekomposition, also $[t_0.A_1.\cdots.A_n]_X$ behandelt. Nach unserer Terminologie hätten wir diese Zugriffsrelation eigentlich präziser $[t_0.A_1.\cdots.A_n]_X^{(0,n)}$ benennen müssen. Allerdings ist die Berücksichtigung der Zugriffsrelationen-Partitionen jetzt relativ leicht. Für jede **getasr-**Operation, die auf eine partitionierte Zugriffsrelation angewendet wird, werden die Partitionen dieser Zugriffsrelation mittels eines Joins oder eines Semi-Joins verknüpft, je nachdem welche Attribute aus der Zugriffsrelation benötigt werden.

Da gleiche Unterausdrücke auf den gleichen Knoten im Graphen abgebildet werden, handelt es sich bei G i.a. um einen azyklisch gerichteten Graphen und nicht um einen Baum. Dies ist insbesondere dann der Fall, wenn eine Zugriffsrelationen-Partition von mehreren Zugriffsrelationen gemeinsam benutzt wird.

Wir beleuchten die Übersetzung eines Anfrageterms in die Graphenrepräsentation an einem Beispiel. Der Term

```
(retrieve :B ((e EMP) (m MANAGER))
          :S (and (= m (path e WorksIn Mgr))
                  (> (path e Salary) 200000)
                  (< (path e WorksIn Profit) 0))
          :P m)
```

wird in den Graphen, der in Abb. 7.6 gezeigt ist, überführt.

7.7.2 Übersetzung der Graphrepräsentation in ausführbaren Code

Im letzten Schritt wird die Graphrepräsentation der Anfrage in ausführbaren Code übersetzt. Für jeden Knoten im Graphen wird eine Variable deklariert, die das Ergebnis der Auswertung des zugeordneten Untergraphen aufnimmt. Ein berechneter Wert bleibt dann solange gültig bis mindestens eine Variable, die den Wert eines Unterbaums repräsentiert, sich ändert. Im obigen Beispiel muß die Variable für den mit $>$ markierten Knoten nur dann neu berechnet werden, wenn sich die Variable e ändert.

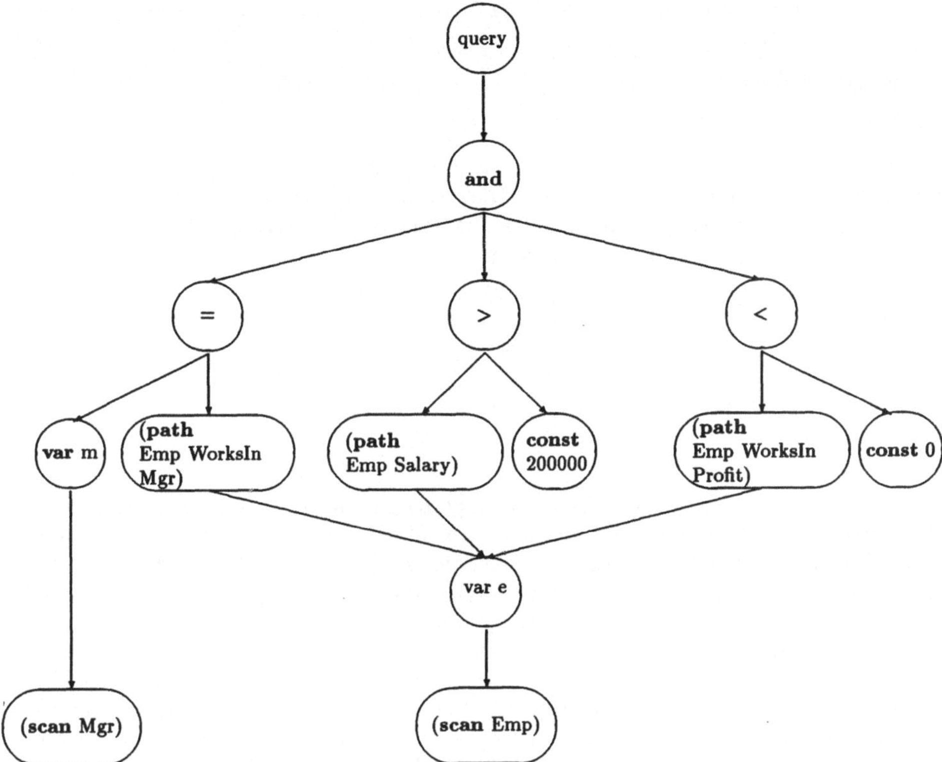

Abb. 7.6. Anfragebearbeitungsgraph für die Beispielanfrage

Weiterhin benutzen wir zwei Strategien, um die *"nested loop"*-Abarbeitung weiter zu optimieren:

1. abhängiges Binden und

2. spätes Binden.

Das erste Konzept—abhängiges Binden—wird immer dann angewendet, wenn eine Restriktion in der Bindeklausel des Anfrageterms existiert. Dies ist z.B. der Fall, wenn die Bereichsvariable an eine Zugriffsrelationen-Operation gebunden ist. Nehmen wir an, daß die Zugriffsrelation $[Emp.WorksIn.Mgr]_{can}$ existiert und der Optimierer folgenden Term erzeugt hat:

$$\begin{aligned}
&\textbf{(retrieve} \ \ :\textbf{B} \ ((e \ EMP) \ (m \ \textbf{(getasr} \ [Emp.WorksIn.Mgr]_{can} \\
&\qquad\qquad\qquad\qquad\qquad :\textbf{R} \ (= \ \#0 \ e) \\
&\qquad\qquad\qquad\qquad\qquad :\textbf{S} \ true \\
&\qquad\qquad\qquad\qquad\qquad :\textbf{P} \ (\#2)))) \\
&\quad\ :\textbf{S} \ \textbf{(and} \ \ (> \ (\textbf{path} \ e \ Salary) \ 200000) \\
&\qquad\qquad\qquad (< \ (\textbf{path} \ e \ WorksIn \ Profit) \ 0)) \\
&\quad\ :\textbf{P} \ m)
\end{aligned}$$

Dann wird m nur an die Manager der Abteilung(en) gebunden, in denen e arbeitet. Man beachte, daß dieser Term keineswegs optimal ist; man hätte die Bindung von e natürlich auch an die **getasr**-Operation koppeln können. Wir erkennen aber hier, daß der Großteil der Arbeit zur Einschränkung der Bindemöglichkeiten schon durch den Optimierungsvorgang abgedeckt wird, indem Selektionsprädikate in die Bindeklausel gezogen werden.

Das Konzept des *späten Bindens* besteht darin, daß Terme erst dann ausgewertet werden, wenn ihr Wert benötigt wird. Dies ist besonders wichtig wenn die Selektionsklausel ein **and**-Term ist, der aus vielen Konjunktionen besteht, die ihrerseits auf einer Vielzahl unterschiedlicher Bereichsvariablen basieren. Im obigen Beispiel kann man beide Konjunktionen des Selektionsprädikats auswerten bevor man m binden muß. Auf diese Weise wird die Bindung der Bereichsvariablen m nur dann durchgeführt, wenn die aktuelle Belegung von e das Selektionsprädikat erfüllt.

7.8 Bibliographie

Anfrageoptimierung wird seit vielen Jahren im relationalen Datenbankbereich studiert. Der Aufsatz von P. Selinger et al. [SAC+79] ist eine der ersten Veröffentlichungen und hatte dementsprechend bahnbrechende Bedeutung. In den Arbeiten [CGM90] und [SO87] wurde über die rein syntaktische Ebene hinaus auch semantisches Wissen in die Anfrageoptimierung einbezogen. W. Kim hat in [Kim82] die Optimierung geschachtelter SQL-Anfragen durch algebraische Transformationen behandelt. Der Aufsatz von Jarke und Koch [JK84] ist eine sehr umfassende Übersicht über relationale Anfrageoptimierungstechniken.

Die regelbasierte Anfrageoptimierung wurde auch zunächst im Kontext relationaler Systeme entwickelt. Die ersten Ansätze sind in den Arbeiten von Freytag [Fre87] zu finden. Erweiterungen wurden von Lohman entwickelt [Loh88]. Lehnert [Leh88] beschreibt einen kompletten Anfrageoptimierer für die relationale Anfragesprache SQL. In der Arbeit von G. v. Bültzingsloewen [vB90] wird die parallele Abarbeitung von SQL-Ausdrücken in den Optimierer einbezogen.

Graefe und DeWitt [GD87] konzipierten im Rahmen des EXODUS Projekts einen Generator für regelbasierte Anfrageoptimierer.

Erste Arbeiten im Bereich Anfrageoptimierung in objekt-orientierten Modellen stammen von Kim et al. [JWKL90,KKW88]. In diesen Arbeiten beschränkt man sich allerdings auf die Adaption der relationalen Techniken auf objekt-orientierte Systeme.

Unser Anfrageoptimierer basiert auf einer sogenannten Termsprache. Diese Sprache wurde wegen des Mangels einer formal abgesicherten Algebra für objekt-orientierte Datenmodelle neu konzipiert. Ähnliche Ansätze, die teilweise stärker mengen-orientiert sind, werden derzeit in folgenden Arbeiten angegangen: [SZ90], [VD90], [SS90], [Str90] und [HFW90].

Der in diesem Kapitel entwickelte Formalismus der Transformationsregeln basiert auf der Terminologie von Huet [Hue80] über Termersetzungssysteme. Die Grundkonzepte des Optimierers wurden vom Autor in Zusammenarbeit mit G. Moerkotte in [KM90c,KM90b] vorgestellt. Die Formalisierung der Transformationsregeln und die Konzepte zur Ortung von anwendbaren Zugriffsrelationen, sowie die Realisierung des Anfrageoptimierers wurden von R. Waurig in einer Diplomarbeit durchgeführt [Wau90]. Der in dem Optimierer enthaltene "Pattern Matcher" wurde von H. Spies im Rahmen einer Studienarbeit [Spi90] implementiert. Die Generierung des ausführbaren Anfragebearbeitungsplans ist in der Diplomarbeit von K. Peithner detaillierter beschrieben [Pei90].

8. Funktionenmaterialisierung

In diesem Kapitel wird eine weitere zugriffsunterstützende Maßnahme beschrieben, die für streng typisierte Objektbanksystem, wie GOM, entwickelt wurde. Ähnlich wie die Materialisierung von Sichten (Views) und Indexen in relationalen Datenbanksystemen oder auch die in den vorhergehenden Kapiteln eingeführten Zugriffsrelationen stützt sich die Funktionenmaterialisierung auf die empirische Erkenntnis, daß sich im allgemeinen Lesezugriffe gegenüber modifizierenden Zugriffen in der Mehrzahl befinden. Es lohnt sich daher, die Lesezugriffe auf Kosten der Schreibzugriffe zu beschleunigen. Im Falle der Funktionenmaterialisierung bedeutet dies die Vorberechnung der Funktionswerte und deren Abspeicherung in geeigneten Datenstrukturen für die spätere Verwendung in der Auswertung einer Anfrage. Dadurch wird die u.U. vielfache Berechnung ein und desselben Funktionswertes vermieden. Auch eröffnet sich dadurch die Möglichkeit, den Zugriff auf atomare Funktionswerte[1] durch geeignete Zugriffspfade wirksam zu unterstützen.

Für Änderungsoperationen auf der Objektbank bedeutet dies allerdings eine Belastung, die für die Konsistenzerhaltung der vorberechneten Funktionsergebnisse zu bezahlen ist. Die den Objekten zugeordneten Funktionen können auch als eine besondere Art von (virtuellen) Attributen angesehen werden, deren Konsistenz automatisch gesichert ist. Materialisiert man jedoch die Funktionswerte, so geht diese inhärente Konsistenz verloren. Die primäre Herausforderung besteht deshalb darin, die bei Änderungsoperationen anfallenden Zusatzkosten zur Rematerialisierung ungültig gewordener Funktionswerte so gering wie möglich zu halten. Ganz wesentlich ist, daß diese Fortschreibung für den Benutzer transparent bleibt, d.h. daß die Konsistenzerhaltung und die Ausnutzung der materialisierten Funtionswerte vom System automatisch—ohne jedwedes Zutun des Anwendungsprogrammierers—gewährleistet wird.

8.1 Beispiel-Schema zur Illustration der Funktionenmaterialisierung

Wir wollen die Grundkonzepte der Funktionenmaterialisierung an einem anschaulichen Beispiel aus der Computergeometrie einführen: der Modellierung eines Quaders. Dazu wird in Abb. 8.1 der Objekttyp *Cuboid* eingeführt, in dem Quader durch ihre acht begrenzenden Eckpunkte—$V1, \ldots, V8$, jeweils vom Typ *Vertex*—modelliert werden:

Zur Verdeutlichung bezeichnen wir die Operation zum Setzen eines Attributs A hier als *set_A*[2]. In dieser Typdefinition werden alle Attribute der Objekte vom Typ *Cuboid* nach außen sichtbar gemacht. Obwohl diese Modellierung gegen den objekt-orientierten Modellierungsgrundsatz der Objektkapselung verstößt, wird sie hier benötigt, um die Mechanismen zur Fortschreibung materialisierter Funktionswerte in ihrer allgemeinsten Form zu illustrieren. Wir werden aber in späteren Abschnitten (vgl. Abschnitt 8.6.3) sehen, daß man die evtl. existierende Verkapselung von Objekttypen bei den Fortschreibungsalgorithmen ausnutzen kann, um dadurch die Invalidierungskosten drastisch zu mindern. Dies wird dann an einer modifizierten **public**-Klausel des Typs Cuboid demonstriert.

In der Definition des Objekttyps *Cuboid* werden die beiden Typen *Vertex* und *Material* verwendet—man sagt auch, daß *Cuboid* ein "Klient" dieser beiden Typen ist. Obwohl diese beiden Typen schon in Kapitel 2 eingeführt wurden, werden wir sie hier—in etwas modifizierter Form—

---

[1]Werte vom Typ *int, float, char* usw.

[2]Der Verdeutlichung wegen verzichten wir in dieser Darstellung also auf die elegantere Möglichkeit der VCO (*value receiving*)-Operationen

```
persistent type Cuboid supertype ANY is
   public length, width, height, volume, weight, rotate, scale, translate, distance
          V1, set_V1, ..., V8, set_V8, Value, set_Value, Mat, set_Mat
   body [V1, V2, V3, V4, V5, V6, V7, V8: Vertex;
         Mat: Material; Value: float;]
   operations
      declare length: → float;
      declare width: → float;
      declare height: → float;
      declare volume: → float;
      declare weight: → float;
      declare translate: Vertex → void;
      declare scale: Vertex → void;
      declare rotate: char, float → void;
      declare distance: Robot → float;   !! Robot wird als bereits definiert angenommen
   implementation
      define length is
         return self.V1.dist(self.V2);   !! Delegiere die Berechnung an Vertex V1
         ...
      define volume is
         return self.length * self.width * self.height;
      define weight is
         return self.volume * self.Mat.SpecWeight;
      define translate(t) is
         begin
            self.V1.translate(t);   !! translate wird an Vertex-Instanz V1 delegiert
            ...
            self.V8.translate(t);   !! translate wird an Vertex-Instanz V8 delegiert
         end define translate;
      ...
end type Cuboid;
```

Abb. 8.1. Typdefinition von *Cuboid*

nochmals skizzieren, weil im Verlauf der Diskussion immer wieder Bezug auf die Details dieser Typdefinitionen genommen werden muß.

```
persistent type Vertex is                    persistent type Material is
    public X, set_X, Y, set_Y, Z, set_Z,         public Name, set_Name,
         translate, scale, rotate, dist                  SpecWeight, set_SpecWeight
    body [X, Y, Z: float;]                       body [Name: string;
    operations                                            SpecWeight: float;]
         declare translate: Vertex → void;   end type Material;
         declare scale: Vertex → void;
         declare rotate: char, float → void;
         declare dist: Vertex → Vertex;
      implementation
         ...
    end type Vertex;
```

Abb. 8.2. Typdefinitionen von *Vertex* und *Material*

Auch in diesen beiden Objekttypen *Vertex* und *Material* sind alle Attribute nach außen sichtbar (also sowohl lesbar als auch schreibbar).

In Abb. 8.3 sind zwei mengenstrukturierte Objekttypen eingeführt, deren Elemente jeweils auf Objekte vom Typ *Cuboid* eingeschränkt sind. In Mengenobjekten vom Typ *Workpieces* werden *Cuboid*-Instanzen aufgenommen, bei denen insbesondere das Gewicht (*weight*) und das Volumen (*volume*) von Interesse sind. Dementsprechend sind den Mengenobjekten dieses Typs die Operationen *total_weight* und *total_volume* zugeordnet, deren Bedeutung klar sein dürfte.

Dem Objekttyp *Valuables* ist demgegenüber die Operation *total_value* zugeordnet, die als Ergebnis den Gesamtwert (also die aufsummierten *Value*-Attribute) der *Cuboid*-Elemente dieser Menge liefert. In Mengenobjekten vom Typ *Valuables* würde man demnach z.B. Goldbarren abspeichern.

In den weiteren Diskussionen werden wir die typ-assoziierten Operationen meistens ohne ihren Empfängertyp angeben, z.B. *volume* und *weight*. Dies ist möglich, weil wir in diesen Beispielen immer auf global eindeutige Operationsnamen geachtet haben. Wenn wir der Deutlichkeit halber dennoch den Empfängertyp mit angeben wollen, so geschieht dies durch die Notation *t$op* für eine Operation *op*, die dem Typ *t* zugeordnet ist.

Eine aus den oben definierten Typen aufgebaute Mini-Datenbasis findet sich in Abb. 8.4.

```
persistent type Workpieces is                persistent type Valuables is
    public total_volume, total_weight, ...       public total_value, ...
    body {Cuboid}                                body {Cuboid}
    operations                                   operations
       declare total_volume: → float;              declare total_value: → float;
       declare total_weight: → float;
         ...                                        ...
    implementation                               implementation
       define total_volume is                      define total_value is

         ...                                        ...
       define total_weight is                   end type Valuables;

         ...
    end type Workpieces;
```

Abb. 8.3. Definition der Typen *Workpieces* und *Valuables*

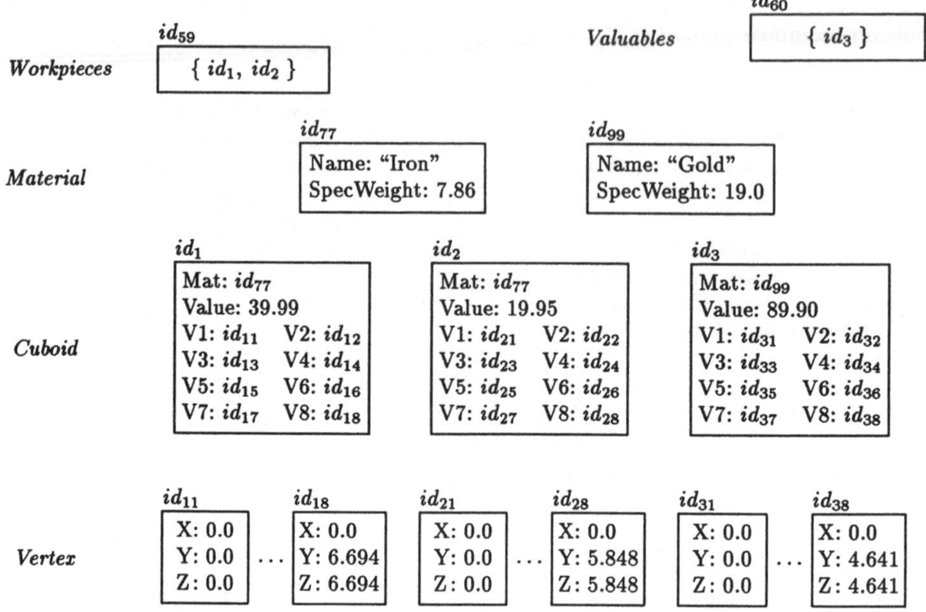

Abb. 8.4. Beispielhafte Datenbasis

8.2 Grundlagen

Die Grundidee der Funktionenmaterialisierung, nämlich die Vorberechnung von Funktionswerten und deren Abspeicherung ("Caching") für eine mögliche spätere Nutzung, ist dieselbe wie bei der Sichtenmaterialisierung im relationalen Datenmodell. Zu den dort bekannten Vorteilen kommt noch ein weiterer hinzu: ist der Ergebnistyp einer Funktion atomar (also *int*, *float*, etc.), dann können Anfragen, die sich auf dieses Ergebnis beziehen, durch eine geeignete Zugriffsstruktur wirksam unterstützt werden. Um dies zu illustrieren, betrachte man die in GOMql formulierte Anfrage:

> **range** *c*: Cuboid
> **retrieve** *c*
> **where** *c*.volume > 20.0 **and** *c*.weight > 100.0

Zur Bearbeitung dieser Anfrage muß jedes einzelne *Cuboid*-Objekt betrachtet und sein Volumen und Gewicht explizit berechnet werden—bei großer Datenbasis eine sehr zeitaufwendige Prozedur.

Wären hingegen *volume* und *weight* "gewöhnliche" Attribute vom Typ *float*, so könnten die üblichen Methoden zur Zugriffsunterstützung angewandt werden. Bei der Materialisierung wird nun im Endeffekt eine Umwandlung der Funktionsattribute in gewöhnliche Attribute vorgenommen, um so die Ausführung der Funktionen (weitestgehend) überflüssig zu machen. Die Konsistenz dieser Attribute im Sinne von "Widerspiegelung des aktuellen Datenbasiszustandes" ist jedoch—genau wie bei den Funktionen—vom System garantiert, so daß damit die Vorzüge beider Techniken vereint werden.

Diese Betrachtungsweise legt die Speicherung der materialisierten Gewichte und Volumina in den *Cuboid*-Objekten nahe. Obgleich auf den ersten Blick bestechend erscheinend, ist dieser Ansatz doch mit einer Reihe von Nachteilen behaftet:

- Wenn die zu materialisierende Funktion *f*—im Gegensatz zu *volume* und *weight*—mehr als einen Parameter hat, so muß einer davon für die Speicherung der Ergebnisse ausgewählt werden. Für $f: t_1 \| t_2, \ldots, t_n \to t_{n+1}$ sind also (bei Auswahl des ersten Parameters als Speicherort)

$\prod_{j=2}^{n} \#(t_j)$ Ergebnisse zu speichern, wobei sehr leicht mehrere Seitengrenzen überschritten werden können. Hierbei bezeichne $\#(t_j)$ die Kardinalität der Typextension $ext(t_j)$.

- Bei großem Speicherplatzbedarf für den Funktionswert (also vor allem bei Funktionen mit komplexen Objekten als Ergebnis) ist es u.U. nicht möglich, diese auf der Seite eines Parameters unterzubringen. Wenn aber nur eine Referenz auf diese Seite paßt, so kann das Ergebnis genausogut in einer speziellen, separaten Datenstruktur abgelegt werden.

- Bei Anfragen, die die Erfüllung einer vom Funktionswert abhängigen Bedingung verlangen (z.B. Bereichsanfragen), wäre es vorteilhaft, wenn die Ergebnisse eine gewisse Ballung (Clusterung) aufwiesen. Diese Ballung kann jedoch bei einer Anheftung der Ergebnisse an die Parameter nicht erreicht werden.

Man sieht also, daß die Speicherung materialisierter Funktionswerte in einer speziell dafür zugeschnittenen Datenstruktur von Vorteil ist. Zu diesem Ergebnis kommt auch A. Jhingran [Jhi88], der am erweiterten relationalen System POSTGRES einschlägige Analysen durchgeführt hat.

Wenn nun die Entscheidung zugunsten einer separaten Datenstruktur gefallen ist, erscheint es zweckmäßig, mehrere Funktionen mit gleichen Parametern auch in einer gemeinsamen Datenstruktur zu unterhalten. Dadurch spart man zum einen Speicherplatz (gleiche Parameterlisten müssen nicht mehrfach abgespeichert werden), zum anderen Zugriffszeit, wenn im Zuge einer Anfrage mehrere Funktionswerte mit gleichen Parametern benötigt werden.

8.3 Materialisierungsrelationen

Die Datenstruktur, in der die materialisierten Funktionswerte abgelegt sind, kann abstrakt als Relation im Sinne des relationalen Datenmodells angesehen werden, mit den Verweisen auf die Parameter und den Funktionswerten als Attribute. Diese Relation soll alle in der jeweiligen Datenbasis möglichen Parameterkombinationen umfassen. Aus diesem Grunde werden (zunächst) nur nicht-atomare Parameter betrachtet, da die Aufzählung aller z.B. mit dem Typ *float* möglichen Kombinationen nicht praktikabel ist. Damit erhält man folgende Definition:

Definition 8.1 (Generalisierte Materialisierungs-Relation, GMR).
Seien $t_1, \ldots, t_n, t_{n+1}, \ldots, t_{n+m}$ GOM-Objekttypen und $f_1, \ldots, f_m$ mit f_j: $t_1 \| t_2, \ldots, t_n \to t_{n+j}$ ($1 \leq j \leq m$) nebenwirkungsfreie Funktionen. Die GMR $\langle\!\langle f_1, \ldots, f_m \rangle\!\rangle$ ist dann eine Tupelmenge mit $(n + 2m)$-stelligen Tupeln der Form

$$\langle\!\langle f_1, \ldots, f_m \rangle\!\rangle: \; [O_1{:}t_1, \ldots, O_n{:}t_n, \; f_1{:}t_{n+1}, V_1{:}bool, \ldots, f_m{:}t_{n+m}, V_m{:}bool] \qquad \square$$

Dabei enthalten die Attribute $O_1, \ldots, O_n$ (Verweise auf) Parameterobjekte und die Attribute $f_1, \ldots, f_m$ enthalten die materialisierten Funktionswerte $f_1(O_1, \ldots, O_n), \ldots, f_m(O_1, \ldots, O_n)$ (oder Verweise darauf).[3] Die *Gültigkeitsindikatoren* V_j zeigen an, ob der abgespeicherte Funktionswert gültig (*true*) oder potentiell überholt (*false*) ist. Der Begriff "Generalisiert" soll die Tatsache, daß eine Materialisierungsrelation mehr als eine Funktion enthalten kann, betonen. Der Zusammenhang zwischen den Attributen O_i sowie f_j und den Gültigkeitsindikatoren V_j wird durch die folgende Definition präzisiert:

Definition 8.2 (Konsistente Ausprägung).
Eine Ausprägung einer GMR $\langle\!\langle f_1, \ldots, f_m \rangle\!\rangle$ für die Funktionen $f_1, \ldots, f_m$ heißt genau dann konsistent, wenn die folgenden beiden Bedingungen erfüllt sind:

1. $\pi_{O_1, \ldots, O_n}(\langle\!\langle f_1, \ldots, f_m \rangle\!\rangle) = ext(t_1) \times \ldots \times ext(t_n)$

2. $\forall \tau \in \langle\!\langle f_1, \ldots, f_m \rangle\!\rangle: \; \tau.V_j \Rightarrow \tau.f_j = f_j(\tau.O_1, \ldots, \tau.O_n)$ $\qquad \square$

---

[3] Strenggenommen müßten wir schreiben: $O_1.f_i(O_2, \ldots, O_n)$, da f_i dem Typ t_1 zugeordnet ist. Wir werden aber in diesem Kapitel zur Vereinfachung der Notation oft die "konventionelle" Funktionsschreibweise $f_i(O_1, \ldots, O_n)$ verwenden.

$\langle\!\langle volume, weight \rangle\!\rangle$				
O_1: *Cuboid*	*volume*: *float*	V_1: *boolean*	*weight*: *float*	V_2: *boolean*
id_1	300.0	*true*	2358.0	*true*
id_2	200.0	*true*	1572.0	*true*
id_3	100.0	*true*	1900.0	*true*

Abb. 8.5. Ausprägung für die *volume-* und *weight*-gültige GMR

Mit anderen Worten, eine GMR-Ausprägung ist genau dann konsistent, wenn jede mögliche Parameterkombination enthalten ist und die abgespeicherten Funktionswerte gemäß dem momentanen Datenbasiszustand korrekt oder die betreffenden Gültigkeitsindikatoren *false* sind. Hierdurch gewinnt man einen Freiheitsgrad, was den Zeitpunkt der Korrektur eines überholten Funktionswertes angeht; sie muß nicht unbedingt sofort erfolgen. Darauf werden wir in Abschnitt 8.5 im Zusammenhang mit der Fortschreibung von GMRs bei Änderungen in der Datenbasis näher eingehen.

Es ist natürlich auch von Interesse, ob die in einer konsistenten Ausprägung einer GMR abgespeicherten Funktionswerte korrekt sind oder nicht. Besonders für Bereichsanfragen ist es von großer Wichtigkeit, ob *alle* materialisierten Funktionswerte korrekt, die korrespondierenden Gültigkeitsindikatoren also ausnahmslos *true* sind. Dieser Zustand einer GMR-Ausprägung wird durch folgende Definition beschrieben:

Definition 8.3 (Gültige Ausprägung).
Eine konsistente Ausprägung der GMR $\langle\!\langle f_1, \ldots, f_m \rangle\!\rangle$ *heißt genau dann* f_j*-gültig, wenn*

$$\pi_{V_j}(\langle\!\langle f_1, \ldots, f_m \rangle\!\rangle) = \{true\}$$

gilt.   □

Ein Beispiel einer GMR für die Funktionen *volume* und *weight* des *Cuboid*-Typs zeigt Abbildung 8.5. Da in dieser GMR alle V_1- und V_2-Werte *true* sind, ist diese GMR sowohl *volume*- als auch *weight*-gültig.

8.4 Zugriff auf Materialisierungsrelationen

Alle Materialisierungsrelationen werden vom *GMR-Manager* verwaltet. Die Schnittstelle für die GMR-Anfragen wird ebenfalls vom GMR-Manager bereitgestellt. Diese können, ähnlich wie bei der Sprache QBE [Zlo75] für relationale Datenbanksysteme, in tabellarischer Form dargestellt werden (Abb. 8.6).

Die erste Anfrage ist eine sog. *Vorwärtsanfrage (forward query)*, bei der alle Parameter vollständig spezifiziert sind und die die zugehörigen Funktionswerte als Ergebnis hat. Allgemein wird jede Anfrage mit vollständig spezifizierten Parametern als Vorwärtsanfrage bezeichnet.

Die zweite Anfrage ist eine Bereichsanfrage, eine sog. *Rückwärts-Bereichs-Anfrage (backward range query)*. Hier sind für die (atomaren) Funktionswerte Bedingungen in Form von Intervallen angegeben; gesucht sind die zugehörigen Parameter. Für diesen Anfragetyp ist es notwendig, daß für alle Funktionen f_j, für die eine solche Bedingung spezifiziert ist, sich die GMR-Ausprägung im f_j-gültigen Zustand befindet. Ist das nicht der Fall, so muß durch Neuberechnung der überholten Funktionswerte dafür Sorge getragen werden.

Selbstverständlich sind auch Anfragen möglich, die zwischen den angesprochenen Extremfällen liegen. Einen solchen Fall stellt die dritte Zeile in Abb. 8.6 dar. Hier wird nach einem Objekt O_2 gesucht, für das, zusammen mit dem Argument id_{i_1}, der Funktionswert f_2 im spezifizierten Bereich liegt; alle anderen Werte sind beliebig ("don't care"). Allgemein gilt: die Bedingungen der Spalten

$\langle\!\langle f_1, \ldots, f_m \rangle\!\rangle$							
$O_1\!:\!t_1$	$O_2\!:\!t_2$	$\ldots$	$O_n\!:\!t_n$	f_1	f_2	$\ldots$	f_m
id_{i_1}	id_{i_2}	$\ldots$	id_{i_n}	?	?	$\ldots$	?
?	?	$\ldots$	?	$[lb_1, ub_1]$	$[lb_2, ub_2]$	$\ldots$	$[lb_m, ub_m]$
id_{i_1}	?	$\ldots$	—	—	$[lb_2, ub_2]$	$\ldots$	—

Abb. 8.6. Anfragen an GMRs

einer Zeile ($= id_x$ bzw. $\in [lb, ub]$) werden UND-, die Zeilen untereinander ODER-verknüpft; dann müssen bei mehrzeiligen Anfragen die "?" natürlich in den gleichen Spalten stehen.

Wir wollen an dieser Stelle nachdrücklich betonen, daß es sich hierbei um eine *system-interne* Zugriffsschnittstelle handelt, die dem Benutzer des Datenbanksystems gänzlich verborgen ist. Die Ausnutzung der GMRs geschieht durch das Anfragebearbeitungsmodul und ist somit transparent für den Benutzer der Objektbank.

8.4.1 Speicherstruktur für GMRs

Diese vielfältigen Anfrage-Möglichkeiten auf den GMRs erfordern auch entsprechend flexible zugriffsunterstützende Maßnahmen, um die Anfragen effizient auswerten zu können. Um die erschöpfende Suche beim Zugriff auf GMR-Einträge zu vermeiden, muß man entsprechende Speicher- und/oder Indexstrukturen vorsehen. Hierzu kann man auf wohlbekannte Techniken aus dem relationalen Datenbankbereich zurückgreifen. Die konzeptuell einfachste Methode, den flexiblen Zugriff auf willkürliche GMR-Einträge zu beschleunigen, bestünde darin, die gesamte GMR in eine einzige mehrdimensionale Zugriffsstruktur, wie z.B. einem Grid-File [NHS84] oder einem Buddy-Tree [SK90], abzuspeichern. Diese Speicherstruktur, allgemein MDS genannt, kann man für die GMR $\langle\!\langle f_1, \ldots, f_m \rangle\!\rangle$ wie folgt graphisch darstellen:

$$\text{MDS} \quad \boxed{O_1 \mid \ldots \mid O_n \mid f_1 \mid \ldots \mid f_m \;\|\; V_1 \mid \ldots \mid V_m}$$

Hierbei bestimmen die ersten $n + m$ Spalten die $(n + m)$-dimensionalen Schlüssel der mehrdimensionalen Speicherstruktur. Die m Gültigkeitsindikatoren $V_1, \ldots, V_m$ sind zusätzliche Attribute, die in den in der MDS gespeicherten Tupeln unterhalten werden.

Leider ist empirisch belegt, daß die (heutzutage verfügbaren) mehrdimensionalen Zugriffsstrukturen nicht geeignet sind für beliebig große Dimensionen—bei mehr als drei oder vier Dimensionen degenerieren diese Strukturen sehr schnell. Deshalb mußten wir in der Implementierung unseres GMR-Managers auf konventionellere Indexstrukturen zurückgreifen. Dabei kann man noch gewisse Entwurfsfreiheiten ausnutzen, um die Speicherstrukturen hinsichtlich des vorhergesehenen Lastprofils der Datenbankanwendungen auszurichten. Die Indexstrukturen werden gemäß der Anzahl der Argumente und Funktionen in der GMR sowie nach den am häufigsten vorkommenden Zugriffsarten auf die GMR ausgewählt. Der Entwurf unserer Speicherstrukturen basiert auf einem (frühen) Vorschlag von V. Lum [Lum70] zur mehrdimensionalen Indexierung von Datensätzen durch kombinierte Indexe.

8.5 Dynamische Aspekte der Materialisierung

Mit den vorgestellten GMRs wäre es bereits möglich, alle Vorteile der Materialisierung zu nutzen—
allerdings nur bei einer absolut statischen Datenbasis, in der keinerlei Modifikationen stattfinden. Wie alle Indexmechanismen, die die Anfragebearbeitung beschleunigen, verlangsamt auch
die Funktionenmaterialisierung möglicherweise die Änderungsoperationen durch den notwendigen
Wartungsaufwand. Anzustreben ist daher die Beschränkung dieses Aufwandes auf das unbedingt
notwendige Mindestmaß.

Um nun festzustellen, welche Maßnahmen zur Fortschreibung einer einmal erstellten GMR zur
Erhaltung ihrer Konsistenz notwendig sind, können die Datenbasismodifikationen zunächst in zwei
Hauptklassen eingeteilt werden:

- Modifikation bereits existierender Objekte und

- Erzeugung oder Vernichtung von Objekten.

Der algorithmische Aufwand zur Fortschreibung einer GMR ist in diesen beiden Fällen sehr unterschiedlich. Zunächst werden in Abschnitt 8.5.1 die Auswirkungen der Modifikation bestehender
Objekte betrachtet, wohingegen sich Abschnitt 8.5.2 des weitaus einfacher zu lösenden Problems
der Erzeugung oder Vernichtung von Objekten widmet.

8.5.1 Modifikation bestehender Objekte

In die Berechnung eines Funktionswertes gehen i.a. eine ganze Reihe von Werten der Datenbasis
ein. Wird ein solcher *relevanter Wert* (Objektzustand) geändert, so führt dies dazu, daß ein oder
mehrere Funktionswerte nicht mehr den aktuellen Stand der Datenbasis widerspiegeln, mit anderen
Worten also überholt sind. Um die Konsistenz der GMRs zu erhalten, müssen diese Funktionswerte
entweder sofort neu berechnet oder aber die zugehörigen Gültigkeitsindikatoren auf *false* gesetzt
werden. Dieser Vorgang wird mit *Rematerialisierung* bzw. *Invalidierung* bezeichnet.

Je feiner die Granularität der betrachteten Änderungseinheit ist, desto selektiver kann die
Fortschreibung der GMRs erfolgen und desto kleiner wird der Aufwand zur Konsistenzerhaltung
sein. Die größte Änderungseinheit ist dabei die ganze Datenbasis. Jede Änderung zöge die Neuberechnung *aller* materialisierten Funktionswerte nach sich. Daß diese Möglichkeit von vornherein
ausscheidet, bedarf wohl keiner weiteren Diskussion.

Eine geeignete, kleinere Einheit ist ein relevantes Objekt. Im allgemeinen sind jedoch nicht
nur die Parameterobjekte selbst relevant, sondern auch Objekte, die über Verweise mit ihnen in
Verbindung stehen. Da diese Verweise in GOM nur in *einer* Richtung bestehen (unidirektionale
Referenzen), ist die Bestimmung der relevanten Modifikationen (also der Modifikationen an Objekten, die für mindestens einen materialisierten Funktionswert relevant sind) nicht ohne weiteres
möglich.

Es ist also ein Verfahren zur Ermittlung relevanter Änderungen mit möglichst geringem Aufwand zu entwickeln. Aus der Literatur sind solche Verfahren im Zusammenhang mit der Sichtenmaterialisierung [BLT86] sowie der Materialisierung von Prozeduren in POSTGRES [SAH87]
bekannt. Bei der Sichtenmaterialisierung wird nach [BLT86] die Antwort auf die Frage, ob eine
gegebene Modifikation einer Basisrelation für eine materialisierte Sicht relevant ist, aus der Definition der Sicht und der vorgenommenen Operation berechnet. Dabei werden für eine eingeschränkte
Klasse von Ausdrücken für die Sichtendefinition hinreichende Bedingungen angegeben, wann ein
in eine Basisrelation eingefügtes oder gelöschtes Tupel eine Sicht verändert. Diese Klasse umfaßt
Boole'sche Kombinationen von verschiedenen Vergleichsoperationen, die in [RH80] beschrieben ist.
Abschnitt 8.7 geht in einem anderen Zusammenhang detaillierter darauf ein. Die Anwendung des
Verfahrens aus [BLT86] zur Bestimmung relevanter Änderungen bei der Funktionenmaterialisierung hätte jedoch die Beschränkung der Menge materialisierbarer Funktionen auf diese Klasse zur
Folge, was im vorliegenden Kontext nicht tolerierbar ist.

		R	W	I
		Objekt		
Anforderung	R	ja	nein	ja
	W	nein	nein	*
	I	ja	nein	ja

* Die Anforderung wird erfüllt, materialisierte Funktionswerte werden neu berechnet.

Tabelle 8.1. Verträglichkeitsmatrix der Sperr-Modi

Der hier zum Einsatz kommende Algorithmus baut daher auf den von M. Stonebraker et al. in [SAH87] für POSTGRES beschriebenen *I-Sperren* auf. Dabei werden alle Objekte, die von der zu materialisierenden Funktion gelesen werden, nicht mit der üblichen Lesesperre, sondern mit einer sog. I-Sperre belegt. Die Verträglichkeitsmatrix der I-, R- und W-Sperren zeigt Tabelle 8.1. Durch das Setzen einer I-Sperre werden also die relevanten Objekte markiert, wodurch die betroffenen Funktionswerte bei einer Modifikation dieser Objekte leicht ermittelt werden können. Für die Realisierung wird in [SAH87] vorgeschlagen, eine von der Verwaltung der R/W-Sperren unabhängige Implementierung vorzunehmen und die I-Sperrlisten in den betreffenden Objekten zu speichern.

Für GOM ist die Sperrlistenverwaltung in den Objekten allerdings nicht zu empfehlen:

- Die Größe der Sperrlisten ist nicht nach oben beschränkt; bei einer Speicherung in den Objekten wäre das Konzept der festen Objektgröße (bei Tupelobjekten) nicht länger haltbar.

- Eine Clusterung von Objekten zur Verbesserung des Zugriffsverhaltens wird durch variable Objektgrößen und der damit notwendigen dynamischen Speicherplatzvergabe praktisch unmöglich gemacht.

Für dieses Konzept spricht der schnelle Zugriff auf die Sperrinformation, was bei kleinen Sperrlisten sogar ohne zusätzlichen Seitenzugriff möglich ist. Trotzdem werden in GOM die I-Sperren, also die Objektmarkierungen, in einer separaten Datenstruktur gehalten. Durch Optimierungen, die in Abschnitt 8.6 näher beschrieben sind, können durch Ausnutzung des objekt-orientierten Paradigmas—insbesondere strenge Typisierung, Objektidentität und Objektkapselung in Verbindung mit dem Geheimnisprinzip—die Vorteile beider Strategien erzielt werden.

Um die betroffenen Funktionswerte bei einer Modifikationsoperation eindeutig bestimmen zu können, werden die Markierungen in der sog. *Reverse Reference Relation (RRR)* abgelegt. Der Name rührt daher, daß zu den in der Datenbasis vorhandenen Referenzen innerhalb der RRR auch die jeweils entgegengesetzte Verweisrichtung existiert, falls die betreffende Referenz für die Funktionenmaterialisierung durchlaufen wurde.

Definition 8.4 (Reverse Reference Relation).
Die RRR ist eine Tupelmenge mit Tupeln r der Form

$$[O: ANY, F: FunctionId, A: \langle ANY \rangle]$$

für die gilt: Auf das Objekt $r.O$ wurde im Zuge der Materialisierung von $r.F$ mit der Parameterliste $r.A$ zugegriffen.   □

Die RRR enthält also Tupel der Form $[o, f, \langle o_1, \ldots, o_n \rangle]$. Dieses Tupel bedeutet, daß das Objekt o "besucht" wurde, um das Ergebnis $f(o_1, \ldots, o_n)$ zu berechnen.

Die Markierung der Objekte, mithin also die Eintragung entsprechender Tupel in die RRR, wird während der Materialisierung der Funktionen vorgenommen. Wird nun ein Objekt o modifiziert, können die betroffenen materialisierten Funktionswerte durch folgende Anfrage bestimmt werden:

range mark: RRR
retrieve mark.F, mark.A
where mark.O $= o$

RRR		
O	F	A
id_1	$volume$	$\langle id_1 \rangle$
id_1	$weight$	$\langle id_1 \rangle$
id_1	$distance$	$\langle id_1, id_4 \rangle$
id_1	$distance$	$\langle id_1, id_5 \rangle$
$\vdots$	$\vdots$	$\vdots$
id_5	$distance$	$\langle id_1, id_5 \rangle$
id_5	$distance$	$\langle id_2, id_5 \rangle$
id_5	$distance$	$\langle id_3, id_5 \rangle$
$\vdots$	$\vdots$	$\vdots$
id_{35}	$volume$	$\langle id_3 \rangle$
id_{35}	$weight$	$\langle id_3 \rangle$
id_{38}	$distance$	$\langle id_3, id_4 \rangle$
id_{38}	$distance$	$\langle id_3, id_5 \rangle$
id_{77}	$weight$	$\langle id_1 \rangle$
id_{77}	$weight$	$\langle id_2 \rangle$
id_{99}	$weight$	$\langle id_3 \rangle$

GMR $\langle\!\langle volume, weight \rangle\!\rangle$				
O_1	$volume$	V_1	$weight$	V_2
id_1	300.0	$true$	2358.0	$true$
id_2	200.0	$true$	1572.0	$true$
id_3	100.0	$true$	1900.0	$true$

GMR $\langle\!\langle distance \rangle\!\rangle$			
O_1	O_2	$distance$	V_1
id_1	id_4	10.2	$true$
id_1	id_5	213.0	$true$
id_2	id_4	85.2	$true$
id_2	id_5	5.0	$true$
id_3	id_4	0.9	$true$
id_3	id_5	220.0	$true$

Abb. 8.7. Beispiel einer RRR-Ausprägung

Nur die durch diese Menge (mittels F und A) spezifizierten Funktionswerte sind also neu zu berechnen. Ein Beispiel für eine RRR zeigt Abb. 8.7, wo die zu den beiden GMRs $\langle\!\langle volume, weight \rangle\!\rangle$ und $\langle\!\langle distance \rangle\!\rangle$ gehörende RRR-Ausprägung dargestellt ist. Dabei wurde davon ausgegangen, daß es in der Datenbasis zwei *Robot*-Objekte[4] mit den Kennungen id_4 und id_5 gibt.

Fortschreibung mit sofortiger (immediate) Rematerialisierung

Die Menge der für einen bestimmten Funktionswert relevanten Objekte ist nicht invariant. Durch Änderungen in der Datenbasis, insbesondere Änderungen von Referenzen, können vorher relevante Objekte irrelevant werden und umgekehrt. Durch die Neuberechnung der Funktionswerte nach der Modifikation eines relevanten Objektes wird automatisch für die Markierung aller relevanten Objekte gesorgt; was aber geschieht mit Objekten, die eine Markierung tragen, aber irrelevant werden? Die Markierung muß auf jeden Fall entfernt werden, da ansonsten der Anteil der markierten Objekte in der Datenbasis im schlimmsten Falle bis auf 100% steigen kann. Der folgende Algorithmus zur Fortschreibung der RRR und den GMRs bei Objektänderungen löst dieses Problem, ohne unverhältnismäßigen Aufwand zu verursachen:

Algorithmus 8.5 (Sofortige (immediate) Rematerialisierung).
Wir nehmen an, daß das Objekt o durch Anwendung einer entsprechenden Modifikationsoperation geändert wurde.

> **für jedes** Tripel $[o, f_i, \langle o_1, \ldots, o_n \rangle]$ in der *RRR* **tue**
>   (1) **entferne** $[o, f_i, \langle o_1, \ldots, o_n \rangle]$ **aus der** *RRR*
>   (2) **berechne** $f_i(o_1, \ldots, o_n)$ **und**
>   * **merke** alle besuchten Objekte $\{o'_1, \ldots, o'_p\}$
>   * **ersetze** den alten Wert $f_i(o_1, \ldots, o_n)$ **in** $\langle\!\langle f_1, \ldots, f_i, \ldots, f_m \rangle\!\rangle$
>   (3) **für jedes** v in $\{o'_1, \ldots, o'_p\}$ **tue**
>   * **füge** das Tripel $[v, f_i, \langle o_1, \ldots, o_n \rangle]$ **in die** *RRR* **ein** (falls nicht vorhanden)

---

[4]Der Typ *Robot* wurde in dieser Ausarbeitung nicht explizit eingeführt—die Details der Typdefinition sind für die Diskussion hier auch nicht von Belang.

Schritt (1) in dem obigen Algorithmen bedarf noch einer Begründung, da es den Anschein hat, daß die in diesem ersten Schritt entfernten Markierungen in Schritt (3) wieder eingebracht werden. Dies ist in der Tat meistens der Fall; nicht jedoch, wenn ein markiertes Objekt durch Änderungen von Verweisen irrelevant geworden ist.

Beispiel 8.6 Der Quader id_3 ist in der Menge id_{60} vom Typ *Valuables* enthalten und somit relevant für die Funktion *total_value*. Damit ist $[id_3, total\_value, \langle id_{60} \rangle] \in$ RRR. Durch Transferieren von id_3 in die Menge id_{59} wird id_3 irrelevant für *total_value*. Der RRR-Eintrag wird jedoch zunächst nicht entfernt, da dies ein Absuchen aller von id_3 aus erreichbaren Objekte und Löschen entsprechender RRR-Tupel bedeutete. Erst wenn id_3 modifiziert wird, erfolgt durch Schritt (1) das Löschen des o.g. RRR-Tupels. Da id_3 nicht mehr relevant für *total_value* ist, wird es bei der daran anschließenden (überflüssigen) Neuberechnung *nicht* erneut markiert. $\Diamond$

Man sieht also, daß ein markiertes, irrelevantes Objekt höchstens *eine* überflüssige Neuberechnung eines materialisierten Funktionswertes verursachen kann. Wir nennen diese Einträge in der RRR auch "left-over"-Tupel, um anzudeuten, daß sie von einer nicht mehr aktuellen Materialisierung zurückgeblieben sind.

Verzögerte (lazy) Rematerialisierung

Wie bereits angedeutet, ist es nicht unbedingt notwendig, einen ungültig gewordenen Funktionswert in der GMR sofort neu zu berechnen. Um die GMR konsistent zu halten, genügt es, zunächst den entsprechenden Gültigkeitsindikator auf *false* zu setzen. Auf diese Weise kann die Neuberechnung auf einen späteren Zeitpunkt verschoben werden. Diese Option wird mit *verzögerter Rematerialisierung (lazy rematerialization)* bezeichnet, im Gegensatz zur sofortigen Neuberechnung und Korrektur. Für die verzögerte Rematerialisierung sieht der Algorithmus wie folgt aus:

Algorithmus 8.7 (Verzögerte (lazy) Rematerialisierung).
Wiederum sei das Objekt o in der Objektbank modifiziert worden:

> **für jedes** Tripel $[o, f_i, \langle o_1, \ldots, o_n \rangle]$ **in der** *RRR* **tue**
>   (1) **setze** $V_i := false$ im entsprechenden Tupel in $\langle\!\langle f_1, \ldots, f_i, \ldots, f_m \rangle\!\rangle$
>   (2) **entferne** $[o, f_i, \langle o_1, \ldots, o_n \rangle]$ **aus der** *RRR*

Bei der späteren Rematerialisierung des Funktionswerts $f_i(o_1, \ldots, o_n)$ müssen dann natürlich die Schritte (2) und (3) aus Algorithmus 8.5 durchgeführt werden—und zusätzlich muß der entsprechende Gültigkeitsindikator V_i wieder auf *true* gesetzt werden.

Ein wesentlicher Vorzug dieser verzögerten Rematerialisierung besteht darin, daß die mehrfache Invalidierung bei mehreren aufeinanderfolgenden Änderungen des gleichen Objekts vermieden wird. Bei der ersten Invalidierung wird die Markierung—das Tripel $[o, f_i, \langle o_1, \ldots, o_n \rangle]$—aus der RRR entfernt, so daß die darauffolgenden Änderungsoperationen die Kosten der Invalidierung in der GMR nicht mehr zu tragen haben. Dies kommt insbesondere bei kurzzeitigen rechenintensiven Phasen der Datenbankanwendungen zum Tragen. Man denke etwa an ein geometrisches Entwurfswerkzeug, mit dem man in der Objektbank gespeicherte geometrische Objekte phasenweise sehr intensiv bearbeit—z.B. zum Zweck der Simulation oder Computer-Animation. Durch "Ausschalten" der Rematerialisierung mittels der Option *"lazy"* kann man die durch die Funktionenmaterialisierung verursachte Bestrafung der Änderungsoperationen weitestgehend ausschalten (vgl. dazu die quantitative Analyse in Kapitel 9).

8.5.2 Erzeugen und Löschen von Objekten

Wenn ein Objekt eines Parametertyps einer materialisierten Funktion erzeugt wird, hat dies zur Folge, daß die betreffenden GMRs nicht mehr konsistent sind (vgl. Definition 8.2). Im Gegensatz zur Modifikation eines bereits existierenden Objektes ist hier jedoch auf wesentlich einfachere

Weise Abhilfe möglich: Da nun nicht mehr für alle in der Datenbasis möglichen Parameterkombinationen in der GMR materialisierte Funktionswerte enthalten sind, müssen die mit dem neuen
Objekt möglichen Kombinationen generiert, die zugehörigen Funktionswerte berechnet und in der
jeweiligen GMR abgespeichert werden.

Umgekehrt müssen beim Löschen alle Tupel einer GMR, die das betreffende Objekt enthalten,
entfernt werden. Gleiches gilt für die RRR. Um den Suchaufwand klein zu halten, wird die RRR
zum Auffinden der fraglichen Tupel benutzt. Dies ist möglich, weil die Parameterobjekte in jedem
Falle für einen Funktionswert relevant sind und somit bei einer Parameterliste $(o_1, \ldots, o_n)$ die RRR
stets Tupel der Form $[o_j, f_i, \langle o_1, \ldots, o_n \rangle]$ mit $1 \leq j \leq n$ enthält.

Algorithmus 8.8 (Löschen von Objekten).
Wir nehmen an, daß das Objekt o_j vom Typ t_j $(1 \leq j \leq n)$ aus der Objektbank gelöscht wird:

> **für jedes** Tupel $[o_j, f_i, \langle o_1, \ldots, o_n \rangle]$ in der *RRR* **tue**
> (1) **entferne** $[o_1, \ldots, o_j, \ldots, o_n, F_1, V_1, \ldots, F_m, V_m]$ aus $\langle\!\langle f_1, \ldots, f_i, \ldots, f_m \rangle\!\rangle$
> (2) **entferne** $[o_j, f_i, \langle o_1, \ldots, o_j, \ldots, o_n \rangle]$ aus der *RRR*

Die einzigen Verweise auf o_j, die nach der Anwendung von Algorithmus 8.8 noch existieren können,
sind in RRR-Tupel der Form $[o_x, f_x, \langle \ldots o_j, \ldots \rangle]$ enthalten.[5] Da sie jedoch nur durch erschöpfende
Suche zu ermitteln sind, verbleiben sie zunächst in der RRR. Diese sog. *blinden Referenzen* werden
analog zu Algorithmus 8.5 erst entdeckt und entfernt, wenn die Objekte o_x modifiziert werden, da
die Parameterliste mit o_j dann nicht mehr in der GMR gefunden wird. Auch in Zeiten niedriger
Rechnerauslastung—z.B. in der Nacht oder an Wochenenden—kann die ansonsten brachliegende
Rechenkapazität dazu genutzt werden, die RRR von blinden Referenzen zu befreien. Als Alternative
zu dieser Vorgehensweise wäre auch ein entsprechender Zugriffspfad denkbar, was die Kosten von
"Speicherplatz" (überflüssige RRR-Einträge) zu "Laufzeit" (Zugriffspfadwartung) verschiebt.

8.5.3 Der Notifikationsmechanismus bei Objektänderungen

Der GMR-Manager muß informiert werden, wenn relevante Objekte modifiziert, eingefügt bzw. gelöscht werden. Es gibt zwei mögliche Instanzen, die den GMR-Manager darüber informieren könnten: das Laufzeitsystem, indem die Änderungsoperationen entsprechende Aufrufe an den GMR-
Manager absetzen, oder der Objekt-Manager.

Der Objekt-Manager könnte den GMR-Manager über Änderungen relevanter Objekte informieren, sobald diese in die Objektbank geschrieben werden. Dieser Ansatz verlangt jedoch die
Anpassung des Objekt-Managers, was in existierenden Systemen, wie GOM, sehr aufwendig sein
kann. Weiterhin hat dieser Ansatz zwei schwerwiegende konzeptuelle Nachteile:

- Jeder Benutzer der Objektbank wird für die Materialisierung von Funktionen bestraft, selbst
  wenn er nur irrelevante Teile der Objektbank bearbeitet.

- Wenn man in einer Anwendungstransaktion zunächst Änderungsoperationen vornimmt, die
  die GMRs invalidieren, so wird dadurch die Nutzung existierender GMRs zu einem späteren
  Zeitpunkt in der gleichen Transaktion erschwert bzw. unmöglich, da die Rematerialisierung
  erst nach Ausschreibung der Objekte in die Objektbank vollzogen werden kann.

Deshalb haben wir in GOM den Ansatz der Schematransformation gewählt. Die materialisierten Funktionen werden analysiert, um somit diejenigen Operationen des Typ-Schemas zu bestimmen, deren Aufruf möglicherweise zu einer Invalidierung eines materialisierten Werts führen kann.
Nur die so bestimmten Änderungsoperationen werden dergestalt modifiziert, daß sie bei ihrer
Ausführung den GMR-Manager benachrichtigen. Die einzigen Operationen, die möglicherweise
den Zustand der Objektbank ändern, sind:

---

[5]Man beachte, daß in diesem Fall in der Objektbank möglicherweise die referentielle Integrität verletzt ist. Dieses
Tupel in der RRR deutet darauf hin, daß noch ein Verweis auf das gelöschte Objekt o_j existierte—es sei denn, es
handelt sich um einen "left over"-Eintrag.

1. *t\$create* und *t\$delete* für einen Typen *t*;

2. *t\$set_A* um ein Attribut *A* in einem Tupeltyp *t* zu setzen und

3. *t\$insert* und *t\$remove* auf Mengentypen.

Jede dieser elementaren Änderungsoperationen, die einem Typ zugeordnet ist, der in einer Funktionenmaterialisierung eine Rolle spielt (vgl. dazu Abschnitt 8.6.1), wird modifiziert und neu übersetzt, so daß sie während ihrer Ausführung den GMR-Manager durch die Aufrufe *invalidate*, *new_object* bzw. *forget_object* informieren.

Dieser Ansatz hat den Vorteil, daß der Objekt-Manager unverändert bleiben kann. Stattdessen wird eine Schemaänderung und Neuübersetzung der extrahierten Änderungsoperationen durchgeführt. Es wird durch dieses Vorgehen sichergestellt, daß der GMR-Manager *unverzüglich* über stattfindende Zustandsänderungen in der Objektbank informiert wird. Dadurch bleiben die Ausprägungen der GMRs zu jedem Zeitpunkt konsistent.

Abb. 8.8 zeigt die modifizierten Versionen der Änderungsoperation *set_A* für einen Tupeltyp *t* mit dem Attribut *A* vom Typ *t'* sowie einer *delete* Operation auf dem Typ *s*.

Die *set_A* Operation ist um den Aufruf

GMR_Manager.invalidate(**self**);

erweitert, der die Invalidierung *direkt nach* Überschreiben des alten Attributwerts meldet.

Die *delete*-Operation ist erweitert durch den Aufruf

GMR_Manager.forget_object(**self**);

der natürlich vor Löschung des Objekts **self** abgesetzt werden muß. Danach wird das Empfänger-Objekt durch Ausführung der Operation *system_delete* endgültig gelöscht.

```
declare set_A: t || t' → void          declare delete: s || → void
   code set_A';                            code delete';
define set_A' (x) is                   define delete' is
   begin                                  begin
      self.A := x;                            GMR_Manager.forget_object(self);
      GMR_Manager.invalidate(self);          self.system_delete;
   end define set_A';                     end define delete';
```

Abb. 8.8. Modifikation der Änderungsoperation (Version 1)

Es hat jetzt den Anschein, daß man alle unter 1., 2. und 3. aufgeführten elementaren Änderungsoperationen entsprechend abändern müßte. Dies ist aber in einem streng typisierten Objektmodell wie GOM nicht der Fall, da man die Fortschreibung der materialisierten Funktionen auf genau die Typen einschränken kann, deren Objekte in der Materialisierung "besucht" wurden. Im nächsten Abschnitt zeigen wir, wie man dadurch die Menge der abzuändernden Operationen drastisch einschränken kann.

8.6 Optimierung der GMR-Fortschreibung

Die im letzten Abschnitt vorgestellten Algorithmen sind zwar korrekt, lassen jedoch hinsichtlich ihrer Effizienz noch einiges zu wünschen übrig. Trotz der Markierung relevanter Objekte in der RRR muß bei Änderungsoperationen ein noch viel zu hoher Preis in Form von Effizienzverlust bezahlt werden. Durch eine bessere Ausnutzung der Möglichkeiten, die das objekt-orientierte Paradigma im Zusammenhang mit der strengen Typisierung eröffnet, läßt sich der Invalidierungsaufwand so weit mindern, daß die Funktionenmaterialisierung auch noch für relativ änderungsintensive Anwendungen einsetzbar ist. Die in diesem Abschnitt beschriebenen Optimierungsansätze basieren auf folgenden Grundideen:

1. *Isolierung der relevanten Objekteigenschaften:* Materialisierte Funktionswerte hängen gewöhnlich nur von einem kleinen Teil des Gesamt-Zustands der gelesenen Objekte ab. Beispielsweise hängt der *volume*-Wert einer *Cuboid*-Instanz sicherlich nicht vom Wert ihrer Attribute *Mat* und *Value* ab. Also sollten *nur* die Operationen, die für die Materialisierung relevante Objektzustände abändern, die GMR-Fortschreibung initiieren.

2. *Verminderung der Zahl der RRR-Operationen:* Trotz der unter 1. beschriebenen Isolation relevanter Objekteigenschaften wird die RRR noch unnötig oft konsultiert, was—je nach Implementierung—mit 1–2 Seitenzugriffen zu Buche schlägt. Dies hat viele überflüssige Seitenzugriffe zur Folge, die durch einige wenige Markierungen in den Objekten selbst vermieden werden können. Dadurch beschränkt sich der Aufwand für die GMR-Fortschreibung auf Modifikationen derjenigen Objekte und deren Teil-Zustände, die tatsächlich relevant sind.

3. *Ausnutzung der Objektkapselung (Geheimnisprinzip):* Durch das Einkapseln der Struktur der bei Materialisierungen gelesenen Objekte kann der Wartungsaufwand für die GMRs nochmals deutlich reduziert werden. Da Modifikationen interner Zustände nur über Schnittstellenfunktionen möglich sind, können diese als atomar angesehen werden, wodurch mehrere (interne) Änderungen nur zu *einer* Invalidierung führen.

4. *Kompensation von Modifikationen:* Anstelle der (kompletten) Neuberechnung eines invalidierten Funktionswertes kann die Auswirkung einer Änderung in vielen Fällen durch eine spezielle Kompensationsfunktion effizienter aufgehoben werden.

8.6.1 Isolierung der relevanten Objekteigenschaften

Nehmen wir an, daß die Funktionen *volume* und *weight* materialisiert wurden. Die vorberechneten Werte dieser Funktionen sind sicherlich unabhängig von den aktuellen Belegungen des Attributs *Value* der *Cuboid*-Instanzen. Trotzdem leitet unsere—bislang noch sehr grobkörnig kontrollierte—GMR-Verwaltung aufgrund einer Operationsinvokation

$$id_1.\text{set\_Value}(123.50);$$

die Invalidierung der vorberechneten Werte $id_1.volume$ und $id_1.weight$ ein. Analogerweise führt die Änderungsoperation

$$id_1.\text{set\_Mat}(\text{Kupfer}); \quad \text{!! } \textit{Kupfer sei eine Variable vom Typ Material}$$

zur Invalidierung von $id_1.weight$ und $id_1.volume$, wobei die zweite aber wieder unnötig ist.

Die Ursache der überflüssigen Invalidierungen ist darin zu suchen, daß wir bislang (ganze) Objekte als Kontrollgranulate für die Konsistenzhaltung der GMRs verwendet haben. Besser wäre es, wenn man innerhalb der relevanten Objekte nochmals Teil-Zustände, die in die Materialisierung eingehen, betrachten würde. Bevor dazu ein Lösungsweg aufgezeigt wird, bedarf der Begriff der "relevanten Attribute" noch einer Präzisierung:

Definition 8.9 (Relevante Attribute).

Sei $f: t_1 \| t_2, \ldots, t_n \to t_{n+1}$ eine materialisierte Funktion. Dann ist

$$\text{RelAttr}(f) := \{\, t\$A \mid \textit{es gibt Objekte } o_1, \ldots, o_n \textit{ der Typen } t_1, \ldots, t_n \textit{ und ein Objekt } o$$

des Tupeltyps t mit dem Attribut A, so daß auf $o.A$ während der Berechnung von $f(o_1, \ldots, o_n)$ zugegriffen wird $\}$ □

RelAttr(f) ist also eine Obermenge der bei einer gegebenen Berechnung von f gelesenen Attribute. Ein materialisierter Funktionswert von f kann also höchstens dann invalidiert werden, wenn ein Attribut A eines Objekts vom Typ t abgeändert wird, für die $t\$A \in$ RelAttr(f) gilt.

Wenn alle elementaren Attributzuweisungsoperationen im Datenbankschema mit den Kennungen der potentiell invalidierten materialisierten Funktionen markiert werden, können unnötige Invalidierungen fast immer vermieden werden. Die Menge der Markierungen wird mit *"Schema Dependent Functions"* bezeichnet.

Definition 8.10 (Schema Dependent Functions).
Sei t ein Tupeltyp mit einem Attribut A und f eine materialisierte Funktion. Dann ist

$$\text{SchemaDepFct}(t\$set\_A) := \{\, f \mid t\$A \in \text{RelAttr}(f) \,\} \qquad \square$$

Die Bestimmung der Menge RelAttr(f)—und damit auch aller Mengen SchemaDepFct—kann statisch, also durch die Schema-Verwaltung, erfolgen, indem aus dem Quellcode der Implementierung der zu materialisierenden Funktion f die Menge RelAttr(f) extrahiert wird. Natürlich muß man dabei auch alle Funktionen inspizieren, die ihrerseits in der Implementierung von f—wiederum direkt oder indirekt—aufgerufen werden. Dies wirft allerdings die Frage nach einem entsprechenden Algorithmus auf. Ein formales Hilfsmittel hierzu sind die sog. *Pfadextraktions-Strukturen (path extraction structures, PES)*, die im Anhang 8.10 (auf Seite 178) erläutert werden.

Im folgenden werde also angenommen, daß die SchemaDepFct berechnet vorliegen und im Datenbankschema in geeigneter Weise verwaltet werden. Dann kann der Fortschreibungsaufwand der GMRs durch zwei sich ergänzende Ansätze gemindert werden:

1. Es werden nur noch solche Operationen $t\$set\_A$ hinsichtlich der GMR-Invalidierung modifiziert, für die SchemaDepFct($t\$set\_A$) $\neq \emptyset$ gilt.

2. Der GMR-Manager wird nicht nur über die Änderung eines Objekts o unterrichtet, sondern auch darüber, welche materialisierten Operationen möglicherweise betroffen sind, indem die Menge SchemaDepFct($t\$set\_A$) mit übergeben wird, falls o durch $o.set\_A(\ldots)$ modifiziert wurde.

Die Ausführung von $o.set\_A(\ldots)$ auf einem Objekt o vom Typ t initiiert also folgende Nachricht an den GMR-Manager:

GMR_Manager.invalidate(o, SchemaDepFct(t\$set_A));

Die Menge SchemaDepFct($t\$set\_A$) wird dabei als mengenwertige Konstante in die Implementierung der Änderungsoperation $t\$set\_A$ eingefügt—somit ist sichergestellt, daß der Ausdruck SchemaDepFct($t\$set\_A$) nicht bei jedem Aufruf $o.set\_A(\ldots)$ von neuem ausgewertet werden muß.

Beispiel 8.11 Wir betrachten unsere (altbekannte) Operation *Cuboid\$weight*. Hierfür gilt:

$$\text{RelAttr}(\textit{Cuboid\$weight}) = \{\ \textit{Cuboid\$Mat}, \textit{Mat\$SpecWeight}, \textit{Cuboid\$V1}, \textit{Cuboid\$V2},$$
$$\textit{Cuboid\$V3}, \textit{Cuboid\$V5}, \textit{Vertex\$X}, \textit{Vertex\$Y}, \textit{Vertex\$Z}\ \}$$

Und damit ist:

$$\textit{Cuboid\$weight} \in \left\{ \begin{array}{l} \text{SchemaDepFct}(\textit{Cuboid\$set\_Mat}) \\ \text{SchemaDepFct}(\textit{Mat\$set\_SpecWeight}) \\ \quad\vdots \\ \text{SchemaDepFct}(\textit{Vertex\$set\_Z}) \end{array} \right.$$

Die Fortschreibungskosten für die materialisierte Funktion *weight* werden also dadurch gesenkt, daß nur noch die Attribut-Zuweisungsoperationen *Cuboid\$set_Mat*, ..., *Vertex\$set_Z* die Invalidierung vorberechneter *weight*-Werte initiieren.   ◇

8.6.2 Verminderung der Zahl der RRR-Zugriffe

Trotz der Isolierung der für die Materialisierung relevanten Teil-Zustände kommt es immer noch zu unnötigen Inspektionen der RRR. Betrachten wir z.B. die Modifikation

$$id_{111}.set\_X(2.5); \quad \text{!! der } \textit{Vertex } id_{111} \text{ sei } \textbf{kein} \text{ Begrenzungspunkt eines } \textit{Cuboids}$$

der *Vertex*-Instanz id_{111}, die von *keinem Cuboid*-Objekt referenziert werde. Da die Funktionen *volume* und *weight* in der Menge SchemaDepFct(*Vertex*set_X) enthalten sind, wird trotz der offensichtlichen Irrelevanz dieser Modifikation der GMR-Manager informiert—nur um durch Inspektion der RRR festzustellen, daß es keiner Invalidierung bzw. Rematerialisierung bedarf. Dies verursacht natürlich eine schwerwiegende Bestrafung von "unschuldigen" Klienten des Typs *Vertex*—z.B. anderer Geometrie-Objekte, wie Pyramiden und Zylinder—nur weil das Volumen der *Cuboid*-Objekte materialisiert wurde.

Man kann diese Kosten umgehen, indem man Markierungen in den Objekten selbst unterhält. Die Entscheidung, die RRR-Markierung nicht in den Objekten selbst zu speichern, wurde ursprünglich mit der potentiell unbeschränkten Zahl der Marken begründet. Eine naheliegende Optimierung, die darauf abzielt, die Anzahl der unnötigen Zugriffe auf die RRR einzuschränken, ohne das Prinzip der festen Objektgröße zu verletzen, besteht darin, zumindest eine Marke (ein sog. *flag*) in den Objekten zu halten, um anzuzeigen, ob das betreffende Objekt überhaupt in (irgend) einer Materialisierung besucht wurde. Bei einer Zustandsänderung eines Objekts muß man somit nur dann in der RRR nachschlagen, wenn das Objekt eine "positive" Markierung besitzt.

Man kann diese Idee der selektiven RRR-Inspektion noch weiter ausbauen, wenn man nicht nur eine einzige Markierung unterhält, sondern für jede materialisierte Funktion, in der das Objekt "besucht" wurde, eine Funktions-Markierung innerhalb des Objekts vorsieht. Selbst dann kann man die Zahl der Marken in einem Objekt relativ gering und nach oben beschränkt halten; sie wird auf keinen Fall größer als die Gesamtzahl der materialisierten Funktionen.

Die Menge der Marken in einem Objekt (sog. "Object Dependent Functions") ist wie folgt definiert:

Definition 8.12 (Object Dependent Functions).
Für alle Objekte o einer Datenbasis definieren wir:

$$o.\mathrm{ObjDepFct} := \pi_{\mathrm{F}}\left(\sigma_{\mathrm{O}=o}\,\mathrm{RRR}\right) \hspace{3cm} \square$$

Reserviert man also in der Objektrepräsentation Speicherplatz für Marken gemäß der Maximalzahl materialisierbarer Funktionen, kann weiterhin von einer festen (Tupel-)Objektgröße ausgegangen werden. Die Reservierung dieses Speicherplatzes kann z.B. in einem für den Benutzer unsichtbaren Systemattribut, über das alle Objekte verfügen, erfolgen.

Bei einer Modifikation des Objekts o vom Typ t durch die Invokation $o.set\_A(\ldots)$ muß man den GMR-Manager dann nur noch informieren, falls

$$o.\mathrm{ObjDepFct} \cap \mathrm{SchemaDepFct}(t\$set\_A)$$

eine nicht-leere Menge ergibt—in diesem Fall wird die Schnittmenge mit an den GMR-Manager übergeben. Falls die Schnittmenge leer ist, kann man sicher sein, daß keine vorberechneten Werte ihre Gültigkeit verloren haben. Daraus ergibt sich die in Abb. 8.9 gezeigte Modifikation der (primitiven) Update-Operationen. Im Falle der *delete*-Operation braucht man nur die Menge **self**.ObjDepFct zu betrachten, da natürlich eine Löschung nicht auf bestimmte Teil-Zustände des Objekts begrenzt sein kann.

Beispiel 8.13 Man erinnere sich an die Datenbank-Ausprägung in Abb. 8.4. Nehmen wir an, daß die folgenden GMRs eingeführt wurden: ⟨⟨*total_volume, total_weight*⟩⟩ für den Typ *Workpieces*, ⟨⟨*total_value*⟩⟩ für den Typ *Valuables*, und ⟨⟨*volume, weight*⟩⟩ für den Typ *Cuboid*.

```
declare set_A: t || t' → void          declare delete: s || → void
    code set_A';                            code delete';
define set_A' (x) is                   define delete' is
    begin                                  begin
      self.A := x;                           if self.ObjDepFct ≠ {} then
      RelevFct := self.ObjDepFct ∩              · GMR_Manager.forget_object(self);
         SchemaDepFct(t$set_A);                self.system_delete;
      if RelevFct ≠ {} then              end define delete';
         GMR_Manager.invalidate(self,RelevFct);
    end define set_A';
```

Abb. 8.9. Modifizierung der Update-Operationen (Version 2)

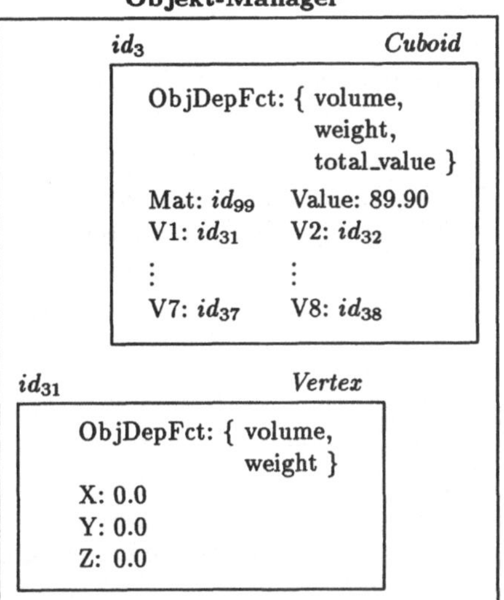

Abb. 8.10. Interaktion zwischen Schema- and Objekt-Manager

Man beachte die Invokation $id_{31}.set\_X(\ldots)$, welche die X-Koordinate der *Vertex*-Instanz id_{31} verändert. Abb. 8.10 zeigt die Modifizierung der Update-Operation *Vertex$set_X*. Die Menge der materialisierten Funktionen, deren vorberechnete Werte möglicherweise von der Update-Operation $id_{31}.set\_X(\ldots)$ invalidiert werden, wird durch die Schnittmenge aus SchemaDepFct(*Vertex$set_X*) und id_{31}.ObjDepFct bestimmt.

$$\begin{aligned}
\text{SchemaDepFct}(\textit{Vertex\$set_X})) &= \{\textit{volume}, \textit{weight}, \textit{total_volume}, \textit{total_weight}\} \\
id_{31}.\text{ObjDepFct} &= \{\textit{volume}, \textit{weight}\}
\end{aligned}$$

In diesem Fall stimmt die Schnittmenge mit der Menge id_{31}.ObjDepFct überein. Dies ist aber nicht die Regel, man betrachte dazu z.B. die Operation *set_V*1 für den Typ *Cuboid* und deren Invokation $id_3.set\_V1$.   ◇

In dieser—nun endgültigen—Version werden die durch Modifikation irrelevanter Objekte bzw. Attribute verursachten unnötigen Invalidierungen so gut wie vollständig[6] vermieden.

---

[6]Ausnahme: Der (seltene) Fall, daß *ein* Objekt in der Berechnung *eines* Funktionswertes verschiedene Rollen spielt.

8.6.3 Ausnutzung der Objektkapselung

Trotz der drastischen Verbesserungen, die die GMR-Fortschreibung in den beiden vorhergehenden Abschnitten erfahren hat, kann man die Kontrolle der materialisierten Funktionswerte noch "feinkörniger" gestalten. Die folgenden drei Problemkreise können durch Ausnutzung evtl. bestehender Objektkapselungen noch effizienter gestaltet werden:

1. *Bestrafung unbeteiligter Objekte:* Trotz der Verbesserungen werden immer noch unbeteiligte Objekte bestraft—wenn auch nur geringfügig. Durch die Abänderung der Operation *Vertex$set_X* würden z.B. die Objekte der Typen *Pyramid* und *Cylinder* dadurch bestraft, daß bei einer Modifikation ihrer Begrenzungspunkte zumindest die Inspektion der Mengen ObjDepFct und SchemaDepFct vorgenommen wird.

2. *Sukzessive Invalidierung:* Eine einzige Update-Operation auf höherer Ebene setzt sich im Normalfall aus vielen Primitivoperationen zusammen, die u.U. jeweils eine GMR-Fortschreibung initiieren. So wird z.B. bei einer Skalierung der *Cuboid*-Instanz *c*—durch die Invokation *c.scale(...)*—das materialisierte Volumen 12 (!) mal invalidiert; jedesmal wenn eine Koordinate eines relevanten Begrenzungspunkts modifiziert wird. Offensichtlich wäre eine einzige Invalidierung bzw. Rematerialisierung ausreichend.

3. *Fehlende Ausnutzung anwendungsspezifischer Semantik:* Manchmal gibt es Operationen, die zwar für die materialisierten Funktionen relevante Zustände abändern, aber dennoch keine vorberechneten Ergebnisse invalidieren. Beispiele hierfür sind die Update-Operationen *rotate* und *translate*, die das materialisierte Volumen eines *Cuboids* invariant lassen.

Durch Ausnutzung der Objektkapselung kann man alle drei oben aufgezeigten Unzulänglichkeiten der GMR-Fortschreibung drastisch verbessern. Wenn die Realisierung eines Objektes völlig hinter einem Satz Schnittstellenfunktionen verborgen ist, kann davon ausgegangen werden, daß der Zustand dieses Objektes auch nur über die Schnittstellenfunktionen verändert werden kann. Man betrachte dazu die Definition von *Cuboid* aus Abb. 8.1. Angenommen, die **public**-Klausel wird wie folgt verändert:

```
persistent type Cuboid supertype ANY is
    public rotate, scale, translate, volume, weight
    ...
end type Cuboid;
```

Dadurch sind die Unterobjekte vom Typ *Vertex* und *Material* nur noch mittelbar über die Schnittstellenfunktionen zu manipulieren. Von dieser Typdefinition kann man nun durch genaue Betrachtung der Semantik der fünf Operatoren ableiten, daß lediglich die Operation *scale* in der Lage ist, ein materialisiertes Volumen zu beeinflussen. Diese Information kann jedoch nicht automatisch aus dem Quelltext der Funktionen abgeleitet werden; es ist die Aufgabe des Datenbankentwerfers, die Operatoren in zwei Klassen einzuteilen:

1. Operatoren, deren Anwendung eine Korrektur materialisierter Funktionswerte erforderlich macht und

2. Operatoren, bei denen keine materialisierten Funktionswerte invalidiert werden.

Für die Operatoren unter Punkt 1. sind also die betroffenen Funktionen ("Invalidierte Funktionen") zu ermitteln.

Definition 8.14 (Invalidierte Funktionen).

Sei t ein vollständig gekapselter Typ und u eine öffentliche, mit diesem Typen assoziierte Operation. Die Menge der Funktionen, deren materialisierte Werte durch Anwendung von u potentiell invalididiert werden, wird definiert als:

$$\text{InvldFct}(t\$u) := \{ f \mid f \text{ ist eine materialisierte Funktion und die Anwendung von } t\$u \text{ invalidiert Funktionswerte von } f \} \qquad \square$$

Typ	Operation	Invalidierte Funktionen
Cuboid	*rotate*	$\emptyset$
	scale	$\{volume,\ weight\}$
	translate	$\emptyset$
	volume	$\emptyset$
	weight	$\emptyset$

Tabelle 8.2. "Invalidated Functions"

Bemerkung 8.15 Für die primitiven Schreiboperationen $t\$set\_A$ eines Attributs A gilt:

$$\mathrm{InvldFct}(t\$set\_A) = \mathrm{SchemaDepFct}(t\$set\_A)$$

In Tabelle 8.2 sind die "Invalidierten Funktionen" für die Operatoren *rotate, scale, translate, volume* und *weight* des Typs *Cuboid* aufgeführt. Nur der Operator *scale* kann die vorberechneten Werte von *volume* und *weight* beeinflussen, so daß auch nur dessen Implementierung enstprechend abgeändert wird. Der Gewinn durch diesen Ansatz ist offensichtlich: nur die Operationen, die tatsächlich einen materialisierten Funktionswert invalidieren, werden mit dem Aufwand zur Aufrechterhaltung der GMR-Konsistenz bestraft. Andere Operationen, wie z.B. *rotate*, die zwar die Ecken des Quaders verändern, aber dessen Volumen und Gewicht unverändert lassen, erleiden keinerlei Effizienzeinbuße.

Im Falle vollständig gekapselter Objekte werden also nicht mehr die Primitivoperationen zur Neubelegung von Attributen hinsichtlich der Benachrichtigung des GMR-Managers modifiziert, sondern nur noch die Schnittstellen-Operationen, die materialisierte Funktionen invalidieren. Somit wird die *scale*-Operation wie folgt angepaßt:

```
declare scale: Cuboid || Vertex → void code scale';

define scale' (v) is
begin
    ...            !! Anweisungen zur Skalierung des Cuboids
    RelevFct := self.ObjDepFct ∩ InvldFct(Cuboid$scale);
    if RelevFct ≠ {} then GMR_Manager.invalidate(self, RelevFct);
end define scale;
```

Sogar die *scale*-Operation profitiert von der Ausnutzung der Objektkapselung: Ohne Objektkapselung erfolgt bei jedem Zugriff auf relevante Eckkoordinaten—$V1$, $V2$, $V3$ und $V5$—die Invalidierung des vorberechneten Volumens. Durch die nun mögliche umfassendere Betrachtung, die den Zusammenhang und die Unteilbarkeit der Skalierung erkennen lassen, ist nur eine Fortschreibungsoperation erforderlich. Ein weiterer Vorteil ist die geringe Zahl an RRR-Einträgen, da durch die Objektkapselung keine Modifikation relevanter Objekte "an den Schnittstellenfunktionen vorbei" möglich ist. Entsprechende RRR-Einträge für die Unterobjekte eines gekapselten Objekts—wie z.B. der Einträge für die Begrenzungspunkte des *Cuboids*—sind also überflüssig. Auch erübrigt sich die Modifikation der elementaren Änderungsoperationen auf den Typen der Unterobjekte, wie z.B. den Attributzuweisungsoperationen auf *Vertex*, so daß andere Klienten von *Vertex* durch die Materialisierung von *Cuboid$weight* und *Cuboid$volume* nicht mehr belastet werden.

Eine solche Vorgehensweise ist jedoch ausschließlich dann möglich, wenn das Objekt vollständig gekapselt ist. Wenn es außer den Schnittstellenfunktionen weitere Möglichkeiten zur Manipulation interner Zustände gibt, können sehr leicht inkonsistente GMRs entstehen. Es liegt in der Verantwortung des Objekttyp-Entwerfers, die Schnittstellenfunktionen korrekt zu klassifizieren und Manipulationen interner Zustände an den Schnittstellenfunktionen vorbei unmöglich zu machen. Wenn ein derart gekapseltes Objekt sich noch aus Unterobjekten zusammensetzt ("molekulare Aggregation"), wie z.B. der Typ *Cuboid*, so dürfen niemals Verweise auf Unterobjekte jenseits der Schnittstelle verfügbar werden. Diese Bedingung ist z.B. erfüllt, wenn die Verweise auf die Unterobjekte *"exclusive, composite references"* im Sinne von [KBG89] sind.[7]

8.6.4 Kompensation von Modifikationen

Im Normalfall muß eine durch Modifikation der Datenbasis ungültig gewordene GMR durch Neuberechnung der betreffenden Funktionswerte fortgeschrieben werden. Vor allem, wenn die Funktionswerte nicht-atomar sind und/oder deren Berechnung rechenintensiv ist, stellt sich die Frage, ob es nicht eine Alternative zur Neuberechnung "von Grund auf" gibt. In der Tat ist es in vielen Fällen möglich, einen Term anzugeben, der die Auswirkung einer bestimmten Parameteränderung auf die Gültigkeit eines materialisierten Funktionswertes mit weit geringerem Aufwand aufzuheben vermag. Wenn beispielsweise ein neues *Cuboid*-Objekt in eine Menge vom Typ *Workpieces* eingefügt wird, kann der materialisierte Wert von *total_volume* durch die Funktion *increase_total* auf den neuen Stand gebracht werden:

> **declare** increase_total: Workpieces || Cuboid, float → float;

> **define** increase_total (new_cuboid, old_total) **is**
>   **return** old_total + new_cuboid.volume;

Da nicht auf jedes Element der Menge (erneut) zugegriffen werden muß, kann eine deutlich höhere Effizienz erzielt werden.

Definition 8.16 (Kompensationsfunktionen).
Sei $f\colon t_1 \| t_2, \ldots, t_n \to t_{n+1}$ *eine materialisierte Funktion und* $u\colon t_i \| t'_1, \ldots, t'_k \to$ **void** *eine Modifikationsoperation mit* $1 \leq i \leq n$ *und* $f \in \mathrm{SchemaDepFct}(t_i\$u)$ *oder* $f \in \mathrm{InvldFct}(t_i\$u)$. *Eine Funktion*

$$c\colon t_i \| t'_1, \ldots, t'_k, t_{n+1} \to t_{n+1}$$

heißt Kompensationsfunktion für die Funktion f *bezogen auf die Operation* $t_i\$u$, *wenn für alle Objekte* o_i *vom Typ* t_i, o'_j *vom Typ* t'_j $(1 \leq j \leq k)$ *und Variablen* x *vom Typ* t_{n+1} *die Äquivalenz folgender Anweisungsfolgen gilt:*

$$\left[\begin{array}{l} o_i.u(o'_1, \ldots, o'_k); \\ x := f(o_1, \ldots, o_n); \end{array} \right] \equiv \left[\begin{array}{l} x := o_i.c(o'_1, \ldots, o'_k, f(o_1, \ldots, o_n)); \\ o_i.u(o'_1, \ldots, o'_k); \end{array} \right] \qquad \Box$$

Bemerkung 8.17 Die Kompensationsfunktion wird *vor* der Modifikationsoperation u aufgerufen, um den alten Zustand der Datenbasis zur Verfügung zu haben. Es ist nämlich nicht in jedem Fall möglich, aus den Parametern von u auf den alten Zustand zu schließen (z.B. bei der Operation "Attributwert setzen").

Kompensationsfunktionen müssen vom Datenbankprogrammierer definiert werden, der auch für deren Korrektheit im Sinne obiger Definition verantwortlich ist. Wegen der Unentscheidbarkeit der Äquivalenz zweier Anweisungsfolgen kann die Überprüfung nicht vom System vorgenommen werden.

Der GMR-Manager unterhält eine Tabelle namens CA mit allen verfügbaren Kompensationsfunktionen. CA enthält ein Tripel $[u, f, c]$ falls c eine Kompensationsfunktion für die Update-Operation u in Bezug auf materialisierte Ergebnisse von f ist. So enthält CA z.B. folgende Information hinsichtlich der Kompensation *increase_total*:

$$CA \quad = \quad \begin{array}{|c|c|c|} \hline Upd\_Op & Mat\_Fct & Comp\_Act \\ \hline Workpieces\$insert & total\_volume & increase\_total \\ \vdots & \vdots & \vdots \\ \hline \end{array}$$

---

[7]Diese Bedingung ist an sich zu restriktiv, da sie nur *einen* Verweis auf die Unterobjekte zuläßt. Präziser müßte man fordern, daß es keine Verweise von außerhalb des gekapselten Objekts auf Unterobjekte geben darf; *innerhalb* des gekapselten Objekts sind jedoch beliebig viele Verweise auf Unterobjekte erlaubt.

Basierend auf *CA* können wir die Menge CompensatedFct($t\$u$) für jede Update-Operation definieren:

Definition 8.18 (kompensierte Funktionen).
Es sei $t\$u$ eine Update-Operation für den Typ t. Wir definieren die Menge der kompensierten Funktionen (CompensatedFct) für $t\$u$ als:

$$\text{CompensatedFct}(t\$u) := \pi_{Mat\_Fct}\, \sigma_{Upd\_Op=t\$u}\, CA$$

$$\square$$

Ein weiterer Punkt muß beim Entwurf von Kompensationsfunktionen unbedingt beachtet werden: es können nur direkte Modifikationen von Parameterobjekten kompensiert werden, nicht jedoch Modifikationen von Objekten, die über Verweise mit den Parametern in Verbindung stehen. Der Grund dafür ist, daß bei Änderungen der Verweise ("Umhängen" von Objekten) GMR-Inkonsistenzen auftreten können.

Beispiel 8.19 Es sei eine Kompensationsfunktion namens *cmp* für das Funktions/Operations-Paar (*Workpieces\$total_weight*, *Cuboid\$scale*) definiert. Der Quader id_1 ist in der Menge id_{59} vom Typ *Workpieces* enthalten und somit relevant für die Funktion *total_weight*. Es ist also $total\_weight \in id_1.\text{ObjDepFct}$ und $[id_1, total\_weight, \langle id_{59}\rangle] \in \text{RRR}$. Alsdann werde id_1 in die Menge id_{60} vom Typ *Valuables* transferiert. Nun ist id_1 nicht mehr relevant für *total_weight*, aber die Einträge in der RRR und in $id_1.\text{ObjDepFct}$ werden gemäß Algorithmus 8.5 nicht entfernt. Dies hat zur Folge, daß bei der Operation $id_1.scale(\ldots)$ die vermeintliche Änderung des Gesamtgewichtes $id_{59}.total\_weight$ durch *cmp* "kompensiert" wird und so eine inkonsistente GMR entsteht. ◇

Das Beispiel macht deutlich, daß nur durch Absuchen aller von id_1 aus erreichbaren Objekte und Entfernung der Marken (soweit vorhanden) Abhilfe geschaffen werden könnte. In Anbetracht des beträchtlichen Aufwandes ist o.g. Beschränkung auf die Modifikation von Parameterobjekten sicherlich das kleinere Übel.

An dem nachfolgenden Beispiel wollen wir die für die Ausnutzung der Kompensationsoperationen notwendigen Schema-Modifikationen illustrieren.

Beispiel 8.20 Angenommen, die Ausgleichs-Operation *increase_total* (wie oben definiert) ist für die Funktion *total_volume* und die Update-Operation *Workpieces\$insert* spezifiziert, d.h.:

$$total\_volume \in \text{CompensatedFct}(\textit{Workpieces\$insert})$$

Dann wird die Update-Operation *Workpieces\$insert* wie folgt verändert:

```
    declare insert: Workpieces || Cuboid → void
       code insert';

    define insert' (cub) is
    begin
       RelevFct := self.ObjDepFct ∩ CompensatedFct(Workpieces$insert);
       if RelevFct ≠ {} then
          GMR_Manager.compensate((self, cub), Workpieces$insert, RelevFct);
       self.system_insert(cub);
       RelevFct := self.ObjDepFct ∩ SchemaDepFct(Workpieces$insert) \ RelevFct;
       if RelevFct ≠ {} then
          GMR_Manager.invalidate(self, RelevFct);
    end define insert';
```

Zunächst werden alle materialisierten Funktionen, für die bezüglich der *insert*-Operation eine Kompensation existiert, rematerialisiert. In unserem konkreten Fall würde das neue *total_volume* vom GMR-Manager durch die Invokation

$$w.\text{increase\_total}(cub, old);$$

ermittelt, wobei w die entsprechende *Workpieces*-Instanz, auf der das *insert* ausgeführt wurde, referenziert, *old* den alten, in der GMR gespeicherten *total_volume*-Wert darstellt und *increase_total* die aus CA ermittelte Kompensation ist.

Im Gegensatz zu *GMR_Manager.invalidate* muß die Kompensation, die durch den Aufruf *GMR_Manager.compensate* ausgelöst wird, vor der Ausführung der Update-Operation *insert* initiiert werden. Dies ist notwendig, da die Kompensationsfunktion i.a. den alten Zustand der Objektbank lesen muß. $\Diamond$

8.7 Beschränkte GMRs

Bisher wurden nur GMRs betrachtet, bei denen für *alle* möglichen Parameterkombinationen die zugehörigen Funktionswerte materialisiert sind. Dies schloß atomare Parametertypen wegen der großen Kardinalität des Kreuzproduktes $\text{ext}(t_1) \times \ldots \times \text{ext}(t_n)$ (und damit der GMR) praktisch aus. Müssen jedoch nicht alle Funktionswerte materialisiert werden, gibt es keinen Grund mehr, nicht auch atomare Parameter zuzulassen. Aber auch bei nichtatomaren Parametertypen kann es sinnvoll sein, nur eine Teilmenge aller Funktionswerte in einer GMR zu halten, z.B. bei Speicherengpässen; die Beschränkung wird durch ein *Restriktionsprädikat* $p : t_1, \ldots, t_n \rightarrow bool$ spezifiziert. Da eine solche *p-beschränkte* GMR nicht mehr konsistent im Sinne der Definition 8.2 ist, wird der Begriff der konsistenten GMR auf beschränkte GMRs erweitert:

Definition 8.21 (Konsistenz beschränkter GMRs).
Eine Ausprägung einer p-beschränkten GMR $\langle\!\langle f_1, \ldots, f_m \rangle\!\rangle_p$ für die Funktionen $f_1, \ldots, f_m$ heißt genau dann konsistent, wenn die folgenden beiden Bedingungen erfüllt sind:

1. $\pi_{O_1, \ldots, O_n}(\langle\!\langle f_1, \ldots, f_m \rangle\!\rangle_p) =$
   $\{(o_1, \ldots, o_n) \mid (o_1, \ldots, o_n) \in \text{ext}(t_1) \times \ldots \times \text{ext}(t_n) \wedge p(o_1, \ldots, o_n)\}$

2. $\forall \tau \in \langle\!\langle f_1, \ldots, f_m \rangle\!\rangle_p : \tau.V_j \Rightarrow \tau.f_j = f_j(\tau.O_1, \ldots, \tau.O_n)$ $\square$

Für den Sonderfall $p : t_1 \times \ldots \times t_n \rightarrow bool$ und $(o_1, \ldots, o_n) \mapsto true$ geht obige Definition in die Definition 8.2 über.

Beschränkte GMRs können, genau wie unbeschränkte GMRs, zur Unterstützung der Anfragebearbeitung eingesetzt werden. Ist dazu lediglich die Bestimmung eines Funktionswertes zu gegebenen Parametern—also eine "forward query"—notwendig, gibt es keine Schwierigkeiten: wenn die Inspektion der GMR zeigt, daß der nachgefragte Funktionswert nicht materialisiert ist, dann wird er durch direkten Aufruf der Funktion ermittelt. Anders dagegen bei den sog. "*backward queries*", wenn also das Selektionsprädikat q einer Anfrage eine Bedingung über den Funktionswert enthält, da durch die Beschränkung p nur ein Teilindex vorliegt [Sel88]. Sei also für die GMR $\langle\!\langle f_1, \ldots, f_m \rangle\!\rangle_p$ das GMR-Restriktionsprädikat durch

$$p : \begin{cases} t_1 \times \ldots \times t_n & \rightarrow & bool \\ (o_1, \ldots, o_n) & \mapsto & p(o_1, \ldots, o_n) \end{cases}$$

definiert. Eine Anfrage

    range $o_1 : t_1, \ldots, o_n : t_n$
    retrieve ...
    where $q(o_1, \ldots, o_n)$

mit dem Selektionsprädikat q

$$q : \begin{cases} t_1 \times \ldots \times t_n & \rightarrow & bool \\ (o_1, \ldots, o_n) & \mapsto & q(o_1, \ldots, o_n) \end{cases}$$

das mindestens eine Bedingung über $f_i(o_1, \ldots, o_n)$ enthält, kann dann durch die GMR unterstützt werden, wenn

$$\forall(o_1, \ldots, o_n) \in t_1 \times \ldots \times t_n \colon (p \Leftarrow q)(o_1, \ldots, o_n) \tag{1}$$

gilt (*Überdeckung* von q durch p). Dies ist eine hinreichende Bedingung: Es reicht aus, wenn

$$\forall(o_1, \ldots, o_n) \in \mathrm{ext}(t_1) \times \ldots \times \mathrm{ext}(t_n) \colon (p \Leftarrow q)(o_1, \ldots, o_n) \tag{2}$$

erfüllt ist (triviales Beispiel: leere Datenbasis, also $\mathrm{ext}(t_1) = \ldots = \mathrm{ext}(t_n) = \emptyset$). Allerdings ist (1) im allgemeinen Falle nicht entscheidbar, und bei der Überprüfung der zu (2) äquivalenten Bedingung

$$P := \{ (o_1, \ldots, o_n) \in \mathrm{ext}(t_1) \times \ldots \times \mathrm{ext}(t_n) \mid p(o_1, \ldots, o_n) \} \supseteq$$
$$\{ (o_1, \ldots, o_n) \in \mathrm{ext}(t_1) \times \ldots \times \mathrm{ext}(t_n) \mid q(o_1, \ldots, o_n) \} =: Q$$

wird durch Q bereits die Anfrage beantwortet. Aus der Abschwächung von (1) kann also keinerlei Nutzen gezogen werden.

Als Ausweg bietet sich die Einschränkung der Prädikate p und q auf eine Klasse an, für die (1) entscheidbar ist. Diese Vorgehensweise wird—in einem anderen Kontext—auch in [Sel88] empfohlen. Eine einfache Klasse von Prädikaten, die die effiziente Prüfung der äquivalenten Bedingung

$$\{ (o_1, \ldots, o_n) \in t_1 \times \ldots \times t_n \mid (\neg p \wedge q)(o_1, \ldots, o_n) \} = \emptyset$$

(*Erfüllbarkeit* von $\neg p \wedge q$) erlaubt, wurde bereits von Eswaran et al. in [EGLT76] im Zusammenhang mit logischen Prädikatsperren vorgestellt. Die Prädikate dieser Klasse sind eine beliebige Boole'sche Kombination der *einfachen Prädikate*

$$\langle \textit{Variable} \rangle \; \theta \; \langle \textit{Konstante} \rangle \quad \text{für} \quad \theta \in \{\leq, =, \neq, \geq\}$$

Um die Erfüllbarkeit von $\neg p \wedge q$ zu entscheiden, wird der Ausdruck zunächst in die disjunktive Normalform gebracht und anschließend die Erfüllbarkeit für jeden einzelnen Minterm geprüft. Da in den Mintermen nur einfache Prädikate vorkommen, ist der Aufwand für den Test linear in der Zahl der einfachen Prädikate. Die einfachen Prädikate bedeuten allerdings eine drastische Einschränkung der Spezifikationsmöglichkeiten für Restriktions- und Selektionsprädikate. Bereits der Test auf Gleichheit zweier Attributwerte fällt nicht mehr in diese Klasse. Für Restriktionsprädikate der GMRs wären diese Beschränkungen möglicherweise hinnehmbar, aber nicht für Selektionsprädikate von Anfragen.

In [RH80] präsentieren Rosenkrantz und Hunt eine Obermenge dieser Klasse, die für die vorliegende Anwendung wesentlich besser geeignet ist, bei der die Erfüllbarkeit aber trotzdem noch in polynomialer Zeit ($O(n^3)$, n sei die Zahl der Variablen) geprüft werden kann. Folgende Typen von Vergleichen werden betrachtet ($\theta \in \{=, \neq, <, >, \leq, \geq\}$):

1. Vergleich mit einer Konstanten
   $\langle \textit{Variable} \rangle \; \theta \; \langle \textit{Konstante} \rangle$

2. Unmittelbarer Vergleich zwischen Variablen
   $\langle \textit{Variable} \rangle \; \theta \; \langle \textit{Variable} \rangle$

3. Vergleich mit Offset
   $\langle \textit{Variable} \rangle \; \theta \; \langle \textit{Variable} \rangle + \langle \textit{Konstante} \rangle$

Ein Prädikat gehört genau dann zu der Klasse, wenn die beiden folgenden Bedingungen erfüllt sind:

1. Das Prädikat besteht aus einer beliebigen Boole'schen Kombination von Vergleichen der obigen drei Typen

2. Die disjunktive Normalform enthält nach Eliminierung der Negationen keinen $\neq$-Vergleich der Typen 2 oder 3.

Der Algorithmus zur Überprüfung der Erfüllbarkeit eines solchen Prädikats sei hier nur kurz skizziert. Wie bei der Prädikatenklasse nach Eswaran et al. wird jeder Minterm getrennt betrachtet. Zunächst erfolgt eine weitere Normalisierung, so daß jeder Vergleich entweder eine $\leq$-Operation oder eine $\geq$-Operation mit einer Konstanten ist. Daß dies immer möglich ist, wird durch Bedingung 2 sichergestellt (Verzicht auf $\neq$). Der so erhaltene Ausdruck wird auf einen gewichteten Digraphen abgebildet, der für jede Variable sowie der Konstanten 0 einen Knoten aufweist. Ein Vergleich $x \leq y + c$ ist im Graphen durch eine Kante vom Knoten x zum Knoten y mit Gewicht c repräsentiert. Der Vergleich $x \leq c$ wird auf eine Kante vom Knoten x zum Knoten 0 abgebildet, und $x \geq c$ auf eine Kante von 0 nach x mit Gewicht $-c$. In [RH80] wird nun gezeigt, daß das Prädikat genau dann erfüllbar ist, wenn der so erhaltene Graph keine Zyklen mit negativem Gewicht enthält. Dies ist mit Floyds Algorithmus [Flo62] zur Bestimmung des kürzesten Pfades mit der Zeitkomplexität $O(k^3)$ feststellbar (k sei die Zahl der Knoten im Graphen).

Bemerkung 8.22 In [RH80] wird sogar weiter gezeigt, daß die vorgestellte Klasse nicht wesentlich erweitert werden kann, ohne das polynomiale Zeitverhalten einzubüßen: das Hinzufügen von "$\neq$" macht das Problem der Erfüllbarkeit NP-hart und somit (vermutlich) exponentiell.

Eine Realisierung in GOM könnte wie folgt aussehen:

- Restriktionsprädikate p für GMRs werden in der Programmiersprache GOM formuliert und wie alle anderen Funktionen vom GOM-Compiler übersetzt.

- Bei der Übersetzung wird geprüft, ob die Negation des Prädikats zur oben definierten Klasse gehört (das Verbot von "$\neq$" wird also zum Verbot von "$=$"). Wenn dies nicht der Fall ist, wird der Benutzer darüber informiert, daß ein Index auf atomaren Funktionswerten der GMR nicht möglich ist.

- Bei Anfragen, für die die GMR in Frage kommt, wird der Ausdruck $\neg p \wedge q$ mit dem Selektionsprädikat q ebenfalls auf seine Zugehörigkeit zu o.g. Klasse hin überprüft. Ist dies der Fall, kann die Erfüllbarkeit und damit die Überdeckung des Restriktions- mit dem Selektionsprädikat mittels des skizzierten Algorithmus festgestellt und die GMR dann ggf. zur Anfrageunterstützung eingesetzt werden.

Beispiel 8.23 Sei $overlap(c_1, c_2)$ eine Funktion, die das überlappende Volumen zweier *Cuboid*-Objekte c_1 und c_2 berechnet. Da die Funktion *overlap* symmetrisch ist, würde es ausreichen, die GMR $\langle\!\langle overlap \rangle\!\rangle_p$ mit

$$p: \begin{cases} Cuboid \times Cuboid & \rightarrow \quad bool \\ (c_1, c_2) & \mapsto \quad c_1.creation\_time \leq c_2.creation\_time \end{cases}$$

zu definieren, in der *overlap* nur für Tupel (c_1, c_2), bei denen c_1 vor c_2 oder zur gleichen Zeit erzeugt wurde, materialisiert ist. Die *creation_time* sei als zusätzliches Attribut in *Cuboid* enthalten. Die Anfrage

> **range** c_1, c_2: *Cuboid*
> **retrieve** c_1, c_2
> **where** $c_1.creation\_time \geq c_2.creation\_time \wedge overlap(c_2, c_1) = 0$

die alle sich nicht überlappenden Quaderpaare liefert, kann durch die GMR $\langle\!\langle overlap \rangle\!\rangle_p$ unterstützt werden. Für die äquivalente Anfrage

> **range** c_1, c_2: *Cuboid*
> **retrieve** c_1, c_2
> **where** $c_1.creation\_time > c_2.creation\_time \wedge overlap(c_2, c_1) = 0$

ist dies jedoch nicht möglich, da das Restriktionsprädikat p nur mit Hilfe von zusätzlichem Wissen ($c_1.creation\_time = c_2.creation\_time \Leftrightarrow c_1 = c_2$ und $overlap(c_1, c_2) = 0 \Rightarrow c_1 \neq c_2$) aus dem Selektionsprädikat abgeleitet werden kann. $\diamond$

8.7.1 Fortschreibung beschränkter GMRs

Für die Fortschreibung beschränkter GMRs gilt prinzipiell das in Abschnitt 8.5 ff. Ausgeführte. Im Gegensatz zu den nicht beschränkten GMRs kann jedoch auch die Modifikation eines bereits existierenden Objekts zum Einfügen oder Löschen eines GMR-Tupels führen. Dazu betrachte man z.B. die GMR $\langle\langle volume, weight\rangle\rangle_p$, wobei $p(O_i) := O_i.Mat.Name = $ "Gold". Das Volumen und Gewicht von Bleiquadern ist daher nicht materialisiert. Gelingt nun die "Umwandlung von Blei in Gold", so ist die GMR entsprechend zu erweitern. Das kann am elegantesten dadurch geschehen, daß man das Materialisierungsprädikat als spezielle, materialisierte Funktion betrachtet, da in der GMR $\langle\langle f_1, \ldots, f_m\rangle\rangle_p$ mit den Parametertypen $t_1, \ldots, t_n$ das Prädikat $p: t_1, \ldots, t_n \to bool$ ohnehin bereits implizit materialisiert ist:

$$p(o_1, \ldots, o_n) = ((o_1, \ldots, o_n) \in \pi_{o_1, \ldots, o_n} \langle\langle f_1, \ldots, f_m\rangle\rangle_p)$$

"Neuberechnung" des Prädikats bedeutet Einfügen oder Löschen von Tupeln in der GMR. Beim "Materialisieren" von p (d.h. dem Anlegen der GMR) werden also gelesene Objekte genauso markiert (RRR-Eintrag, ObjDepFct, SchemaDepFct) wie bei der Materialisierung der anderen Funktionen.

Algorithmus 8.24 (Fortschreibung des Restriktionsprädikats).
Wenn dem GMR-Manager ein Update von einem Objekt übermittelt wird, das die Auswertung eines Restriktionsprädikates betrifft, dann wird der folgende Algorithmus von GMR_Manager.invalidate ausgeführt:

> **für jedes** Tripel $[o, p, \langle o_1, \ldots, o_n\rangle]$ **in der** RRR **tue**
>   (1) **entferne** $[o, p, \langle o_1, \ldots, o_n\rangle]$ **aus der** RRR
>   (2) **berechne** $p(o_1, \ldots, o_n)$ **und**
>   * **merke** alle "besuchten" Objekte $\{o'_1, \ldots, o'_p\}$
>   * **falls** $p(o_1, \ldots, o_n) = true$
>   **dann**
>   **füge** $[o_1, \ldots, o_n, f_1(o_1, \ldots, o_n), true, \ldots, f_m(o_1, \ldots, o_n), true]$
>   **in die GMR** $\langle\langle f_1, \ldots, f_m\rangle\rangle_p$ **ein** (falls nicht vorhanden)
>   **sonst**
>   **entferne** $[o_1, \ldots, o_n, F_1, V_1, \ldots, F_m, V_m]$
>   **aus der GMR** $\langle\langle f_1, \ldots, f_m\rangle\rangle_p$ (falls vorhanden)
>   (3) **für jedes** v **aus** $\{o'_1, \ldots, o'_p\}$ **tue**
>   * **füge das Tripel** $[v, p, \langle o_1, \ldots, o_n\rangle]$ **in die** RRR ein (falls nicht vorhanden)

Die Schritte (1) und (3) dieses Algorithmus' sind den Schritten (1) und (3) des sofortigen Rematerialisierungs-Algorithmus (Algorithmus 8.5) ähnlich. In Schritt (2) wird das Ergebnis des Prädikats (nochmals) berechnet. Wenn das Ergebnis *true* ist, dann werden die passenden Funktionsergebnisse materialisiert. Andernfalls werden die passenden GMR-Einträge entfernt (sofern vorhanden).

8.7.2 Atomare Parametertypen

Wie bereits gesagt, können durch die Einführung beschränkter GMRs auch atomare Parametertypen bei materialisierten Funktionen zugelassen werden. Beispielsweise werde die Funktion *Cuboid.weight* durch den Parameter "gravitation" erweitert, so daß das Gewicht eines Quaders für jeden beliebigen Ort bestimmt werden kann.

> **declare** weight: Cuboid || float $\to$ float;

> **define** weight (gravitation) **is**
>   **return self**.volume * **self**.Mat.SpecWeight * gravitation/9.81;

Wenn nun das Gewicht aller Quader der Datenbasis für die Planeten unseres Sonnensystems materialisiert werden soll, kann dies durch das Prädikat

$$p(gravitation) \equiv gravitation \in \{9.81, \ldots, 22.01\}$$

für die GMR $\langle\langle weight \rangle\rangle_p$ geschehen.

Allgemein gilt: Jeder int-Parameter x einer materialisierten Funktion muß entweder *intervallbeschränkt* ($x \in$ [untere Grenze, obere Grenze]) oder *wertebeschränkt* ($x \in \{v_1, \ldots, v_{k_x}\}$) sein. Parameter vom Typ *float* müssen aus naheliegenden Gründen stets wertebeschränkt sein. Wegen der Probleme, die Vergleiche von Fließkommazahlen aufwerfen, ist es zweckmäßig, für den Test auf Gleichheit eine spezielle Vergleichsfunktion vorzusehen. Darin kann dann z.B. $x = y$ als $x \in [y - \epsilon, y + \epsilon]$ definiert werden. In jedem Falle sind die erhaltenen Restriktionsprädikte in der Prädikatsklasse nach Rosenkrantz und Hunt—sogar in der restriktiveren Klasse nach Eswaran et al., da nur Vergleiche mit Konstanten vorkommen.

8.8 Prototypische Realisierung der Funktionenmaterialisierung

Die vorgestellten Konzepte der Funktionenmaterialisierung wurden zunächst in Form eines Prototyps realisiert. Zur Anwendung kam dabei die Programmiersprache E [C+89], die eine aufwärtskompatible Erweiterung von C++ ist. Die zusätzlichen Inhalte betreffen hauptsächlich persistente Objekte und generische Typen, allerdings ist die Mächtigkeit nicht so groß wie bei der Programmiersprache GOM.

Nichtsdestotrotz konnte damit die Materialisierungskomponente mit praktisch dem vollen Leistungsumfang implementiert und für Messungen und Experimente mit Realisierungsalternativen eingesetzt werden. Die Datenstrukturen und Algorithmen, die im Prototypen zur Anwendung kamen, lassen sich ohne Schwierigkeiten portieren, da keine spezifischen Besonderheiten von E benutzt wurden, über die GOM nicht verfügt.

Zusätzlich wurde noch eine Möglichkeit geschaffen, die Schachtelung materialisierter Funktionen in einer Weise durchzuführen, daß eine aufrufende Funktion das materialisierte Ergebnis der aufgerufenen erhält, anstatt dieses (nochmals) zu berechnen. Da bei dieser Vorgehensweise die Rematerialisierungsreihenfolge nicht mehr beliebig ist, mußte die Realisierung der "Object Dependent Functions" dieser Forderung Rechnung tragen.

Die Anfrageschnittstelle der GMR-Verwaltung entspricht im wesentlichen der Beschreibung in Abschnitt 8.4. Das bedeutet, daß Verbindungen (Joins) zwischen verschiedenen GMRs nicht möglich sind, da für die effiziente Bearbeitung derartiger Anfragen ein leistungsfähiger Optimierer unabdingbar ist. Aus diesem Grund beschränken wir uns auf eine relativ einfache Schnittstelle, die nur verhältnismäßig primitive Operationen zur Verfügung stellt, und überlassen die Generierung der Ablaufpläne für komplexere Anfragen dem bereits vorgestellten regelbasierten Optimierer.

Der nächste Schritt, der durchzuführen ist, ist die Übertragung in die Programmiersprache GOM und die Integration in das Gesamtsystem. Dazu sind vor allem die Schnittstellen zu Schema- und Objektverwaltung sowie dem Übersetzermodul festzulegen. Das Zusammenwirken dieser Komponenten ist in seinen wesentlichen Punkten der Abb. 8.11 zu entnehmen.

8.9 Bibliographie

Die hier vorgestellte Funktionenmaterialisierung ist in einigen Aspekten der Materialisierung von Sichten (views) im relationalen Modell ähnlich. Die Fortschreibung materialisierter Sichten ist in den Arbeiten [BCL89,BLT86] eingehend beschrieben. In dem in [AL80] vorgeschlagenen *"snapshot"* (Schnappschuß) Ansatz werden materialisierte Sichten nicht konsistent gehalten, sondern nur periodisch (zu bestimmten Zeitpunkten) neu berechnet. Damit nimmt man bewußt in Kauf, daß der Benutzer inkonsistente Information liest.

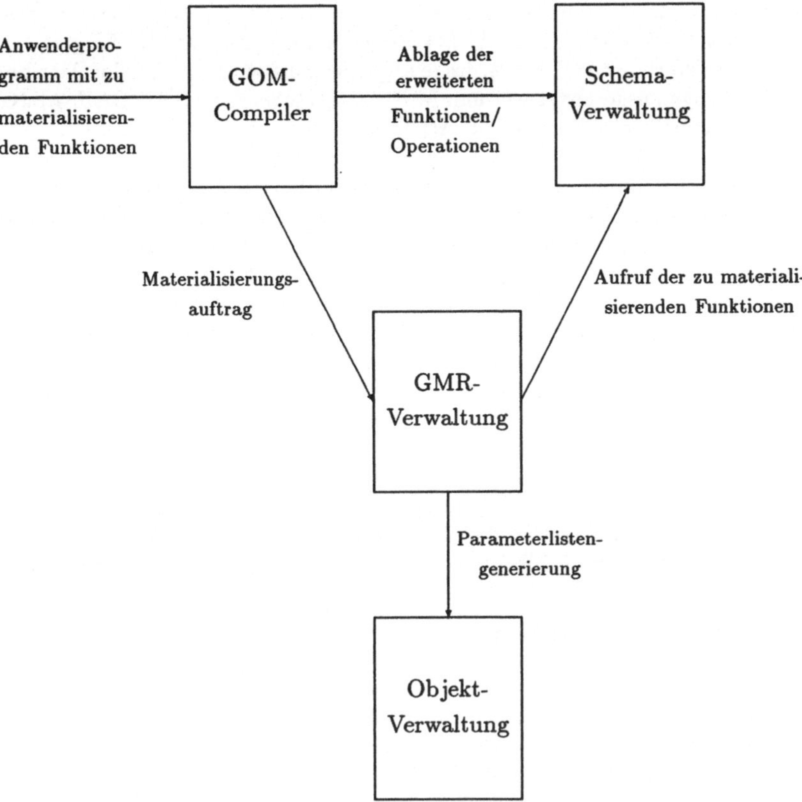

Abb. 8.11. Zusammenwirken der GOM-Komponenten bei der Materialisierung

Weiter Arbeiten zur Vorberechnung von Anfragen wurden im Rahmen des erweitert-relationalen Datenbanksystems POSTGRES [SR86] vorgenommen. In POSTGRES gibt es Attribute, in denen anstatt eines Werts eine QUEL-Anfrage abgespeichert wird. Sobald das Attribut referenziert wird, muß die Anfrage ausgewertet werden. In [Han87,Han88,Jhi88,Sel88,SAH87,SJGP90] werden Mechanismen vorgestellt, die diese QUEL-Attribute vorberechnen.

Durch die Ausnutzung des objekt-orientierten Paradigmas waren wir in der Lage, die Fortschreibungsalgorithmen zur Konsistenzerhaltung der materialisierten Funktionswerte sehr viel "feinkörniger" zu kontrollieren, so daß (so gut wie) gar keine überflüssigen Invalidierungen in unserem Modell vorkommen. Hierbei konnten insbesondere die Konzepte der Objektidentität, der strengen Typisierung und der Verkapselung ausgenutzt werden, um den Fortschreibungsaufwand zu minimieren. Darüber hinaus kann man noch die anwendungsspezifische Semantik der Operationen ausnutzen, um entweder sich gegenseitig aufhebende Änderungen (z.B. *rotate* hinsichtlich der materialisierten *volume*-Funktion) oder Kompensationsfunktionen in die Fortschreibung mit einzubeziehen. Diese vielfältigen, sich ergänzenden Methoden zur Reduzierung der Fortschreibungskosten gehen weit über die Kontrollmöglichkeiten hinaus, die sich im relationalen oder erweitert-relationalen Modell POSTGRES bieten.

Die Grundlagen der Funktionenmaterialisierung wurden vom Autor in Zusammenarbeit mit C. Kilger und G. Moerkotte in [KKM91] entwickelt—eine ausführlichere Darstellung findet sich in [KKM90a]. Der Detailentwurf der Funktionenmaterialisierung sowie deren prototypische Umsetzung wurde von M. Steinbrunn im Rahmen seiner Diplomarbeit [Ste91] durchgeführt.

8.10 Anhang: Pfadextraktion

Im folgenden wird ein Verfahren vorgestellt, das die relevanten Attribute $(\mathrm{RelAttr}(f))$ einer materialisierten Funktion $f: t_1 \| t_2, \ldots, t_n \to t_{n+1}$ aus ihrer Definition berechnet. Die Methode basiert auf der Bestimmung aller relevanten Pfadausdrücke (vgl. Definition 5.1) im Programmtext der Funktion. Ein Pfadausdruck $t_i.A_1. \cdots .A_k$ $(1 \leq i \leq n, k \geq 1)$ ist relevant für f falls im Zuge einer Berechnung $f(o_1, \ldots, o_n)$ auf den Wert $v.A_1. \cdots .A_k$ für eine Variable v vom Typ t_i zugegriffen wird. Zum Beispiel ist der Pfadausdruck $Cuboid.V1.X$ für die Berechnung der Funktion $Cuboid\$volume$ relevant, da die X-Koordinate des von $V1$ referenzierten *Vertex*-Objekts—indirekt u.a. über die Bestimmung der Länge eines *Cuboids*—in die Berechnung des Volumens eingeht.

Das formale Hilfsmittel dazu ist die sog. *Path Extraction Structure (PES)* $\mathcal{E}(\mathcal{S}) = (\mathcal{P}_\mathcal{S}, \mathcal{R}_\mathcal{S})$, die aus der syntaktischen Struktur $\mathcal{S}$ (Ausdruck oder Anweisung) die Pfadausdrücke $\mathcal{P}_\mathcal{S}$ mittels des Produktionensystems $\mathcal{R}_\mathcal{S}$ [Hue80] extrahiert. $\mathcal{R}_\mathcal{S}$ enthält Produktionen der Form $v \to p$, wobei v eine Variable und p ein Pfadausdruck ist. Die Anwendung von $v \to p$ ersetzt in einem Pfadausdruck $v.A_1. \cdots .A_k$ die Variable v durch p. Das Vorhandensein einer solchen Produktion in $\mathcal{R}_\mathcal{S}$ bedeutet, daß eine Zuweisung der Form $v := e$ entweder in $\mathcal{S}$ selbst oder in einer von $\mathcal{S}$ aufgerufenen Funktion vorkommt. Dabei ist e ein Ausdruck, aus dem p extrahiert werden kann.

Die relevanten Pfadausdrücke $\mathcal{E}(s_1; \ldots; s_n)$ einer Anweisungsfolge $s_1; \ldots; s_n$ werden durch die Kombination von $\mathcal{E}(s_1), \ldots, \mathcal{E}(s_n)$ mit Hilfe des Operators "$\circ$" bestimmt:

Definition 8.25 (Der Operator $\circ$).
Seien $\mathcal{P}, \mathcal{P}_1$ und $\mathcal{P}_2$ Mengen von Pfadausdrücken, $\mathcal{R}, \mathcal{R}_1$ und $\mathcal{R}_2$ Produktionensysteme sowie $\mathcal{E}_1 = (\mathcal{P}_1, \mathcal{R}_1)$ und $\mathcal{E}_2 = (\mathcal{P}_2, \mathcal{R}_2)$ PES. Dann ist

$$\mathcal{R}_1 \circ \mathcal{R}_2 := \{ x \to z' \mid x \xrightarrow{\mathcal{R}_1} z, z \xrightarrow{\mathcal{R}_2} z' \} \cup \{ x \xrightarrow{\mathcal{R}_1} z \mid \forall z': x \xcancel{\xrightarrow{\mathcal{R}_2}} z' \}$$

$$\mathcal{P} \circ \mathcal{R} := \{ z' \mid z \in \mathcal{P}, z \xrightarrow{\mathcal{R}} z' \} \cup \{ z \in \mathcal{P} \mid \forall z': z \xcancel{\xrightarrow{\mathcal{R}}} z' \}$$

$$\mathcal{E}_1 \circ \mathcal{E}_2 := ((\mathcal{P}_2 \circ \mathcal{R}_1) \cup \mathcal{P}_1, (\mathcal{R}_2 \circ \mathcal{R}_1) \cup (\mathcal{R}_1 \setminus \{ x \xrightarrow{\mathcal{R}_1} z \mid \exists z': x \xrightarrow{\mathcal{R}_2} z' \}))$$

Weiterhin sei $\circ$ linksassoziativ. $\square$

Die Bedeutung von $\mathcal{R}_1 \circ \mathcal{R}_2$ und $\mathcal{P} \circ \mathcal{R}$ ist offensichtlich; die Definition von $\mathcal{E}_1 \circ \mathcal{E}_2$ erfordert dagegen noch einige Erläuterungen. Dazu sei daran erinnert, daß $\mathcal{E}(s_1) \circ \mathcal{E}(s_2)$ die Pfadausdrücke

Sei e ein Ausdruck	
$v.A_1.\cdots.A_k$	$\mathcal{E}(e) := (\{v.A_1.\cdots.A_k\}, \emptyset)$
$e_1\,\theta\,e_2$	$\mathcal{E}(e) := (\mathcal{P}(e_1) \cup \mathcal{P}(e_2), \emptyset))$
$f(e_1,\dots,e_n)$	$\mathcal{E}(e) := (\mathcal{P}(f) \circ \mathcal{R}(v_1 := e_1) \circ \dots \circ \mathcal{R}(v_n := e_n), \emptyset)$
$e'.f(e_1,\dots,e_n)$	$\mathcal{E}(e) := (\mathcal{P}(f) \circ \mathcal{R}(v_1 := e_1) \circ \dots \circ \mathcal{R}(v_n := e_n)$
	$\qquad\qquad \circ\, \mathcal{R}(\mathbf{self} := e'), \emptyset)$
	f definiert als $\mathbf{define}\ f(v_1,\dots,v_n)\ \mathbf{body};$
Sei s eine Anweisung	
$s_1;\dots;s_n;$	$\mathcal{E}(s) := \mathcal{E}(s_1) \circ \dots \circ \mathcal{E}(s_n)$
$v := e;$	$\mathcal{E}(s) := ((\mathcal{P}(e), \{\, v \to z \mid z \in \mathcal{P}(e)\,\})$
$\mathbf{foreach}\ v\ \mathbf{in}\ e\ \mathbf{do}\ s';$	$\mathcal{E}(s) := (\mathcal{P}(e), \{\, v \to z \mid z \in \mathcal{P}(e)\,\}) \circ \mathcal{E}(s')$
$\mathbf{if}\ e\ \mathbf{then}\ s_1\ \mathbf{else}\ s_2;$	$\mathcal{E}(s) := \mathcal{E}(e) \circ (\mathcal{P}(s_1) \cup \mathcal{P}(s_2), \mathcal{R}(s_1) \cup \mathcal{R}(s_2))$
$\mathbf{while}\ e\ \mathbf{do}\ s';$	$\mathcal{E}(s) := \mathcal{E}(e) \circ \mathcal{E}(s') \circ \mathcal{E}(e)$
$\mathbf{return}\ e;$	$\mathcal{E}(s) := \mathcal{E}(e)$
Sei f eine Funktion, definiert als	
$\mathbf{define}\ f(v_1,\dots,v_n)\ \mathbf{body};$	$\mathcal{E}(f) := \mathcal{E}(\mathbf{body})$

Tabelle 8.3. Definition der PES

der Anweisungsfolge $s_1;\ s_2$ liefert. Die erste Komponente enthält die Pfadausdrücke von s_2 nach der Anwendung von $\mathcal{R}_1$, sowie alle Pfadausdrücke von s_1. Die Anwendung der Produktionen aus $\mathcal{R}_1$ auf Pfadausdrücke in s_2 ist notwendig, da sie mit einer Variablen beginnen könnten, die in $\mathcal{R}_1$ auf einen neuen Pfadausdruck abgebildet wird.

Die zweite Komponente von $\mathcal{E}_1 \circ \mathcal{E}_2$ enthält die Produktionen von $\mathcal{R}_2$, nachdem $\mathcal{R}_1$ auf sie angewendet wurde. Weiterhin sind alle Produktionen von $\mathcal{R}_1$ enthalten, außer denen, die die gleiche linke Seite wie eine Produktion von $\mathcal{R}_2$ aufweisen. Dies liegt in der Tatsache, daß die Produktion $v \to p$ einer Zuweisung $v := e$ entspricht, begründet. Nach einer Änderung des Wertes von v in s_2 müssen alle Produktionen, die den alten Wert widerspiegeln, entfernt werden.

Wie bereits gesagt, ist für die Zuweisung $v := e$ die PES $\mathcal{E}(v := e)$ durch $(\mathcal{P}(e), \{\, v \to z \mid z \in \mathcal{P}(e)\,\})$ bestimmt. Die Definitionen der PES für alle Ausdrücke und Anweisungen finden sich in Tabelle 8.3. Die Funktionen werden als nebenwirkungsfrei und nichtrekursiv angenommen. Das sind Einschränkungen, die die Nützlichkeit der PES für die Bestimmung der relevanten Pfadausdrücke in keiner Weise schmälern: materialisierte Funktionen müssen ohnehin nebenwirkungsfrei sein, und die Behandlung rekursiver Funktionen läßt sich bei der tatsächlichen Implementierung leicht hinzufügen. Es muß allerdings nochmals betont werden, daß die Menge der so gewonnenen Pfadausdrücke $\mathcal{P}(f)$ im allgemeinen eine Obermenge der bei einer gegebenen Ausführung von f ausgewerteten sein wird.

Die so erhaltene Menge der relevanten Pfadausdrücke kann nun zur Berechnung von $\mathrm{RelAttr}(f)$ herangezogen werden. Da in $\mathrm{RelAttr}(f)$ nur Pfadausdrücke der Form $t.A$ enthalten sind, werden in einem letzten Schritt alle Variablen v_i durch die korrespondierenden Typen t_i ersetzt und alle Pfade in $\mathcal{P}(f)$ der Form $t.A_1.\cdots.A_k$ in Teilpfade mit einer maximalen Länge von Zwei zerteilt. Nachfolgend wird anhand eines Beispieles die Vorgehensweise verdeutlicht.

Beispiel 8.26 Zur Veranschaulichung des beschriebenen Vorgangs werden die relevanten Pfadausdrücke der Funktion *Cuboid\$length*, die *Vertex\$dist* aufruft, berechnet. Jeder Anweisung wird die entsprechende PES zugeordnet. Da alle Bezeichner eindeutig identifizierbar sein müssen, wird an den gegebenen Stellen $\mathbf{self}$ durch $\mathbf{self}_c$ bzw. $\mathbf{self}_v$ ersetzt.

#	Anweisung	PES
	define length **is**	
1	**return** self.V1.dist(self.V2);	$\mathcal{E}_1 := (\mathcal{P}(\text{dist})\ \circ \mathcal{R}(\text{vertex2} := \textbf{self}_c.\text{V2})$
		$\circ\, \mathcal{R}(\textbf{self}_v := \textbf{self}_c.\text{V1}), \emptyset)$
	end define length;	
	define dist(vertex2) **is**	
	var dx, dy, dz: float;	
	begin	
2	dx := self.X − vertex2.X;	$\mathcal{E}_2 := (\{\textbf{self}_v.\text{X}, \text{vertex2.X}\},$
		$\{\text{dx} \rightarrow \textbf{self}_v.\text{X}, \text{dx} \rightarrow \text{vertex2.X}\})$
3	dy := self.Y − vertex2.Y;	$\mathcal{E}_3 := (\{\textbf{self}_v.\text{Y}, \text{vertex2.Y}\},$
		$\{\text{dy} \rightarrow \textbf{self}_v.\text{Y}, \text{dy} \rightarrow \text{vertex2.Y}\})$
4	dz := self.Z − vertex2.Z;	$\mathcal{E}_4 := (\{\textbf{self}_v.\text{Z}, \text{vertex2.Z}\},$
		$\{\text{dz} \rightarrow \textbf{self}_v.\text{Z}, \text{dz} \rightarrow \text{vertex2.Z}\})$
7	**return** sqrt(dx^2 + dy^2 + dz^2);	$\mathcal{E}_5 := (\{\text{dx}, \text{dy}, \text{dz}\}, \emptyset)$
	end define dist;	

Nun ist $\mathcal{E}(\textit{length}) = \mathcal{E}_1$ und $\mathcal{E}(\textit{dist}) = \mathcal{E}_2 \circ \mathcal{E}_3 \circ \mathcal{E}_4 \circ \mathcal{E}_5$:

$$
\begin{aligned}
\mathcal{E}_2 \circ \mathcal{E}_3 \circ \mathcal{E}_4 \circ \mathcal{E}_5 \ =\ & (\{\textbf{self}_v.\text{X}, \textbf{self}_v.\text{Y}, \textbf{self}_v.\text{Z}, \text{vertex2.X}, \text{vertex2.Y}, \text{vertex2.Z}\}, \dots) \\
\mathcal{E}_1 \ =\ & (\{\textbf{self}_v.\text{X}, \textbf{self}_v.\text{Y}, \textbf{self}_v.\text{Z}, \text{vertex2.X}, \text{vertex2.Y}, \text{vertex2.Z}\} \circ \\
& \{\text{vertex2} \rightarrow \textbf{self}_c.\text{V2}\} \circ \{\textbf{self}_v \rightarrow \textbf{self}_c.\text{V1}\}, \emptyset) \\
\ =\ & (\{\textbf{self}_c.\text{V1.X}, \textbf{self}_c.\text{V1.Y}, \textbf{self}_c.\text{V1.Z}, \textbf{self}_c.\text{V2.X}, \textbf{self}_c.\text{V2.Y}, \textbf{self}_c.\text{V2.Z}\}, \emptyset)
\end{aligned}
$$

9. Quantitative Bewertung der Funktionenmaterialisierung

Nachdem im vorigen Kapitel die algorithmischen Strukturen der Funktionenmaterialisierung eingeführt wurden, stellt sich zwangsläufig die Frage nach der Leistungsfähigkeit materialisierter Funktionen. Dazu wurden zwei Beispielanwendungen realisiert, um eine quantitative Analyse der Konzepte zu ermöglichen.

Die gemeinsamen Rahmenbedingungen für beide Benchmark-Anwendungen sind:

Benutzter Rechner:	DEC-Station 3100 mit 16 MByte Arbeitsspeicher
Betriebssystem:	Ultrix 2.1
Hintergrundspeicher:	DEC-Disk mit $\bar{t}_{acc} = 25\,\text{ms}$
Systempuffergröße:	600 KByte

Wir haben bewußt eine vergleichsweise kleine Systempuffergröße gewählt, um für das geringe Datenvolumen der Benchmarks, das durch Plattenplatzmangel der Rechner bedingt war, zu kompensieren. Damit wurde sichergestellt, daß nicht ein Großteil der Daten schon nach den ersten Zugriffen im Hauptspeicher verfügbar war.

Die gemessenen Zeiten sind jeweils die Zeitspannen, die ein Benutzer auf das Ergebnis warten müßte, wäre das Meßprogramm der systemweit einzige Prozeß und gäbe es keinen betriebssysteminternen Zeitverbrauch.

Das erste Beispiel könnte man dem Anwendungsbereich der Computergeometrie zuordnen und benutzt die schon in Kapitel 2 vorgestellten Objekttypen *Cuboid*, *Vertex* und *Material*. Im zweiten Beispiel wird eine Miniwelt aus einer eher klassischen Verwaltungsanwendung modelliert, um die quantitative Analyse auch für solche Standard-Anwendungen für Datenbanksysteme durchzuführen.

9.1 Der Benchmark "Cuboid"

Alle Ergebnisse in diesem Abschnitt sind mittels einer Datenbasis, die 8000 *Cuboid*-Objekte enthält, zustandegekommen. Um nicht nur einzelne Operationen, wie z.B. die Skalierung, in ihren Auswirkungen isoliert zu betrachten und damit möglicherweise zu optimistische Resultate zu erzielen, werden stets *Operationsmixe* untersucht. Ein Operationsmix wird durch das Quadrupel

$$M = (Q_{mix}, U_{mix}, P_{up}, \#\,Operations)$$

beschrieben, das aus lesenden Operationen (Q_{mix}) und Änderungs-Operationen (U_{mix}) besteht.

Bei den lesenden Operationen können Vorwärtsanfragen (Q_{fw}) und Rückwärtsanfragen (Q_{bw}) unterschieden werden:

$$
\begin{aligned}
&Q_{fw} \equiv \textbf{range } c\text{: } Cuboid \\
&\qquad \textbf{retrieve } c.\text{volume} \\
&\qquad \textbf{where } c.number = random
\end{aligned}
\qquad
\begin{aligned}
&Q_{bw} \equiv \textbf{range } c\text{: } Cuboid \\
&\qquad \textbf{retrieve } c \\
&\qquad \textbf{where } c.volume \in [random - \epsilon, random + \epsilon]
\end{aligned}
$$

Dazu muß noch angemerkt werden, daß in Q_{fw} durch "random" irgendein *Cuboid*-Objekt zufällig ausgewählt und mit Hilfe eines Indexes selektiert wird. Bei Q_{bw} erfolgt die Selektion durch ein zufälliges Volumenintervall, das stets so klein gewählt wird, daß das Ergebnis niemals mehr als ca. zehn Objekte umfaßt. Damit ist $Q_{mix} = \{(w_1, Q_{bw}), (w_2, Q_{fw})\}$, mit den Gewichtsfaktoren w_1 und w_2, deren Summe Eins ergibt.

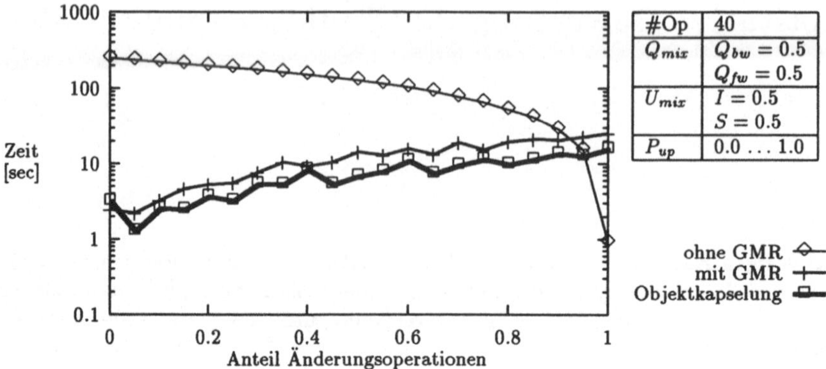

Abb. 9.1. Leistung des Materialisierungskonzeptes

Zu den modifizierenden Operationen zählen: Erzeugen (I) und Löschen (D) von *Cuboid*-Objekten sowie deren Skalierung (S), Translation (T) und Rotation (R). Somit erhält man:

$$U_{mix} = \{(w_1', I), (w_2', D), (w_3', S), (w_4', T), (w_5', R)\}$$

wobei $w_1', \ldots, w_5'$ wieder die Gewichtsfaktoren sind, die sich zu Eins aufaddieren müssen.

P_{up} ist das Verhältnis der modifizierenden zu den lesenden Operationen. Da in den Benchmarks die Auswahl der Operationen durch einen Zufallszahlengenerator erfolgt, wird mit der Wahrscheinlichkeit P_{up} eine modifizierende und mit der Wahrscheinlichkeit $1 - P_{up}$ eine lesende Operation aus dem Änderungsoperationen-Mix U_{mix} bzw. dem Anfrage-Mix Q_{mix} ausgewählt, und zwar mit den Wahrscheinlichkeiten $w_1', \ldots, w_5'$ bzw. w_1 oder w_2.

#*Operations* ist schließlich die Gesamtzahl aller Operationen, die für den betreffenden Meßpunkt durchgeführt wurden.

9.1.1 Meßergebnisse

In der ersten Messung wird der Laufzeitvorteil der Funktionenmaterialisierung gegenüber der nicht unterstützten Version bei verschiedenen Änderungswahrscheinlichkeiten ermittelt. Abb. 9.1 gibt das Schaubild nebst dem zugehörigen Operationsmix wieder. Gewichtsfaktoren, die Null sind, wurden dabei weggelassen, um die Übersichtlichkeit zu erhöhen. Die Änderungswahrscheinlichkeit (x-Achse) wurde kontinuierlich bis auf Eins erhöht, die y-Achse ist die logarithmisch skalierte Zeitachse. Die drei mit den abgebildeten Kurven korrespondierenden Programmversionen lassen sich wie folgt charakterisieren:

- *ohne GMR*

  Diese Systemkonfiguration bietet keine Materialisierungsunterstützung. Das GMR-Verwaltungs-Modul fehlt völlig.

- *mit GMR*

  In dieser Systemkonfiguration ist die Funktion *Cuboid$volume* mit der Option "Immediate" materialisiert; somit existiert ein Zugriffspfad für die vorberechneten Funktionswerte.

- *Objektkapselung*

  Es erfolgte wie oben eine Materialisierung von *Cuboid$volume*, zusätzlich wurde das *Cuboid*-Objekt als gekapselt angesehen. Damit können die in Abschnitt 8.6.3 dargestellten Vorteile der Objektkapselung genutzt werden.

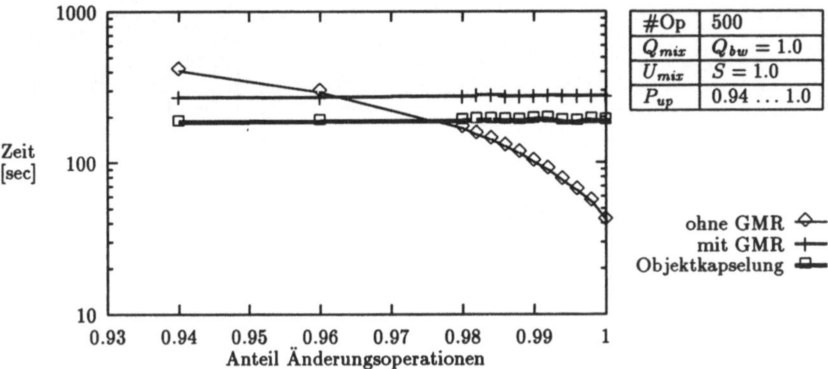

Abb. 9.2. Übergabepunkt

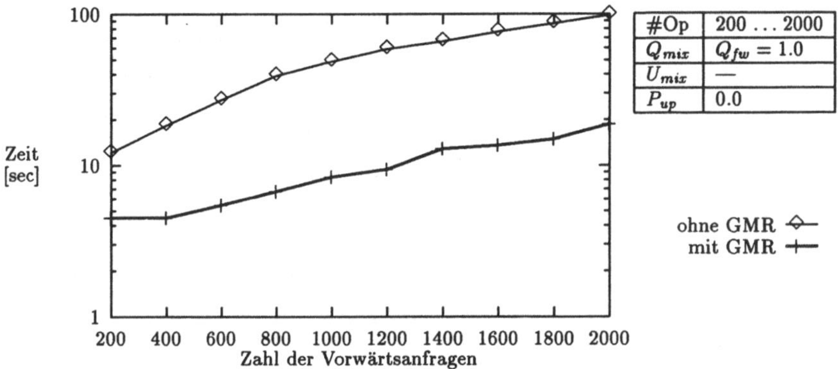

Abb. 9.3. Kosten von Vorwärtsanfragen

Aus Abb. 9.1 ist zu entnehmen, daß die GMR-Versionen bis zu einer Änderungswahrscheinlichkeit von ca. 0.9 (sogar 0.95 bei Objektkapselung) der nicht unterstützen Version überlegen sind. Dies ist im wesentlichen darauf zurückzuführen, daß bei Rückwärtsanfragen mit GMR-Unterstützung nur $O(\log n)$ Seitenzugriffe anfallen, dagegen $O(n)$ bei der nicht unterstützten Version.

Dies wird auch durch die zweite Messung mit leicht geändertem Operationsmix unterstrichen (Abb. 9.2). Da in dieser Meßreihe nur noch Rückwärtsanfragen betrachtet werden, rückt der Übergabepunkt (break-even point) sogar bis auf 0.96 bzw. 0.975.

Aus den beiden Messungen läßt sich der deutliche Effizienzgewinn bei Rückwärtsanfragen ablesen. Demgegenüber werden im nächsten Benchmark Vorwärtsanfragen untersucht. In Abb. 9.3 erkennt man, daß sich mit der Materialisierung eine Laufzeitreduzierung um den Faktor 4–5 erzielen läßt, die weitgehend von der Zahl der durchgeführten Operationen unabhängig ist. Allerdings sind in dem verwendeten Operationsmix keine Änderungsoperationen enthalten, die den Effizienzgewinn bei einem Anfrage-Mix, der ausschließlich aus Vorwärtsanfragen besteht, sicherlich "aufzehren" würde.

Der folgende Benchmark dient zur Ermittlung des Aufwandes für die Wartung der GMR. Aus diesem Grunde besteht er nur aus Rotationsoperationen, die zwar einzelne *Vertex*-Objekte modifizieren, das Volumen des Quaders jedoch invariant lassen. Zusätzlich zu den schon bekannten drei Versionen gibt es bei dieser Messung noch eine vierte, in der *volume* mit der Option "Lazy" materialisiert wurde. Alle Funktionswerte waren jedoch beim Start der Messung bereits ungültig, so

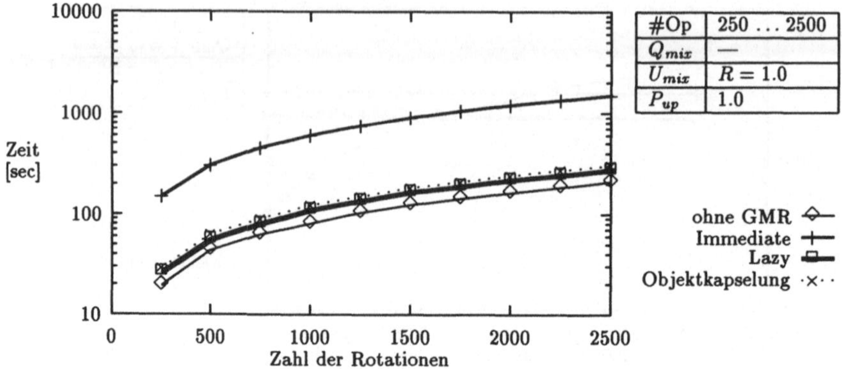

Abb. 9.4. Aufwand für die Fortschreibung der GMR

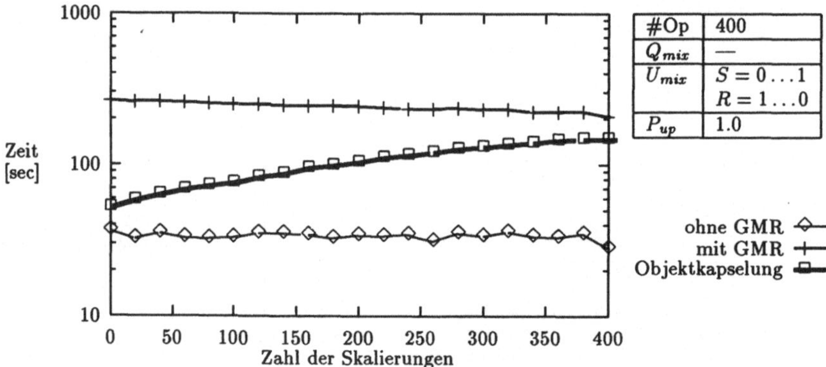

Abb. 9.5. Vorteile der Objektkapselung

daß alle ObjDepFct der Objekte und die RRR für die GMR $\langle\!\langle volume \rangle\!\rangle$ leer waren. Trotzdem laufen die Operationen auf dieser Programmversion langsamer als auf der nicht unterstützten Version, da auch die Feststellung, ob die ObjDepFct leer sind, Zeit beansprucht. In Abb. 9.4 ist allerdings zu erkennen, daß die Differenz recht klein ist. Man kann also den Schluß ziehen, daß das dynamische "Umschalten" von "Immediate" auf "Lazy" den Wartungsaufwand während änderungsintensiver Phasen drastisch reduzieren kann. Dies empfiehlt sich insbesondere für Anwendungen, in denen die Änderungen nicht gleichverteilt sind, sondern zu bestimmten Zeiten gehäuft auftreten. Das trifft beispielsweise auf die CAD-Repräsentation eines Bauteiles zu, die nur von Zeit zu Zeit modifiziert und ansonsten nur gelesen wird (Graphische Darstellungen, Finite-Elemente-Berechnungen usw.).

Die Objektkapselungsversion verursacht einen ähnlichen Wartungsaufwand wie die "Lazy"-Version—allerdings nur deshalb, weil lediglich Rotationen durchgeführt werden. Bei Skalierungen läge die Kurve eher in der Nähe von "Immediate".

Die "gewöhnliche" Materialisierung mit "Immediate" kann nicht feststellen, daß eine Rotation keinen Einfluß auf ein materialisiertes Volumen hat. Dementsprechend wird bei jeder Rotation (die drei Koordinaten der vier relevanten *Vertex*-Objekte werden modifiziert) zwölf Invalidierungen vorgenommen. Daraus resultiert die um den Faktor 10 höhere Laufzeit.

In der letzten Messung (Abb. 9.5) werden die Vorzüge der Objektkapselung in bezug auf den Wartungsaufwand der GMR untersucht. Zu diesem Zweck werden 400 Operationen durchgeführt, wobei der Anteil der Skalierungen auf Kosten des Rotationenanteils von Null auf Eins gesteigert wird. Es stellt sich heraus, daß—wie erwartet—der Aufwand in den Versionen "ohne GMR" und "mit GMR" kaum von der Zusammensetzung des Operationsmixes abhängt. Anders dagegen bei "Objektkapselung": diese Version profitiert von einem geringen Anteil an Skalierungen, da bei Rotationen keine GMR-Fortschreibung notwendig ist. Selbst wenn nur Skalierungen durchgeführt werden, ist noch ein spürbarer Vorteil zu erkennen, da je Skalierung nur eine Invalidierung stattfindet statt derer zwölf.

9.2 Der Benchmark "Company"

9.2.1 Beschreibung

Im Beispiel "Company" wird die Organisationsstruktur einer Firma modelliert. Diese besteht aus Abteilungen, denen wiederum Angestellte angehören. Andererseits werden in der Firma auch Projekte bearbeitet, und Angestellte können an Projekten beteiligt sein (siehe Abb. 9.6). Für die Materialisierung werden die Funktionen *Company\$matrix* und *Employee\$ranking* herangezogen. Erstere berechnet die Abteilungs/Projekt-Matrix der Firma. Eine Komponente dieser Matrix ist eine Angestelltenmenge, die in der fraglichen Abteilung am fraglichen Projekt arbeitet. Da eine solche Matrix i.a. dünn besetzt ist, wurde das Matrixobjekt als eine Menge von Matrixkomponenten realisiert:

```
type MatrixLine supertype ANY is
    body [ MatrixDepartment: Department;
           MatrixProject: Project;
           MatrixEmployees: {Employee}; ]
    end type MatrixLine;
```

Die zweite Funktion, *Employee\$ranking*, liefert ein atomares Ergebnis (*int*) zurück. Dazu wird aus allen *Jobs* der *Job-History* eines Angestellten eine Leistungskennziffer berechnet, die beispielsweise für die Aufstellung einer Rangliste verwendet werden kann.

Die Datenbasis für die nun folgenden Messungen enthält ein *Company*-Objekt, das 20 Abteilungen (*Departments*) mit je 100 Angestellten (*Employees*) umfaßt. Weiterhin werden in der Firma 1000 Projekte (*Projects*) bearbeitet. Die Zuweisung der Angestellten zu den Projekten wird durch einen Zufallszahlengenerator vorgenommen; dadurch ist jeder Angestellte im Durchschnitt an zehn Projekten beteiligt.

Die Operationenmixe werden wieder mit dem Quadrupel $M = (Q_{mix}, U_{mix}, P_{up}, \#Op)$ beschrieben. Die Lesetransaktionen für die Funktion *ranking* umfassen Vorwärts- und Rückwärtsanfragen ($Q_{fw,r}$ bzw. $Q_{bw,r}$):

$$Q_{fw,r} \equiv \textbf{range e: } \textit{Employee} \qquad\qquad Q_{bw,r} \equiv \textbf{range e: } \textit{Employee}$$
$$\textbf{retrieve e.ranking} \qquad\qquad\qquad\qquad \textbf{retrieve e}$$
$$\textbf{where e.EmpNo} = \textit{random} \qquad\qquad \textbf{where e.ranking} \in [\textit{random} - \epsilon, \textit{random} + \epsilon]$$

Dabei bezeichnet *random* eine zufällige Angestelltennummer[1] ($Q_{fw,r}$) bzw. einen zufälligen Rangwert ($Q_{bw,r}$). Der Wert ϵ wird so gewählt, daß nicht mehr als ca. 10 Angestellte in das spezifizierte Intervall fallen.

Für die Funktion *matrix* ist—da nur ein einziges *Company*-Objekt (id_1) existiert—auch nur ein einziger Funktionswert materialisiert. Die Anfrage

$$Q_{sel,m} \equiv \textbf{range c: Company, d: Department, l: MatrixLine}$$
$$\textbf{retrieve l.Proj}$$
$$\textbf{where c} = id_1 \textbf{ and}$$
$$\textbf{l in c.matrix and}$$
$$\textbf{d in l.MatrixDepartment and}$$
$$\textbf{d.DepNo} = \textit{random}$$

---

[1]Der betreffende Angestellte kann über einen Index effizient bestimmt werden.

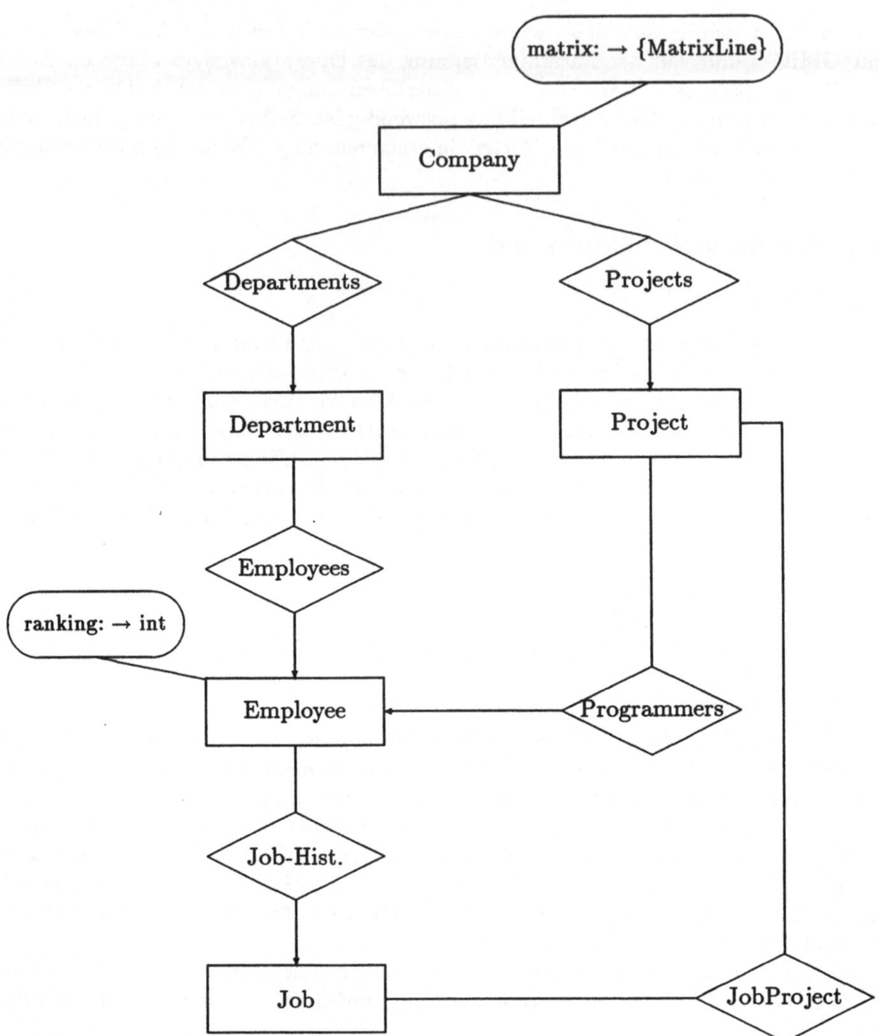

Abb. 9.6. ER-Schema für das Beispiel "Company"

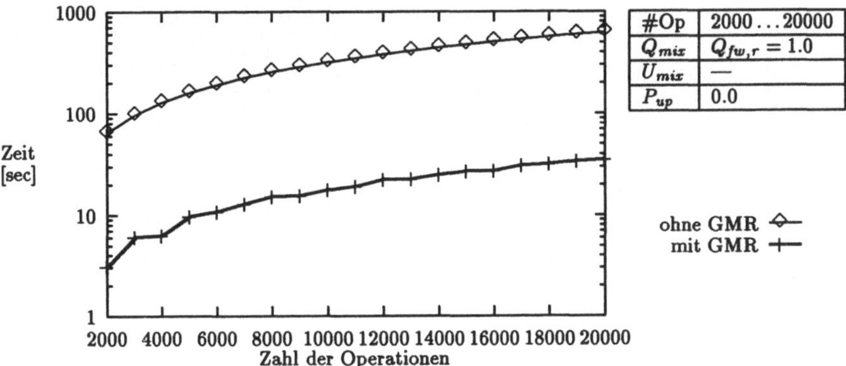

Abb. 9.7. Vergleich von Vorwärtsanfragen

liefert alle Projekte, die in einer zufällig ausgewählten Abteilung dieser Firma bearbeitet werden.

Die Änderungstransaktionen U_{mix} umfassen zum einen die "Beförderung" eines Angestellten (P), bei der ein zufällig ausgewähltes, relevantes Attribut vom ersten *Job* der *Job-History* (*ChiefProgrammer* oder *ProjectManager*) auf einen zufälligen Wert gesetzt wird, zum anderen die Einfügung eines neuen Projektes (N). Beide wurden so gewählt, daß sie jeweils nur eine einzige Invalidierung verursachen. Um die Größe der Datenbasis während der Benchmarks nicht zu verändern, wird nicht tatsächlich ein neues Projekt eingefügt; es erfolgt lediglich der Aufruf von *GMR_Manager.invalidate*, so als ob die Einfügung stattfände. Genau wie beim *Cuboid*-Benchmark bezeichnet P_{up} die Wahrscheinlichkeit, daß eine Änderungstransaktion durchgeführt wird, und $\#Op$ ist wieder die Anzahl der Operationen je Meßpunkt.

9.2.2 Meßergebnisse

In den Messungen werden, soweit dies im Einzelfall sinnvoll ist, drei Programmversionen verglichen:

- *ohne GMR*
  Die Standardversion ohne Materialisierungsunterstützung.

- *Immediate*
  Materialisierung der Funktionen *ranking* bzw. *matrix* mit der Option "Immediate". Bei *ranking* wird ein Index auf den Funktionswert eingesetzt.

- *Lazy*
  Materialisierung mit der Option "Lazy". Auch hier kommt bei *ranking* ein Index zum Einsatz.

Der erste Benchmark dient im wesentlichen zum Vergleich mit der vierten Messung (Kosten von Vorwärtsanfragen, Abb. 9.4) des *Cuboid*-Beispieles. Ähnlich wie dort vermindern sich bei reinen Vorwärtsanfragen die Laufzeiten um einen konstanten Faktor (ca. 15–20, siehe Abb. 9.7). Die Materialisierungsoption spielt hier keine Rolle, da der Unterschied zwischen verschiedenen Optionen nur zum Tragen kommt, wenn auch Änderungsoperationen vorgenommen werden und damit die GMR fortgeschrieben werden muß. Die zweite Messung wurde mit einem Operationenmix durchgeführt, in dem neben Vorwärtsanfragen ($Q_{fw,r}$) auch Änderungstransaktionen enthalten sind (Abb. 9.8). Es wird deutlich daß sich die Materialisierung für Vorwärtsanfragen nur dann lohnt, wenn die Änderungswahrscheinlichkeit vergleichsweise klein ist ($< 0.1...0.2$). Der Grund dafür liegt darin, daß sich die Zeitkomplexitäten der Materialisierungsversion und der nicht-unterstützten Version nur durch einen konstanten Faktor unterscheiden. Trotzdem ist es von Vorteil, von der Option "Lazy" Gebrauch zu machen, weil die Neuberechnung ungültig werdender Funktionswerte.

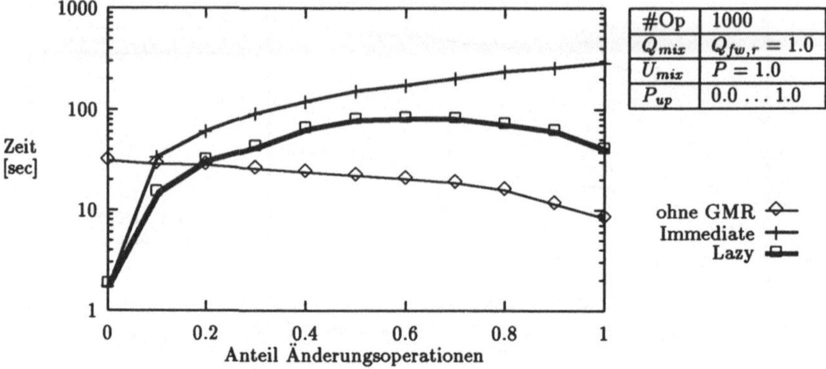

Abb. 9.8. Vorwärtsanfragen und Änderungstransaktionen

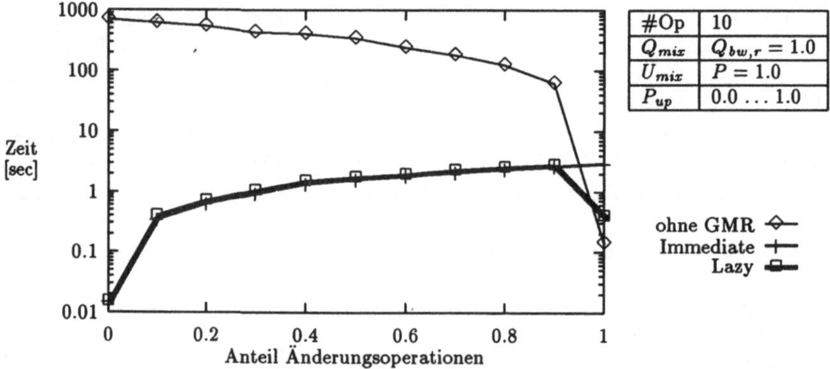

Abb. 9.9. Rückwärtsanfragen und Änderungstransaktionen

erst dann erfolgt, wenn sie für eine Anfrage benötigt werden. Da bei einer Invalidierung die Objektmarken entfernt und erst bei der Neuberechnung wieder angebracht werden, wird ein ungültiger Funktionswert niemals ein zweites Mal invalidiert. Der hieraus resultierende Effizienzgewinn wird besonders bei hohen Änderungswahrscheinlichkeiten (P_{up}) augenfällig, wo die Version mit LazyRematerialisierung einen deutlichen Laufzeitvorteil gegenüber der Immediate-Version verbuchen kann.

Da bei Rückwärtsanfragen durch die Indexunterstützung eine weit größere Laufzeitreduzierung der Materialisierungsversionen gegenüber der Standardversion erzielt werden kann, sind auch weit höhere Änderungswahrscheinlichkeiten ($P_{up} > 0.95$) nötig, um die Standardversion überlegen zu machen. Insofern bestätigt der Benchmark von Abb. 9.9 die Ergebnisse der *Cuboid*-Messung (Abb. 9.2). Es stellt sich weiterhin heraus, daß die Wahl der Option "Lazy" bei Rückwärtsanfragen keine Vorteile bringt, da die GMR bei diesem Anfragetyp *ranking*-gültig sein muß. Das heißt, daß für die Auswertung der Rückwärtsanfrage zunächst alle ungültigen Funktionswerte zu rematerialisieren sind, um ein korrektes Ergebnis zu erhalten.

Nun zu der Materialisierung der Funktion *Company$matrix* (s. Abb. 9.10). Da deren Berechnung recht aufwendig ist, wurde die Datenbasis zum Zwecke der Messung verkleinert: sie besteht nunmehr—außer dem *Company*-Objekt—nur noch aus 5 Abteilungen mit je 10 Angestellten, sowie aus 100 Projekten. Der Operationenmix für die Messung besteht aus Selektionen in der Abteilungs/Projekt-Matrix ($Q_{sel,m}$) sowie aus Einfügungen neuer Projekte (N). Die ersten drei

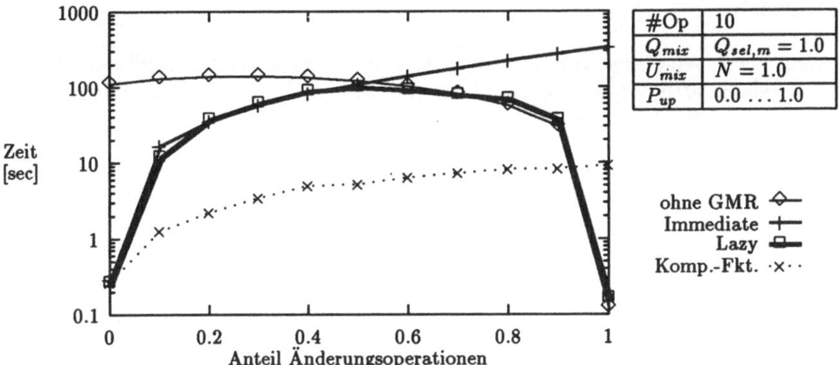

Abb. 9.10. Materialisierung der Funktion *matrix*

Programmversionen sind die gleichen wie bisher, die vierte benutzt zur Korrektur eines ungültig
werdenden Funktionswertes eine Kompensationsfunktion.

Da nur ein einziger Funktionswert materialisiert ist, führt jede Modifikationsoperation zu einer
Invalidierung dieses Funktionswertes. Bei der Wahl der Option "Immediate" wird in diesen Fällen
die Matrix immer neu berechnet. Bei "Lazy" vergrößert sich mit zunehmender Änderungswahrscheinlichkeit auch die Chance, daß zwei Änderungen unmittelbar aufeinander folgen. Dies ist ab
ca. $P_{up} = 0.5$ der Fall, wenn die vorher sehr dicht beieinander verlaufenden Kurven eine immer
größere Differenz zugunsten von "Lazy" aufweisen. Man sieht deutlich, daß "Lazy" unabhängig
von P_{up} praktisch die minimale Laufzeit garantiert. Das trifft allerdings nur solange zu, wie keine
Kompensationsfunktionen verfügbar sind. Da bei der Kompensation der Projektgenerierung lediglich die neu hinzukommenden Komponenten in das Matrixobjekt eingefügt werden, ist die Laufzeit
bei $P_{up} < 0.9$ deutlich geringer als bei allen anderen Versionen. Nur bei $P_{up} > 0.9$ ist die "Lazy"-
Version nicht zu schlagen, da die Wahrscheinlichkeit für aufeinanderfolgende Änderungen so hoch
wird, daß kaum noch Rematerialisierungen anfallen.

9.3 Zusammenfassung der Resultate

Aus den Ergebnissen der beiden Benchmarks können folgende Schlußfolgerungen gezogen werden:

- Die Materialisierung von Funktionen mit atomaren Ergebnistypen ist besonders für Rückwärtsanfragen äußerst lohnend, selbst bei änderungsintensiven Anwendungen mit bis zu etwa
  90% Änderungsanteil. Der Grund dafür ist, daß bei der Bearbeitung der Anfrage erschöpfendes Durchsuchen des Parameterraumes vermieden werden kann.

- Besonders während änderungsintensiver Phasen ist die Materialisierungsoption "Lazy" an-
  zuraten. Ist "Lazy" als Dauerzustand nicht erwünscht (z.B. bei aufwendig zu berechnenden
  Funktionen, wenn es hinsichtlich der Antwortzeit Beschränkungen gibt), kann die Umschal-
  tung auch dynamisch erfolgen.

- Der Einsatz von Kompensationsfunktionen ist ebenfalls sehr gut geeignet, den Fortschreibungsaufwand zu verringern. Dies gilt besonders, wenn die Änderungen hauptsächlich einige
  wenige relevante Objekte bzw. Attribute betreffen, für die dann Kompensationsfunktionen
  spezifiziert werden können (Abb. 9.10).

- Durch die Spezifikation gekapselter Objekte ist es möglich, Rematerialisierungen auf ein
  Minimum zu beschränken. Insbesondere bei Objekten, die sich aus Unterobjekten zusam-
  mensetzen, kann ein deutlicher Effizienzgewinn beobachtet werden (Abb. 9.5).

9.4 Bibliographie

Um das Leistungsverhalten objekt-orientierter Datenbanksysteme vergleichend analysieren zu können, bedarf es aussagekräftiger und realitätsnaher Benchmark-Programme. Auf diesem Gebiet gibt es einige wenige Vorarbeiten aus den USA:

- Im Rahmen der Datenbankentwicklungen der Firma Tektronix wurde der sogenannte Hyper-Model-Benchmark [ABM+90] konzipiert.

- Bei der Firma SUN Microsystems wurde der sogenannte SUN-Benchmark [RKC87,CS90] ausgearbeitet.

Beide oben aufgeführten Benchmarks haben aber den Nachteil, daß sie, genau wie die Benchmarks für relationale Systeme [BDT83] das Verhalten, also die Anwendung von Operationen auf Datenbankobjekten, viel zu wenig berücksichtigen. Die Analysen konzentrieren sich fast ausschließlich auf die strukturelle Komponente der Objektrepräsentation. Eine Ausnahme bilden die in [KC90] beschriebenen Benchmarks, die gezielt das Leistungsverhalten objekt-orientierter Datenbanksysteme zu analysieren gestatten. Der in diesem Kapitel ausgeführte *Cuboid*-Benchmark basiert z.T. auf der zitierten Arbeit.

Der *Cuboid*-Benchmark wurde von A. Horder im Rahmen seiner Studienarbeit [Hor90] realisiert. Der zweite Benchmark ("Company") wurde von M. Steinbrunn [Ste91] im Rahmen seiner Diplomarbeit durchgeführt.

10. Zusammenfassung und Ausblick

10.1 Zusammenfassung und Stand der Implementierung

In dieser Arbeit wurden zwei Problemkreise angegangen, die einem "breiten" Einsatz objekt-orientierter Datenbanktechnologie insbesondere in ingenieurtechnischen Anwendungen (noch) im Wege stehen. Wir haben mit den hier vorgestellten Arbeiten einen Beitrag hinsichtlich der

- *Erhöhung der Zuverlässigkeit* objekt-orientierter Datenbankanwendungen durch die strenge Typisierung (d.h. Typkonsistenz-Verifikation zur Übersetzungszeit) und

- der *Verbesserung der Leistungsfähigkeit* streng typisierter Objektbanksysteme durch zugriffsunterstützende Maßnahmen

geleistet.

Wir haben ein Typisierungskonzept erarbeitet, das die vollständige statische Verifikation der Typkonsistenz ermöglicht. Durch die Einbeziehung polymorpher Operationen konnte die Typkonsistenz-Verifikation zur Übersetzungszeit erreicht werden, ohne daß die Expressivität und Flexibilität des Modells im Vergleich zu dynamisch typisierten Modellen grundlegend eingeschränkt werden mußte—wie dies bei herkömmlichen, statisch typisierten Datenmodellen (wie z.B. dem relationalen Modell) der Fall ist.

Sowohl die Typisierungskonzepte als auch die Zugiffsunterstützungsmaßnahmen wurden auf der Basis des Objektmodells GOM entwickelt. GOM ist mittlerweile als erster Prototyp verfügbar, der (nahezu) die volle—in den Kapiteln 2, 3 und 4 beschriebene—Funktionalität abdeckt. Dieser Prototyp wird derzeit im Rahmen des Sonderforschungsbereichs 346 "Rechenerintegrierte Konstruktion und Fertigung von Bauteilen" für verschiedene ingenieurtechnische Anwendungen eingesetzt, z.B.:

- im Rahmen einer von M. Altmann durchgeführten Diplomarbeit [Alt91] wird ein Produktionsmodell auf der Basis des objekt-orientierten Datenmodells GOM entwickelt.

- A. Armbruster [Arm91] erstellt eine Schnittstelle zur Modellierung technischer Produkte (Produktmodell) zwischen der GOM-Objektbank und einem CAD-System.

Alle in dieser Arbeit vorgestellten Optimierungskonzepte—Zugriffsrelationen, regelbasierte Anfrageoptimierung und Funktionenmaterialisierung—wurden im Rahmen des GOM-Prototypen auf experimenteller Basis realisiert und bewertet. Die Architekturen der Realisierungen wurden jeweils in Verbindung mit der Diskussion der Optimierungsmaßnahmen skizziert (siehe Abschnitte 5.5, 7.6 und 8.8). Derzeit wird die Integration aller dieser Komponenten in das Gesamtsystem durchgeführt.

10.2 Ausblick: zukünftige Arbeiten im Bereich Optimierung

In dieser Arbeit wurden zwei wichtige "Mosaiksteine"—*Zugriffsrelationen* und *Funktionenmaterialisierung*—für die Zugriffsoptimierung in streng typisierten objekt-orientierten Datenmodellen entwickelt. Damit ist das Optimierungspotential objekt-orientierter Datenbanksysteme aber keineswegs ausgeschöpft; eher ist das Gegenteil der Fall: Unsere bisherigen Arbeiten haben viele weitere Ansatzpunkte für leistungssteigernde Maßnahmen in Objektbanken aufgedeckt. Zur wirkungsvollen Effizienzsteigerung objekt-orientierter Datenbankanwendungen müssen zwei sich gegenseitig ergänzende Systemfunktionen optimiert werden:

1. *Zugriffsunterstützung*

   Hierunter fallen alle Mechanismen, die das Auffinden relevanter Objekte auf dem Hintergrundspeicher unterstützen. Hier sind insbesondere Indexierungsmethoden, wie z. B. die von uns vorgeschlagenen Zugriffsrelationen, zu nennen. Diese Optimierungsmaßnahmen sind sowohl für die objekt-orientierte Programmierumgebung, in der mit persistenten Objekten gearbeitet wird, als auch für die interaktive Anfrageschnittstelle von Bedeutung.

2. *Laufzeitoptimierung*

   Unter diese Kategorie fallen alle Optimierungsmaßnahmen, die darauf abzielen, die Verarbeitung schon lokalisierter persistenter Objekte zu unterstützen. Herkömmliche relationale Datenbanksysteme bieten hierzu in der Regel eine sogenannte Cursor-Schnittstelle an, die aber vielfältige Nachteile besitzt:

   - "impedance mismatch", worunter man die Probleme zusammenfaßt, die aus dem Paradigmenwechsel von der mengen-orientierten Datenbank-Schnittstelle zur satz-orientierten Verarbeitung in der Programmierumgebung resultieren.

   - uni-direktionale Navigation, d.h. lokalisierte Objekte liegen nicht im wahlfreien Zugriff sondern können nur "in einer Richtung" über die Cursor-Schnittstelle verarbeitet werden.

   In objekt-orientierten Systemen setzt man die "nahtlose" Integration persistenter Objekte in einer objekt-orientierten Programmierumgebung voraus.

Nach unserer Meinung ist ein breiter Einsatz objekt-orientierter Datenbanktechnologie in technischen Anwendungen erst dann zu bewerkstelligen, wenn beide Systemfunktionen hinreichend optimiert sind und in einer durchgängig effizient gestalteten Objektbankarchitektur ineinandergreifen.

Bei der Beurteilung der anzustrebenden Leistungsfähigkeit eines Objektbanksystems denke man beispielsweise an ein interaktives geometrisches Entwurfswerkzeug. Nur wenn die Datenbanktechnologie in der Lage ist, hinreichende Leistung, die bis an die Grenze von Realzeitverhalten reicht, bei der Programmierung mit persistenten Objekten zu gewährleisten, werden derartige ingenieurtechnische Systeme unter Verwendung eines Datenbanksystems implementiert. Bis dahin werden in diesem und vielen anderen technischen Bereichen dedizierte Dateisysteme mit allen bekannten Nachteilen (Insellösung, Konsistenzprobleme, etc.) vorherrschen.

Das Ziel muß daher die Entwicklung von umfassenden Optimierungskonzepten für objekt-orientierte Datenbanksysteme und deren Integration in einer durchgängig effizienten Datenbankarchitektur sein.

10.2.1 Zugriffsunterstützung

Wir wollen in diesem Abschnitt die Methoden charakterisieren, die wir für den Zweck der Zugriffsunterstützung, also der assoziativen Suche von persistenten Objekten entwickeln bzw. weiterentwickeln wollen.

Weiterentwicklung der Zugriffsrelationen

Derzeit sind Zugriffsrelationen in einem experimentellen Prototyp als B^+-Bäume realisiert. Und zwar wird jede Dekomposition zweifach redundant in einem B^+-Baum abgespeichert. Dadurch ist der effiziente Einstieg an den Partitionsgrenzen möglich; aber ein Prädikat über ein Attribut (Objekttyp), das sich innerhalb einer Partition befindet, kann nur durch erschöpfende Suche in den ASR-Partitionen ausgewertet werden. Dies liegt in der derzeitigen Speicherstruktur begründet. Um die Auswertung von Prädikaten auf "inneren" Attributen effizienter unterstützen zu können, ist an eine Speicherung der Zugriffsrelationen in einer mehrdimensionalen Zugriffsstruktur, wie dem GRID-File [NHS84] oder dem Buddy-Tree [SK90], gedacht.

Weiterentwicklung der Funktionenmaterialisierung

Im Bereich der Funktionenmaterialisierung ist noch einiges an Arbeit im Bereich der Benutzerunterstützung zu leisten, z.B.:

- *Ausnutzung der Kapselung:* Die Ausnutzung der Objektkapselung setzt voraus, daß die Objekte vollständig gekapselt sind, so daß Modifikationen nur über die nach außen sichtbaren Operationen durchgeführt werden können. Diese Bedingung kann derzeit nicht vom System überprüft werden, sondern muß vom Datentyp-Entwerfer verifiziert werden—was bei entsprechend tief geschachtelten Datenstrukturen sehr schwierig sein könnte, da jede Operation untersucht werden muß, ob nicht evtl. Referenzen auf interne Unterobjekte nach außen gegeben werden. Es ist zu untersuchen, ob man hier durch eine Datenflußanalyse zumindest eine teilweise automatische Unterstützung für den Benutzer leisten könnte.

- *Kostenmodell:* Auch für materialisierte Funktionen ist ein Kostenmodell zu entwickeln, das dann Bestandteil des unten angesprochenen integrierten Kostenmodells wird. Wir hoffen, daß wir auch hierfür ein analytisches Modell entwickeln können—ähnlich dem für Zugriffsrelationen in Ansätzen schon entwickelten Modell.

Objekt-Ballung (Clusterung)

Im Falle hierarchischer Objektstrukturen—wie z.B. im NF^2-Modell—ist die Clusterung relativ einfach: Unterobjekte werden i.a. benachbart zu den Oberobjekten abgelegt. Bei Netzwerkstrukturen ist dies nicht mehr so einfach: Ein Objekt kann sehr viele Verweise besitzen. Es kann aber i.a. nur zu einem Objekt, von dem ein Verweis ausgeht, abgespeichert werden. Denkbar wäre in diesem Zusammenhang allerdings die redundante Abspeicherung von (Teil-)Objektkopien. Um die günstigste—oder auch nur die nahezu günstigste—Clusterung für beliebige Netzwerkstrukturen bestimmen zu können, ist die Entwicklung eines Kostenmodells nötig, das die auf den Objekten durchgeführten Operationen berücksichtigt.

In diesem Kostenmodell müssen natürlich auch eventuell existierende Indexstrukturen berücksichtigt werden. Es wäre zum Beispiel nicht sinnvoll, alle Objekte entlang einer Referenzkette, die häufig traversiert wird, zu clustern, wenn für diesen Pfadausdruck eine Indexstruktur in der Form einer Zugriffsrelation existiert. Dies ist ein wiederholter Beleg dafür, daß es nicht ausreicht, die zu konzipierenden Optimierungsmaßnahmen isoliert zu betrachten; vielmehr ist die Integration aller Maßnahmen zu einem "sich gegenseitig ergänzenden Ganzen" gefordert.

Objektschachtelung

Unter Objektschachtelung versteht man die exklusive Zuordnung von (referenzierten) Unterobjekten zu den (referenzierenden) Oberobjekten. Aufgrund der Exklusivität der Referenz lassen sich vielfältige Optimierungsmaßnahmen, die zum großen Teil schon aus dem Bereich der hierarchischen und geschachtelten-relationalen Modelle (NF^2) bekannt sind, anwenden. Hierzu gehören z.B.:

- optimale Clusterung des Unterobjekts zum Oberobjekt

- propagierende Löschung, d.h. wenn das Oberobjekt gelöscht wird, können auch die exklusiven Unterobjekte mit gelöscht werden, da garantiert keine weiteren Referenzen existieren.

Weitere mögliche Optimierungsansätze gehören in den Bereich der Mehrbenutzerkontrolle und Recovery. Man kann hierarchische Objektstrukturen ausnutzen, um die Sperr- und Recoverygranulate zu vergrößern, so daß man z.B. nicht mehr einzelne (flache) Objekte sperrt, sondern ganze Objekthierarchien.

Objektalgebra

Indexierungsstrukturen sind natürlich nur dann sinnvoll, wenn sie in der Anfragebearbeitung auch effektiv ausgenutzt werden können. Hierzu wurde in GOM der regelbasierte Anfrageoptimierer entwickelt, der eine vom Benutzer formulierte Anfrage in einen effizienten Anfragebearbeitungsplan (query evaluation plan, QEP) überführt. Für die Transformation sind natürlich viele Zwischenschritte notwendig, die die sukzessive Herleitung des (sub-) optimalen Anfragebearbeitungsplans ermöglichen. Im relationalen Bereich (und auch im Bereich erweiterter relationaler Modelle, wie z.B. NF^2 [Mit89,SS86,HFW90]) existieren Algebren, innerhalb derer man die schrittweise Umformung einer gegebenen Anfrage in einen effizienten Abarbeitungsplan durchführt. Für den objekt-orientierten Bereich gibt es keine allgemein anerkannte Algebra—höchstens erste Ansätze [SZ90,VD90,Str90]. Insbesondere fehlt diesen Ansätzen die formale Basis, die unabdingbar ist, um die Korrektheit der während der Anfrageoptimierung durchgeführten Transformationen zu beweisen, d.h. zu verifizieren, daß der optimierte Anfragebearbeitungsplan äquivalent zu der ursprünglich formulierten Anfrage ist. Eine weitere Motivation einer formalen Basis besteht darin, innerhalb des Formalismus die Vollständigkeit eines Anfrageoptimierers beweisen zu können, d.h. nachweisen zu können, daß alle äquivalenten Algebra-Ausdrücke herleitbar sind. Wir sehen als formale Basis für die von uns entwickelte Objektalgebra die *dynamische Logik*. Erste von uns in dieser Richtung unternommene "Gehversuche" sind vielversprechend [KM91].

Weiterentwicklung des regelbasierten Anfrageoptimierer

Für den bislang entwickelten Anfrageoptimierer muß noch der Anschluß an das umfassende Kostenmodell, um die Anfragebearbeitungskosten alternativer Ausdrücke abschätzen zu können, durchgeführt werden. Natürlich müssen auch weitere, noch zu entwickelnde Indexstrukturen in die Anfrageoptimierung eingearbeitet werden, was durch die Regelbasierung relativ leicht möglich ist.

Bislang haben wir nur die Optimierung von deklarativ gestellten Anfragen untersucht. Die meisten Datenbankprogramme im ingenieurwissenschaftlichen Bereich werden jedoch nicht deklarativ sondern prozedural realisiert. Dies setzt voraus, daß man aus dem prozeduralen Programmcode die für die Optimierung der Datenbankzugriffe relevanten Teile extrahiert, diese in deklarative Form umwandelt und dann optimiert. Dieser Ansatz wird häufig als Dekompilation bezeichnet. Erschwerend zu diesem Ansatz kommt hinzu, daß die Objekte verkapselt sind, und somit die Extraktion der Operationssemantik erschwert wird.

Integriertes Kostenmodell und physikalischer Datenbankentwurf

Die Bereitstellung sehr flexibler Indexstrukturen, wie den in dieser Arbeit diskutierten Zugriffsrelationen, in einem objekt-orientierten Datenbanksystem erfordert ein computer-unterstütztes Werkzeug, um die (sub-)optimale physikalische Objektbank-Struktur (Indexstrukturen, Clusterung, etc) für ein gegebenes Anwendungs- und Lastprofil zu ermitteln. Hierzu ist die Entwicklung eines umfassenden Kostenmodells nötig, damit die Bearbeitungskosten für Anfragen und Änderungen auf der Objektbank für verschiedene, in Frage kommende physikalische Objektbankkonfigurationen ermittelt werden können.

Für die Zugriffsrelationen wurde die Basis dieses Kostenmodells bereits in dieser Arbeit (siehe Kapitel 6) entwickelt. Für das Entwurfswerkzeug sind aber noch vielfältige weitergehende Arbeiten zu leisten, z.B.:

- die Entwicklung von *Suchheuristiken*, um mit Hilfe des Kostenmodells einigermaßen effizient gute physikalische Datenbank-Strukturen für ein gegebenes Anwendungssystem ermitteln zu können. Es ist bekannt, daß die Ermittlung optimaler Indexstrukturen schon für das relationale Datenmodell NP-vollständig ist; deshalb ist zu erwarten, daß wir nur durch heuristische Begrenzuhngen des Suchraums in der Lage sind, "gute" Zugriffsrelationen-Konfigurationen für ein vorgegebenes Datenbankprofil automatisch herleiten zu können.

- Entwicklung einer "freundlichen" *Benutzerschnittstellen*, um den Zugang zu diesem Entwurfs-Werkzeug zu erleichtern.

- *Selbst-Adaption der Objektbank*, so daß das System möglicherweise eigenständig auf geänderte Objektbank-Konfigurationen (Anfrageprofil, Speichervolumen, etc) reagieren kann. Die Selbst-Adaption setzt natürlich ein umfangreiches "Monitoring" des Systemverhaltens voraus.

10.2.2 Laufzeitoptimierung

Der Laufzeitoptimierung sind alle Maßnahmen zuzuordnen, die die Anwendung von Operationen auf schon lokalisierten Objekten optimieren. In der in Abb. 10.1 (auf Seite 197) gezeigten Architekturskizze sind diese Maßnahmen auf den Bereich der Hauptspeicherverwaltung—also Seiten- und Objekt-Puffer—, den Übersetzer und die Ablaufsteuerung konzentriert.

Code-Optimierung

Anders als in relationalen Systemen sind die typ-spezifischen Operationen integraler Bestandteil des Objektbanksystems. Die Abbildung der Operationen auf ausführbaren Code birgt wegen der hohen Abstraktionsstufe der objekt-orientierten Sprachkonstrukte die Gefahr, durch ineffiziente Zielstrukturen hohe "Reibungsverluste" zu verursachen. Erfolgversprechende Optimierungsansätze—die endgültige Beurteilung bedarf noch der eingehenden Analyse—zur Leistungssteigerung des erzeugten Codes sind:

- *statische Bindung der Operationen:*
  Die dynamische Bindung von Operationen ist eigentlich nur für verfeinerte Operationen unabdingbar. Alle anderen Operationen können in einem streng typisierten Objektmodell wie GOM statisch gebunden werden.

- *optimierter Attributzugriff:*
  Gerade diese Basisoperation sollte so effizient wie möglich durchgeführt werden. In einem Modell, das sich wie GOM auf singuläre Vererbung beschränkt, kann die Position der Attribute in einem Objekt statisch bestimmt werden, um dadurch den Zugriff durch direkte Offset-Berechnungen sehr effizient gestalten zu können.

- *Optimierung der Kopplung zwischen Objekt-Manager und Laufzeitsystem:*
  Hier muß man versuchen, die Kopierarbeit zur Übergabe der Objekte vom Objekt-Manager an das Laufzeitsystem zu minimieren.

Bei vielen dieser Arbeitspunkte kann man Anleihen aus dem Übersetzerbaubereich beziehen. Diese Ansätze für die Codeoptimierung müssen aber noch sehr detailliert analysiert werden, bevor man die anderen Konzepte zur Laufzeitoptimierung konzipieren kann. Andererseits wird sich dieser Optimierungspunkt über die gesamte Architektur erstrecken, da alle neu eingebrachten Konzepte und deren Zusammenspiel mit existierenden genau analysiert und gegebenenfalls verbessert werden müssen.

Objekt-Caching

Herkömmliche Datenbanksysteme verfügen typischerweise nur über einen seiten-orientierten Puffer, in den Daten aus der Datenbank in Granulaten von einer Seite ein- und ausgelagert werden. In den traditionellen Anwendungsbereichen von Datenbanksystemen, wie z.B. den administrativen Bereichen, ist diese Vorgehensweise auch durchaus ausreichend, da in diesen Anwendungen kaum rechenintensive Operationen auf den Daten durchgeführt werden. Anders verhält es sich dagegen in den technischen Anwendungsfeldern, wie z.B. dem Maschinenbau CAD/CAM. Hier werden nach Lokalisation und Transfer der Daten aus der Objektbank vielfach rechenintensive Applikationen auf der Basis der persistenten Daten durchgeführt. Dabei ist es unbefriedigend, wenn diese Objekte in einem seiten-orientierten Puffer in ihrer "normalen" Datenbankrepräsentation verbleiben. Es gibt zwei schwerwiegende Probleme:

1. *Platzverschwendung*: Falls die Clusterung innerhalb der Seiten in der Objektbank nicht mit dem Zugriffsverhalten der rechenintensiven Anwendungen kompatibel ist, wird sehr viel Platz auf den Seiten innerhalb des Systempuffers für irrelevante Daten verschwendet, die in der Anwendung keine Rolle spielen. Dies würde zu einer verstärkten Ein/Auslagerung des virtuellen Speichersystems führen.

2. *ineffiziente Referenzierung*: selbst wenn—trotz Seitenpuffers—alle relevanten Objekte in den Hauptspeicher passen, wäre der Zugriff auf Objekte über die "normalen" Objektidentifikatoren sehr aufwendig, da immer die Indirektion der Umrechnung von Objektidentifikatoren in Hauptspeicheradressen "bezahlt" werden muß.

Das erstgenannte Problem kann man relativ leicht lösen, indem man neben dem seiten-orientierten Puffer auch noch einen objekt-orientierten Puffer bereithält, in den Objekte aus dem Seitenpuffer kopiert werden.

Die Lösungsidee des zweitgenannten Problems ist Gegenstand des nachfolgenden Arbeitspunktes.

Hauptspeicherrepräsentation der Objekte

Persistente Objekte sind über ihren Objektidentifikator (OID) referenzierbar. Allerdings ist der wiederholte Zugriff auf diese Objekte über den OID sehr ineffizient, da jedesmal über eine Zuordnungstabelle überprüft werden muß, ob das Objekt schon im Puffer angesiedelt ist. Deshalb sollten Objektverweise im Hauptspeicher direkt auf die Objekte verweisen, ohne eine zusätzliche Indirektion. Dies wird vielfach als "pointer swizzling" [KK83] bezeichnet, da die OIDs in direkte Hauptspeicheradressen umgesetzt werden.

Prefetching der relevanten Objekte

Unsere bisherigen Erfahrungen [KLW87,KWL86] mit ingenieurwissenschaftlichen Datenbankanwendungen haben gezeigt, daß diese ein sehr ausgeprägtes Lokalitätsverhalten bezüglich der zugegriffenen Datenbankobjekte zeigen (dies wird auch von anderen Autoren belegt, vgl. [WZ86]). Aus diesem Grunde sollte ein "prefetching" dieser relevanten Objekte in einen sogenannten "Objekt-Cache" unterstützt werden.

Bei der Realisierung sollte man zweistufig vorgehen. Im ersten Schritt soll die Kontrolle des Objekt-Cache, d.h. die Entscheidung, welche Objekte im Cache im schnellen Zugriff zu halten sind, optional an den Programmierer delegiert werden. In den meisten Fällen ist es nämlich für den Programmierer von vornherein absehbar, welche Objekte in einer Transaktion manipuliert bzw. gelesen werden. Diese können dann in einer vom Programmierer initiierten Ladephase in den Cache geladen werden, wo sie dann während der Bearbeitungsphase sehr schnell zugreifbar sind.

Im zweiten Schritt sollte man untersuchen, inwieweit die Möglichkeit der automatischen Voranalyse der Anwendungsprogramme besteht, um somit eine implizite Vorauswahl der lokal zu haltenden Objekte durchzuführen. Ähnliche Anstrengungen wurden schon im Kontext relationaler Systeme unternommen [WZ86].

Durch Analyse der Anwendungsprogramme soll auch Information darüber gewonnen werden, ob bei der Einlagerung von Objekten auf bestimmte Teile verzichtet werden kann, so daß nur Teilobjekte einzulagern sind.

Leistungsanalyse

Zum Zweck der Leistungsanalyse beabsichtigen wir auch weiterhin eng mit Partnern aus dem Maschinenbau-Bereich zu kooperieren, um mit diesen Gruppen möglichst realitätsnahe Benchmark-Applikationen entwickeln zu können.

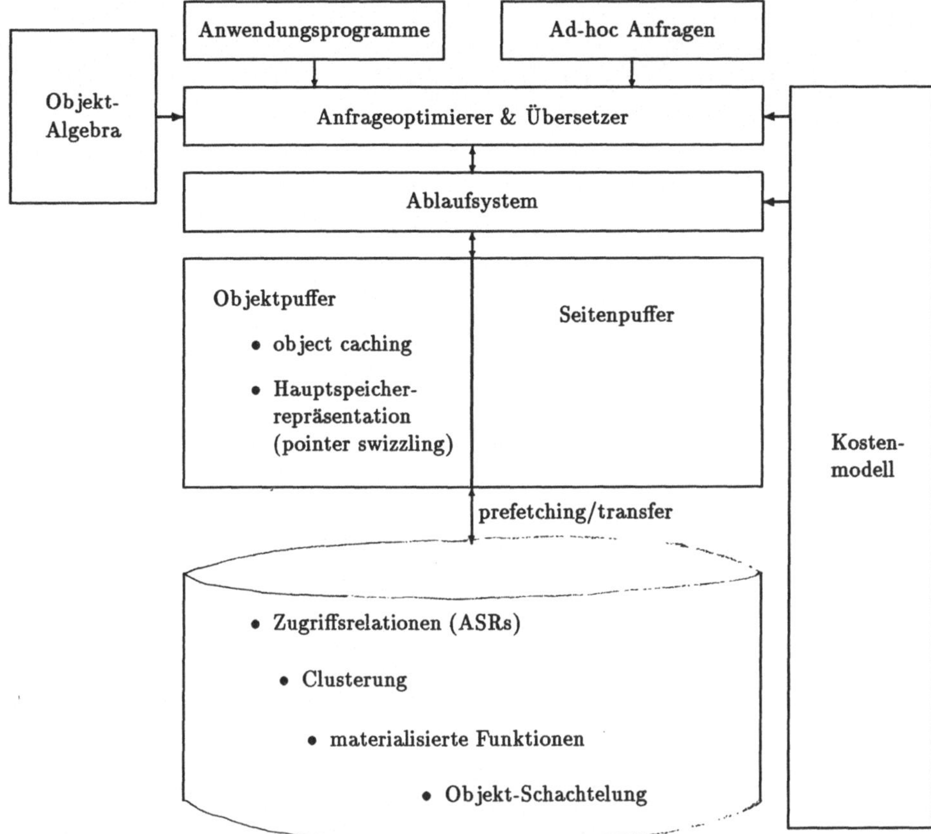

Abb. 10.1. Schematische Einordnung der Optimierungsmaßnahmen im Systemzusammenhang

10.2.3 Einordnung der Optimierungsmaßnahmen

In Abb. 10.1 sind diese Arbeitspunkte nochmals schematisch im Systemzusammenhang dargestellt. Diese Skizze sollte jedoch nicht als (endgültigen) Architekturentwurf aufgefaßt werden. Sie
ist vielmehr als Hilfestellung für die Einordnung der verschiedenen Optimierungsmaßnahmen im
Systemzusammenhang zu verstehen. Deshalb wird hier auch auf eine detailliertere Erläuterung der
Abbildung verzichtet und auf die bereits erfolgte Diskussion der Arbeitspunkte verwiesen.

Literaturverzeichnis

[ABD+89]   M. Atkinson, F. Bancilhon, D. J. DeWitt, K. R. Dittrich, D. Maier und S. Zdonik. The object-oriented database system manifesto. In *Proc. of the DOOD (Deductive and Object-Oriented Databases) Conference*, S. 40–57, Kyoto, Japan, Dez. 1989.

[ABM+90]   T. L. Anderson, A. J. Berre, M. Mallison, H. H. Porter III und B. Schneider. The hypermodel benchmark. In *Proceedings of the 2nd International Conference on Extending Database Technology*, S. 317–331. Springer Verlag, Lecture Notes in Computer Science, März 1990.

[AH87]   T. Andrews und C. Harris. Combining language and database advances in an object-oriented development environment. In *Proc. of the ACM Conf on Object-Oriented Programming Systems and Languages (OOPSLA)*, S. 430–440, Okt. 1987.

[AL80]   M. E. Adiba und B. G. Lindsay. Database snapshots. In *Proc. of the Conf. on Very Large Data Bases (VLDB)*, S. 86–91, Montreal, Canada, Aug. 1980.

[Alt91]   M. Altmann. Entwicklung und Realisierung eines Produktionsmodells in GOM. Diplomarbeit, Universität Karlsruhe, Fakultät für Informatik, D-7500 Karlsruhe, Juni 1991.

[Arm91]   A. Armbruster. Entwicklung und Realisierung eines Produktmodells in GOM. Diplomarbeit, Universität Karlsruhe, Fakultät für Informatik, D-7500 Karlsruhe, Aug. 1991.

[Ban89]   F. Bancilhon. Query languages for object-oriented database systems: Analysis and a proposal. In T. Härder, Hrsg., *Datenbanksysteme in Büro, Technik und Wissenschaft (GI/SI Fachtagung), Informatik Fachberichte Nr. 204*, S. 1–18. Springer-Verlag, 1989.

[BBKV87]   F. Bancilhon, T. Briggs, S. N. Khoshafian und P. Valduriez. FAD, a powerful and simple database language. In *Proc. of the Conf. on Very Large Data Bases (VLDB)*, S. 97–105, Brighton, U.K., Sept. 1987.

[BCL89]   J. A. Blakeley, N. Coburn und P. A. Larson. Updating derived relations: Detecting irrelevant and autonomously computable updates. *ACM Trans. Database Syst.*, 14(3):369–400, Sept. 1989.

[BDT83]   D. Bitton, D. J. DeWitt und C. Turbyfil. Benchmarking database systems: A systematic approach. In *Proc. of the Conf. on Very Large Data Bases (VLDB)*, S. 8–19, 1983.

[Bee89]   C. Beeri. Formal models for object-oriented databases. In *Proc. of the DOOD (Deductive and Object-Oriented Databases) Conference*, S. 370–395, Kyoto, Japan, Dez. 1989.

[Ber71]   C. Berge. *Principles of Combinatorics*. Academic Press, New York, USA, 1971.

[BK89]   E. Bertino und W. Kim. Indexing techniques for queries on nested objects. *IEEE Trans. Knowledge and Data Engineering*, 1(2):196–214, Juni 1989.

[BLT86]   J. A. Blakeley, P. A. Larson und F. W. Tompa. Efficiently updating materialized views. In *Proc. of the ACM SIGMOD Conf. on Management of Data*, S. 61–71, Washington, D.C., 1986.

[BS82]   D. G. Bobrow und M. J. Stefik. LOOPS: An object-oriented programming system for Interlisp. Technical report, XEROX PARC, 1982.

[BTBO89]   V. Breazu-Tannen, P. Buneman und A. Ohori. Can object-oriented databases be statically typed? In *Proc. of the Database Programming Languges Workshop*, S. 181–192, Portland, OR, Mai 1989.

[BW77]   D. G. Bobrow und T. Winograd. An overview of KRL, a knowledge representation language. *Cognitive Science*, 1(1):3–46, 1977.

[BW79]   D. G. Bobrow und T. Winograd. KRL, another perspective. *Cognitive Science*, 3(1), 1979.

[C⁺89]   M. J. Carey et al. The EXODUS extensible DBMS project: An overview. In S. Zdonik und D. Maier, Hrsg., *Readings in Object-Oriented Databases*. Morgan-Kaufman Publ. Co., 1989.

[CD87]   M. J. Carey und D. J. DeWitt. An overview of the EXODUS project. *IEEE Database Engineering*, 10(2):47–53, Juni 1987.

[CDRS86]   M. J. Carey, D. J. DeWitt, J. Richardson und E. Shekita. Object and file management in the EXODUS extensible database system. In *Proc. of the Conf. on Very Large Data Bases (VLDB)*, Kyoto, Japan, Aug. 1986.

[CDV88]   M. J. Carey, D. J. DeWitt und S. L. Vandenberg. A data model and query language for EXODUS. In *Proc. of the ACM SIGMOD Conf. on Management of Data*, S. 413–423, Chicago, Il., Juni 1988.

[CGM90]   U. S. Chakravarthy, J. Grant und J. Minker. Logic-based approach to semantic query optimization. *ACM Trans. Database Syst.*, 15(2):162–207, Juni 1990.

[CM84]   G. P. Copeland und D. Maier. Making Smalltalk a database system. In *Proc. of the ACM SIGMOD Conf. on Management of Data*, S. 316–325, 1984.

[CM90]   A. Cardenas und D. McLeod, Hrsg. *Object-Oriented Database Systems*. Prentice Hall, Englewood Cliffs, N.J., 1990.

[Cox86]   B. J. Cox. *Object Oriented Programming: An Evolutionary Approach*. Addison Wesley, Reading, MA, 1986.

[CS90]   R. G. G. Cattell und J. Skeen. Engineering database benchmark. Interner Bericht, Database Engineering Group, Sun Microsystems, Mountain View, Ca., April 1990.

[CW85]   L. Cardelli und P. Wegner. On understanding types, data abstraction and polymorphism. *ACM Computing Surveys*, 17(4):471–522, Dez. 1985.

[D⁺86]   P. Dadam, K. Küspert, F. Andersen, H. Blanken, R. Erbe, J. Guenauer, V. Lum, P. Pistor und G. Walch. A DBMS prototype to support extended NF² relations: An integrated view on flat tables and hierarchies. In *Proc. of the ACM SIGMOD Conf. on Management of Data*, S. 376–387, Washington, DC, 1986.

[D+90]   O. Deux et al. The story of O_2. *IEEE Trans. Knowledge and Data Engineering*, 2(1):91–108, März 1990.

[DD88]   J. Duhl and C. Damon. A performance comparison of object and relational databases using the Sun benchmark. In *Proc. of the ACM Conf on Object-Oriented Programming Systems and Languages (OOPSLA)*, S. 153–163, San Diego, Ca., Sep. 1988.

[DMN70]   O. J. Dahl, B. Myrhaug und K. Nygaard. Simula 67: Common base language. Publication NS 22, Norsk Regnesentral (Norwegian Computing Center), Oslo, Norway, Okt. 1970.

[DT88]   S. Danforth und C. Tomlinson. Type theories and object oriented programming. *ACM Computing Surveys*, 20(1):29–72, März 1988.

[EGLT76]   K. P. Eswaran, J. N. Gray, R. A. Lorie und I. L. Traiger. On the notion of consistency and predicate locks in a relational database system. *Comm. ACM*, 19(11):624–633, 1976.

[Flo62]   R. W. Floyd. Algorithm 97: Shortest path. *Comm. ACM*, 5(6):345, 1962.

[Fre87]   J. C. Freytag. A rule-based view of query optimization. In *Proc. of the ACM SIGMOD Conf. on Management of Data*, S. 173–180, San Francisco, 1987.

[GD87]   G. Graefe und D. J. DeWitt. The EXODUS optimizer generator. In *Proc. of the ACM SIGMOD Conf. on Management of Data*, S. 160–172, San Francisco, 1987.

[GR83]   A. Goldberg und D. Robson. *Smalltalk-80: The Language and its Implementation.* Addison-Wesley, Reading, MA, 1983.

[GW90]   J. A. Goguen und D. Wolfram. On types and FOOPS. In *Proc. IFIP TC 2 Working Conference on Database Semantics: Object Oriented Databases—Analysis, Design and Construction*, Windermere, UK, Juni 1990.

[Häf90]   W. Häfelinger. Realisierung des Typfolgerungssystems für polymorphe Operationen in GOM. Studienarbeit, Universität Karlsruhe, Fakultät für Informatik, Juli 1990.

[Här78]   T. Härder. Implementing a Generalized Access Path Structure for a Relational Database System. *ACM Trans. Database Syst.*, 3(3):285–298, Sept. 1978.

[Han87]   E. Hanson. A performance analysis of view materialization strategies. In *Proc. of the ACM SIGMOD Conf. on Management of Data*, S. 440–453, San Francisco, CA, Mai 1987.

[Han88]   E. Hanson. Processing queries against database procedures. In *Proc. of the ACM SIGMOD Conf. on Management of Data*, S. 295–302, Chicago, IL, Mai 1988.

[HFW90]   A. Heuer, J. Fuchs und U. Wiebking. OSCAR: An object-oriented database system with a nested relational kernel. In *Proc. Entity-Relationship Conference*, S. 95–110, Lausanne, Switzerland, Okt. 1990. North-Holland.

[HMWMS87] T. Härder, K. Meyer-Wegener, B. Mitschang und A. Sikeler. PRIMA – a DBMS prototype supporting engineering applications. In *Proc. of the Conf. on Very Large Data Bases (VLDB)*, S. 433–442, Brighton, UK, Sept. 1987.

[Hor90]   A. Horder. Leistungsanalyse der Funktionenmaterialisierung in GOM. Studienarbeit, Universität Karlsruhe, Fakultät für Informatik, Dez. 1990.

[Hue80]   G. Huet. Confluent reductions: Abstract properties and applications of term rewriting systems. *Journal of the ACM*, 27(4):797–821, 1980.

[Jhi88]   A. Jhingran. A performance study of query optimization algorithms on a database system supporting procedures. In *Proc. of the Conf. on Very Large Data Bases (VLDB)*, S. 88–99, L.A., CA, Sept. 1988.

[JK84]   M. Jarke und J. Koch. Query optimization in database systems. *ACM Computing Surveys*, 16(2):111–152, Juni 1984.

[JWKL90]   B. P. Jeng, D. Woelk, W. Kim und W.-L. Lee. Query processing in distributed ORION. In *Proc. of the EDBT (Extending Data Base Technology) Conf.*, S. 169–187, Venice, Italy, März 1990. Springer-Verlag, Lecture Notes in Computer Science Nr. 416.

[KBG89]   W. Kim, E. Bertino und J. F. Garza. Composite objects revisited. In *Proc. of the ACM SIGMOD Conf. on Management of Data*, S. 337–347, Portland, OR, Mai 1989.

[KC86]   S. N. Khoshafian und G. P. Copeland. Object identity. In *Proc. of the ACM Conf. on Object-Oriented Programming Systems and Languages (OOPSLA)*, S. 408–416, Nov. 1986.

[KC90]   A. Kemper und J. Chriesten. A benchmark to scale behaviorally object-oriented database systems. In *Proc. of the Fifth Jerusalem Conference on Information Technology (JCIT)*, Jerusalem, Israel, Okt. 90. IEEE Computer Society Press.

[KCB88]   W. Kim, H. T. Chou und J. Banerjee. Operations and implementation of complex objects. *IEEE Trans. Software Eng.*, 14(7):985–996, Juli 1988.

[KD91]   U. Keßler und P. Dadam. Auswertung komplexer Anfragen an hierarchisch strukturierte Objekte mittels Pfadindexen. In *Proc. der GI-Fachtagung Datenbanksysteme für Büro, Technik und Wissenschaft (BTW)*, S. 218–237. Informatik-Fachberichte Nr. 270, Springer-Verlag, März 1991.

[Kim82]   W. Kim. On optimizing an SQL-like nested query. *ACM Trans. Database Syst.*, 7(3):443–469, Sept. 1982.

[KK83]   T. Kaehler und G. Krasner. LOOM—large object-oriented memory for Smalltalk-80 systems. In G. Krasner, Hrsg., *Smalltalk-80: Bits of History, Words of Advice*. Addison Wesley, Reading, MA, 1983.

[KKM90a]   A. Kemper, C. Kilger und G. Moerkotte. Function Materialization in Object Bases. Interner Bericht 28/90, Fakultät für Informatik, Universität Karlsruhe, D-7500 Karlsruhe, Sept. 1990.

[KKM⁺90b]   A. Kemper, C. Kilger, G. Moerkotte, H.-D. Walter und A. Zachmann. Objektorientierte Programmierung und Datenmodellierung in GOM—Das GOM-Handbuch. Interner Bericht, Nov. 1990.

[KKM91]   A. Kemper, C. Kilger und G. Moerkotte. Function materialization in object bases. In *Proc. of the ACM SIGMOD Conf. on Management of Data*, Denver, CO, Mai 1991 (Auszug aus [KKM90a]).

[KKW88]   K. C. Kim, W. Kim und D. Woelk. Acyclic query processing in object-oriented databases. In *Proc. of the Entity Relationship Conf.*, Italy, Nov. 1988. North-Holland.

[KL89]   W. Kim und F. H. Lochovsky, Hrsg.. *Object-Oriented Concepts, Databases and Applications*. ACM Press, Frontier Series. Addison Wesley, Reading, MA, 1989.

[KLW87]   A. Kemper, P. C. Lockemann und M. Wallrath. An object-oriented database system for engineering applications. In *Proc. of the ACM SIGMOD Conf. on Management of Data*, S. 299–311, Mai 1987.

[KM89]   A. Kemper und G. Moerkotte. Access Support Relations: an index structure for object bases. Interner Bericht 17/89, Fakultät für Informatik, Universität Karlsruhe, D-7500 Karlsruhe, Okt. 1989. (Eingereicht zur Veröffentlichung)

[KM90a]   A. Kemper und G. Moerkotte. Access support in object bases. In *Proc. of the ACM SIGMOD Conf. on Management of Data*, S. 364–374, Atlantic City, NJ, Mai 1990 (Auszug aus [KM89]).

[KM90b]   A. Kemper und G. Moerkotte. Advanced query processing in object bases: A comprehensive approach to access support, query transformation and evaluation. Interner Bericht 27/90, Fakultät für Informatik, Universität Karlsruhe, D-7500 Karlsruhe, Sept. 1990 (Erweiterung von [KM90c]).

[KM90c]   A. Kemper und G. Moerkotte. Advanced query processing in object bases using access support relations. In *Proc. of the Conf. on Very Large Data Bases (VLDB)*, S. 290–301, Brisbane, Australia, Aug. 1990.

[KM91]   A. Kemper und G. Moerkotte. A framework and a type inference system for strong typing in (persistent) object models. Eingereicht zur Veröffentlichung, März 1991.

[KM90]   A. Kemper und G. Moerkotte. Correcting anomalies of standard inheritance—a constraint based approach. In *Proc. Intl. Conf. on Database and Expert Systems Applications (DEXA)*, S. 49–55, Wien, Austria, Aug. 90.

[KM91]   A. Kemper und G. Moerkotte. A formal model of object orientation. Eingereicht zur Veröffentlichung, April 1991.

[KMWZ91]   A. Kemper, G. Moerkotte, H.-D. Walter und A. Zachmann. GOM: a strongly typed, persistent object model with polymorphism. In *Proc. der GI-Fachtagung Datenbanken in Büro, Technik und Wissenschaft (BTW)*, S. 198–217, Kaiserslautern, März 1991. Springer-Verlag, Informatik-Fachberichte Nr. 270.

[KW87]   A. Kemper und M. Wallrath. An analysis of geometric modeling in database systems. *ACM Computing Surveys*, 19(1):47–91, März 1987.

[KWL86]   A. Kemper, M. Wallrath und P. C. Lockemann. Ein Datenbanksystem für Robotikanwendungen. *Robotersysteme*, 1(2):177–187, 1986.

[L+85]   P. C. Lockemann et al. Anforderungen technischer Anwendungen an Datenbanksysteme. In *Proc. der GI-Fachtagung Datenbanken in Büro, Technik und Wissenschaft*, S. 1–26, 1985. Springer-Verlag, Informatik Fachberichte Nr. 94.

[Leb91]   K. Leberer. Entwurf und Realisierung der Fortschreibungsalgorithmen des Zugriffsrelationen-Managers. Diplomarbeit, Universität Karlsruhe, Fakultät für Informatik, D-7500 Karlsruhe, März 1991.

[Leh88]   K. Lehnert. *Regelbasierte Beschreibung von Optimierungsverfahren für relationale Datenbankanfragesprachen*. Dissertation, Technische Universität München, 8000 München, F.R.G., Dez. 1988.

[LKD+88]   V. Linnemann, K. Küspert, P. Dadam, P. Pistor, R. Erbe, A. Kemper, N. Südkamp, G. Walch und M. Wallrath. Design and implementation of an extensible data base management system supporting user defined data types and functions. In *Proc. of the Conf. on Very Large Data Bases (VLDB)*, S. 294–305, L. A., Ca., Sept. 1988.

[Loh88]   G. M. Lohman. Grammar-like functional rules for representing query optimization alternatives. In *Proc. of the ACM SIGMOD Conf. on Management of Data*, S. 18–27, 1988.

[LR89]   C. Lécluse und P. Richard. The O_2 database programming language. In *Proc. of the Conf. on Very Large Data Bases (VLDB)*, S. 411–422, Amsterdam, NL, Sept. 1989.

[LRV88]   C. Lécluse, P. Richard und F. Velez. O_2, an object-oriented data model. In *Proc. of the Intl. Conf. on Extending Database Technology (EDBT)*, S. 556–562, Venice, Italy, März 1988. Springer-Verlag, Lecture Notes in Computer Science Nr. 303.

[Lum70]   V. Y. Lum. Multi-attribute retrieval with combined indexes. *Comm. ACM*, 13:660–665, 1970.

[Mai83]   D. Maier. *The Theory of Relational Databases*. Computer Science Press, Rockville, MD, 1983.

[Mey88]   B. Meyer. *Object-Oriented Software Construction*. International Series in Computer Science. Prentice Hall, 1988.

[Mil78]   R. Milner. A theory of type polymorphism. *Journal of Computer und System Sciences*, 17:378–375, 1978.

[Mit89]   B. Mitschang. Extending the relational algebra to capture complex objects. In *Proc. of the Conf. on Very Large Data Bases (VLDB)*, S. 297–306, Amsterdam, NL, Aug. 1989.

[Moo86]   D. A. Moon. Object-oriented programming with Flavors. In *Proc. of the ACM Conf on Object-Oriented Programming Systems and Languages (OOPSLA)*, S. 1–8, 1986.

[MS86]   D. Maier und J. Stein. Indexing in an object-oriented DBMS. In K. R. Dittrich und U. Dayal, Hrsg., *Proc. IEEE Intl. Workshop on Object-Oriented Database Systems, Asilomar, Pacific Grove, CA*, S. 171–182. IEEE Computer Society Press, Sept. 1986.

[MS87]   D. Maier und J. Stein. Development and implementation of an object-oriented DBMS. In B. Shriver und P. Wegner, Hrsg., *Research Directions in Object-Oriented Programming*, S. 355–392, MIT Press, Cambridge, MA, 1987.

[ND81]   K. Nygaard und O. J. Dahl. Simula 67. In R. W. Wexelblat, Hrsg., *History of Programming Languages*, 1981.

[NHS84]   J. Nievergelt, H. Hinterberger und K. C. Sevcik. The grid file: An adaptable, symmetric multikey file structure. *ACM Trans. Database Syst.*, 9(1):38–71, 1984.

[OBBT89] A. Ohori, P. Buneman und V. Breazu-Tannen. Database programming in Machiavelli: A polymorphic language with static type inference. In *Proc. of the ACM SIGMOD Conf. on Management of Data*, S. 46–57, Portland, OR, 1989.

[Oet90]   U. Oetken. Entwurf und Realisierung des Zugriffsrelationen-Managers. Diplomarbeit, Universität Karlsruhe, Fakultät für Informatik, D-7500 Karlsruhe, Aug. 1990.

[Oho88]   A. Ohori. Semantics of types for database objects. In *Proc. Intl. Conf. on Database Theory*, S. 239–251, Bruges, Belgium, Aug. 1988.

[Ont87]   Ontologic. *Vbase Integrated Object System: System Documentation*. Ontologic Corp., The Structure of Possibility, Billerica, MA 01821, USA, Sept. 1987.

[Ott90]   H. Ott. Datenbankentwurfswerkzeuge für Zugriffsrelationen. Studienarbeit, Fakultät für Informatik, Universität Karlsruhe, Juli 1990.

[PA86]   P. Pistor und F. Andersen. Designing a generalized NF^2 data model with an SQL-type language interface. In *Proc. of the Conf. on Very Large Data Bases (VLDB)*, S. 278–285, 1986.

[Pap90]   A. Papapostolou. Eine Relationenalgebra-Schnittstelle für den Zugriffsrelationen-Manager. Studienarbeit, Universität Karlsruhe, Fakultät für Informatik, Mai 1990.

[Pei90]   K. Peithner. Optimierung und Anfrageübersetzung in GOM. Diplomarbeit, Universität Karlsruhe, Fakultät für Informatik, D-7500 Karlsruhe, Sept. 1990.

[PT86]   P. Pistor und R. Traunmüller. A database language for sets, lists and tables. *Information Systems*, 11(4):323–336, 1986.

[RH80]   D. Rosenkrantz und H. Hunt. Processing conjunctive predicates and queries. In *Proc. of the Conf. on Very Large Data Bases (VLDB)*, S. 64–72, Montreal, 1980.

[RKB87]   M. A. Roth, H. F. Korth und D. S. Batory. SQL/NF: A query language for non-1NF relational databases. *Information Systems*, 12(1):99–114, 1987.

[RKC87]   W. R. Rubenstein, M. Kubicar und R. G. G. Cattell. Benchmarks for database response time. In *Proc. of the ACM SIGMOD Conf. on Management of Data*, S. 387–394, 1987.

[S+84]   M. Stonebraker, E. Anderson, E. Hanson und B. Rubinstein. QUEL as a data type. In *Proc. of the ACM SIGMOD Conf. on Management of Data*, S. 208–214, Boston, MA, Juni 1984.

[Saa91]   A. Saad. Entwurf und Realisierung der Schemaverwaltung für GOM. Diplomarbeit, Universität Karlsruhe, Fakultät für Informatik, D-7500 Karlsruhe, März 1991.

[SAC+79]   P. G. Selinger, M. M. Astrahan, D. D. Chamberlin, R. A. Lorie und T. G. Price. Access path selection in a relational database management system. In *Proc. of the ACM SIGMOD Conf. on Management of Data*, S. 23–34, Boston, Ma., Juni 1979.

[SAH87]   M. Stonebraker, J. Anton und E. Hanson. Extending a database system with procedures. *ACM Trans. Database Systems*, 12(3):350–376, Sept. 1987.

[SB86]   M. Stefik und D. G. Bobrow. Object-oriented programming: Themes and variations. *The AI Magazine*, 6(4):40–62, 1986.

[SC89]   E. J. Shekita und M. J. Carey. Performance enhancement through replication in an object-oriented DBMS. In *Proc. of the ACM SIGMOD Conf. on Management of Data*, S. 325–336, Portland, OR, Mai 1989.

[Sel88]   T. K. Sellis. Intelligent caching and indexing techniques for relational database systems. *Information Systems*, 13(2):175–186, 1988.

[SJGP90]   M. Stonebraker, A. Jhingran, J. Goh und S. Potamianos. On rules, procedures, caching and views in data base systems. In *Proc. of the ACM SIGMOD Conf. on Management of Data*, S. 281–290, Atlantic City, NJ, Mai 1990.

[SK90]   B. Seeger und H. P. Kriegel. The buddy tree: An efficient and robust access method for spatial data base systems. In *Proc. of the Conf. on Very Large Data Bases*, S. 590–601, Aug. 1990.

[SO87]   S. T. Shenoy und Z. M. Ozsoyoglu. A system for semantic query optimization. In *Proc. of the ACM SIGMOD Conf. on Management of Data*, S. 181–195, San Francisco, Mai 1987.

[Spi90]   H. Spies. Realisierung eines "Pattern Matchers" für GOM-Terme. Studienarbeit, Universität Karlsruhe, Fakultät für Informatik, Juli 1990.

[SR86]   M. Stonebraker und L. A. Rowe. The design of POSTGRES. In *Proc. of the ACM SIGMOD Conf. on Management of Data*, S. 340–355, Washington, D.C., 1986.

[SRH90]   M. Stonebraker, L. A. Rowe und M. Hirohama. The implementation of POSTGRES. Memorandum UCB/ERL M90/34, Electronics Research Laboratory, College of Engineering, University of California, Berkeley, CA 94720, April 1990.

[SS86]   H.-J. Schek und M. H. Scholl. The relational model with relation-valued attributes. *Information Systems*, 11(2):137–147, 1986.

[SS90]   M. H. Scholl und H.-J. Schek. A synthesis of complex objects and object-orientation. In *Proc. IFIP TC 2 Working Conference on Database Semantics: Object Oriented Databases—Analysis, Design und Construction*, Windermere, U.K., Juli 1990.

[Ste91]   M. Steinbrunn. Entwurf und Realisierung der Funktionenmaterialisierung in GOM. Diplomarbeit, Universität Karlsruhe, Fakultät für Informatik, D-7500 Karlsruhe, Feb. 1991.

[Str86]   B. Stroustrup. *The C^{++} Programming Language*. Addison Wesley, Reading, MA, 1986.

[Str90]   D. D. Straube. *Queries and Query Processing in Object-Oriented Database Systems*. Dissertation, The University of Alberta, Edmonton, Alberta, Canada, Dez. 1990.

[SWKH76]   M. Stonebraker, E. Wong, P. Kreps und G. Held. The design and implementation of INGRES. *ACM Trans. Database Syst.*, 1(3):189–222, Sept. 1976.

[SZ90]   G. M. Shaw und S. B. Zdonik. A query algebra for object-oriented databases. In *Proc. IEEE Conference on Data Engineering*, S. 154–162, L.A., CA, Feb. 90.

[Val87]   P. Valduriez. Join indices. *ACM Trans. Database Syst.*, 12(2):218–246, Juni 1987.

[vB90]   G. von Bültzingsloewen. *Optimierung von SQL-Anfragen für parallele Bearbeitung*. Dissertation, Universität Karlsruhe, D-7500 Karlsruhe, 1990. Erscheint im Springer-Verlag, Informatik Fachbericht.

[VD90]   S. L. Vandenberg und D. DeWitt. An algebra for complex objects with arrays and identity. In *Proc. of the ACM SIGMOD Conf. on Management of Data*, Denver, CO, May 1991.

[Wau90]   R. Waurig. Regelbasierte Anfrageoptimierung in GOM. Diplomarbeit, Universität Karlsruhe, Fakultät für Informatik, D-7500 Karlsruhe, Sept. 1990.

[WLH90]   K. Wilkinson, P. Lyngbaek und W. Hasan. The Iris architecture and implementation. *IEEE Trans. Knowledge and Data Engineering*, 2(1):63–75, März 1990.

[WZ86]   H. Wedekind und G. Zörntlein. Prefetching in realtime database applications. In *Proc. of the ACM SIGMOD Conf. on Management of Data*, S. 215–226, Washington, D.C., 1986.

[Yao79]   S. B. Yao. Optimization of query evaluation algorithms. *ACM Trans. on Database Systems*, 4(2):133–155, 1979.

[Yao77]   S. B. Yao. Approximating block accesses in database organizations. *Comm. ACM*, 20(4):260–261, Apr 77.

[Zac90]   A. Zachmann. Entwurf und Realisierung des persistenten Objektmodells GOM. Diplomarbeit, Universität Karlsruhe, Fakultät für Informatik, D-7500 Karlsruhe, Nov. 1990.

[Zan83]   C. Zaniolo. The database language GEM. In *Proc. of the ACM SIGMOD Conf. on Management of Data*, S. 207–218, San Jose, CA, Mai 1983.

[Zlo75]   M. M. Zloof. Query-By-Example. In *National Computer Conference*, S. 431–437, Arlington, VA, Mai 75. AFIPS Press.

[ZM89]   S. B. Zdonik und D. Maier. Fundamentals of object-oriented databases. In S. B. Zdonik und D. Maier, Hrsg., *Readings in Object-Oriented Databases*, S. 1–32. Morgan-Kaufman Publ. Co., 1989.